AF649655

Sitzungsberichte
der Akademie der Wissenschaften
der DDR
Mathematik – Naturwissenschaften – Technik

13 N

1979

Internationales Symposium anläßlich des 125. Geburtstages von WILHELM OSTWALD

AKADEMIE-VERLAG · BERLIN

Sitzungsberichte
der Akademie der Wissenschaften
der DDR
Mathematik — Naturwissenschaften — Technik

Jahrgang 1979 · Nr. 13/N

Internationales Symposium anläßlich des 125. Geburtstages von WILHELM OSTWALD

AKADEMIE-VERLAG · BERLIN
1979

Gemeinsame Veranstaltung vom 25. bis 27. September 1978
der Klasse Chemie und des Instituts für Theorie, Geschichte
und Organisation der Wissenschaft der Akademie der Wissenschaften
der DDR mit Beteiligung Auswärtiger Mitglieder
und weiterer Gäste des In- und Auslandes

Herausgegeben im Auftrage
des Präsidenten der Akademie
der Wissenschaften der DDR
von Vizepräsident Prof. Dr. Heinrich Scheel

Erschienen im Akademie-Verlag, 108 Berlin, Leipziger Str. 3—4
© Akademie-Verlag, Berlin 1980
Lizenznummer: 202 · 100/52/80
Gesamtherstellung: VEB Druckhaus Köthen
Bestellnummer: 762 7708 (2010/79/13/N) · LSV 1205
Printed in GDR
DDR 28.— M

Wilhelm Ostwald 1853—1932

Sitzungsberichte
der Akademie der Wissenschaften der DDR

Inhaltsverzeichnis des Jahrgangs 1979

AKADEMIE-VERLAG · BERLIN
1979

Abteilung Gesellschaftswissenschaften

Nr. 1

Autorenkollektiv: In memoriam Fred Oelßner

Nr. 2

Manfred Naumann: Literatur im „Kapital"

Nr. 3

Ernst Engelberg: Über mittelalterliches Städtebürgertum

Nr. 4

Johannes Irmscher: Das Antikebild unserer Gegenwart

Nr. 5

Eberhard Brüning: Die amerikanischen Schriftstellerkongresse der 30er Jahre

Nr. 6

Eberhard Poppe: Die „Allgemeine Erklärung der Menschenrechte" in der Gegenwart

Nr. 7

Werner Mittenzwei: Ästhetik des Widerstands

Nr. 8

Helmut Koziolek: Ökonomische und soziale Effektivität im Sozialismus

Nr. 9

Helmut Koziolek: Ökonomisches Wachstum im Sozialismus

Nr. 10

Hermann Klenner: John Locke und der Formierungsprozeß der politisch-juristischen Standardtheorie des Bürgertums

Nr. 11

Uwe-Jens Heuer: Die gesellschaftliche Wirksamkeit des Wirtschaftsrechts

Nr. 12

Günter Kröber: Wissenschaft und friedliche Koexistenz

Nr. 13

Joachim Herrmann: Ökonomie und Gesellschaft an der Wende von der Antike zum Mittelalter

Nr. 14

Ernst Engelberg: Die Einheit in der Vielfalt der Revolutionen (1789—1871)

Abteilung Mathematik — Naturwissenschaft — Technik

Nr. 1

Christian Weißmantel: Anwendung der Wechselwirkungen zwischen Ionen und Festkörpern

Nr. 2

Wolfgang Klinger: Entwicklungspharmakologie — Entwicklungstoxikologie

Nr. 3

Werner Lange: Rohstoffprobleme — Strategie und Planung

Nr. 4

Wilhelm Hinz / Joachim Wiegemann: Vitrokerame — Keramovitrone

Nr. 5

Rolf Löther: Das Reduktionismusproblem in der Biologie

Nr. 6

Günter Pasternak: Das Immunsystem des Organismus und seine Rolle bei der Krebserkrankung

Nr. 7

Klaus Strzodka: Zur Rohstoffversorgung der DDR

Nr. 8

Fritz Markwardt/Günter Vogel: Medikamentöse Beeinflussung der Thrombozytenfunktion

Nr. 9

Heinz Stiller / Heiner Vollstädt: Hochdruckforschung
Ergebnisse und Anwendungsmöglichkeiten

Nr. 10

Moritz Mebel: Möglichkeiten und Grenzen der Transplantation lebenswichtiger Organe

Nr. 11

Werner Jänisch: Ergebnisse der experimentellen Hirntumorforschung und ihre Bedeutung für die klinische Neuroonkologie

Nr. 12

Autorenkollektiv: Probleme und Ergebnisse aus der Arbeitsgruppe Kybernetik/Informationsverarbeitung der Klasse Mathematik 1977/78

Nr. 13

Autorenkollektiv: Internationales Symposium anläßlich des 125. Geburtstages von Wilhelm Ostwald

Nr. 14

Autorenkollektiv: Ausgewählte Entwicklungsrichtungen der organischen Chemie

Nr. 15

Autorenkollektiv: Ausgewählte Probleme der Werkstoffentwicklung

Nr. 16

Harald Aurich: Die Oxydation aliphatischer Kohlenwasserstoffe durch Bakterien

Nr. 17

Autorenkollektiv: Komplexe Nutzung des Rohstoffes Holz

Nr. 18

Kh. Lohs / D. Martinetz / K. Kutzschbauch: Entgiftung und Deponie von toxischen Produkten und Abprodukten

Nr. 19

H.-H. Emons / H.-H. Walter: Salz Geschichte — Gegenwart — Zukunft

Nr. 20

Rigomar Rieger: Struktur und Strukturumbauten der Chromosomen vielzelliger Organismen

Lizenznummer: 202 · 100/55/80
Gesamtherstellung: VEB Druckhaus Köthen

Inhalt

G. Keil, G. Kröber

Vorwort

„Die Wissenschaft ist ein Land, welches die Eigenschaft hat,
um so mehr Menschen beherbergen zu können,
je mehr Bewohner sich darin sammeln; sie ist ein Schatz,
der um so größer wird, je mehr man ihn teilt.
Darum kann jeder von uns in seiner Art seine Arbeit tun,
und die Gemeinsamkeit bedeutet nicht Gleichförmigkeit."
WILHELM OSTWALD, 1898

„Unter den jetzigen Chemikern ist OSTWALD unbedingt eine der meist hervorragenden Figuren in allen Weltteilen, deren Summe von Arbeit auch von den Vorgängern nur selten erreicht ist." So beendete JACOBUS HENRICUS VAN'T HOFF 1904 seinen von HANS LANDOLT und EMIL FISCHER mitunterzeichneten Wahlvorschlag für WILHELM OSTWALD zum Korrespondierenden Mitglied der Akademie der Wissenschaften zu Berlin. In den 75 Jahren, die seither vergangen sind, hat diese Aussage keineswegs an Gütligkeit verloren. Dieses Fazit zogen die Teilnehmer des wissenschaftlich-historischen Symposiums, das die Akademie der Wissenschaften der DDR dem 125. Geburtstag WILHELM OSTWALDS widmete. Zahlreiche Natur- und Gesellschaftswissenschaftler aus dem In- und Ausland waren der gemeinsamen Einladung der Klasse Chemie und des Instituts für Theorie, Geschichte und Organisation der Wissenschaft der Akademie der Wissenschaften der DDR gefolgt, um vom 25. bis 27. September 1978 durch eine kritische Analyse und differenzierte Wertung des Gesamtschaffens WILHELM OSTWALDS seinen Beitrag zum gesellschaftlichen und wissenschaftlichen Fortschritt, seine bleibenden und großen Leistungen bei der Erforschung von Natur und Gesellschaft im Interesse und zum Wohle der Menschheit zu würdigen.

„... er wird ein Stern erster Größe auf dem Grenzgebiete zwischen Chemie und Physik ...", prophezeite CARL SCHMIDT schon 1881 seinem Schüler WILHELM OSTWALD. Tatsächlich hat OSTWALD durch seine rastlose schöpferische Tätigkeit im Spannungsfeld von Differenzierung und Integration der Wissenschaften an der Begründung der klassischen physikalischen Chemie, als deren erster Systematiker, Organisator und als Begründer einer wissenschaftlichen Schule von internationalem Rang entscheidend mitgewirkt. Seine Hinterlassenschaft umfaßt mehrere hundert Veröffentlichungen, darunter 45 Bücher, in denen er zu den unterschiedlichsten Themen aus Natur und Gesellschaft Stellung nahm. Schon an seinem 50. Geburtstag konnte er auf eine Schülerschar von über 150 bekannten Physikochemikern blicken, unter ihnen bereits damals 34 Professoren und einige spätere Nobelpreisträger.

In den 90er Jahren des vorigen Jahrhunderts hatte OSTWALD begonnen, sich naturphilosophischen Fragen zuzuwenden und sein eigenes, positivistisch beeinflußtes naturphilosophisches System — die „Energetik" (Energetismus) — entwickelt, dessen innere Widersprüchlichkeit W. I. LENIN schon 1908 als „verworrener Agnostizismus, der hier und dort in den Idealismus hineinstolpert" geißelte. Andere Gedanken OSTWALDS behielten aber auch im Bereich der Gesellschaftswissenschaften insbesondere dadurch ihre Aktualität, daß er die Wissenschaft selbst zum Gegenstand einer wissenschaftlichen Analyse machte. Seine wissenschaftshistorische Konzeption, die sich auf der Überzeugung gründete, daß die Geschichte der menschlichen Gesellschaft nach erkennbaren Gesetzen ablaufe, seine wissenschaftstheoretischen und wissenschaftsorganisatorischen Überlegungen sind noch heute Anlaß zu schöpferischen wissenschaftlichen Auseinandersetzungen. „Ich zweifle keinen Augenblick, daß wir im Verlaufe unseres Symposiums das erneut erleben und bestätigt finden werden. Weder VAN'T HOFF noch SCHMIDT haben sich in ihrer Beurteilung der Fähigkeiten und des Genies WILHELM OSTWALDS geirrt." Mit diesen Worten eröffnete der Präsident der Akademie der Wissenschaften der DDR, Pof. Dr. HERMANN KLARE, die Veranstaltung und unterstrich damit nocheinmal, daß wir in WILHELM OSTWALD eine Persönlichkeit würdigen, die zu den progressiven Naturwissenschaftlern des ausgehenden 19. und beginnenden 20. Jahrhunderts gehörte und deren Leistungen in dieser Zeit der wissenschaftlichen Forschung in Deutschland zu bedeutenden Erkenntnisfortschritten und zu hohem Ansehen in der Welt verholfen haben.

Es lag in der Absicht der Veranstalter des Symposiums, den Vertretern unterschiedlichster natur- und gesellschaftswissenschaftlicher Disziplinen Gelegenheit zu geben, aus dem rastlosen Schaffen und der außerordentlichen Vielseitigkeit des Wirkens WILHELM OSTWALDS mit einem sehr breiten Spektrum von Beiträgen wenigstens einen Teil mit den Aufgaben der Gegenwart in eine lebendige Beziehung zu setzen. An OSTWALD anknüpfend wurden Problemstellungen skizziert, über die heute noch fundamental gearbeitet werden muß, damit sie einer Klärung zugeführt werden.

Den ausländischen Tagungsteilnehmern, von denen neben den Referenten noch das auswärtige Mitglied unserer Akademie Prof. Dr. V. KELLÖ (ČSSR), Frau Dr. ANNA-LISA WOLD-ARRHENIUS (Schweden) und Dr. I. HRONSZKY (UVR) durch ihre persönlichen Beiträge das Symposium bereicherten, sei an dieser Stelle unser herzlicher Dank ausgesprochen. Für sie, für die Mitglieder unserer Akademie und für einige weitere Tagungsteilnehmer aus der DDR wurde am 27. September eine ganztägige Exkursion zur WILHELM-OSTWALD-Gedenkstätte der Akademie der Wissenschaften der DDR in Großbothen bei Leipzig veranstaltet. Nach einer Kranzniederlegung am Grab WILHELM OSTWALDS, die der Vizpräsident der Akademie der Wissenschaften der DDR und Präsident der Sächsischen Akademie der Wissenschaften zu Leipzig, Akademiemitglied Prof. Dr.-Ing. K. SCHWABE, gemeinsam mit den Unterzeichnenden im Namen des Präsidiums der Akademie der Wissenschaften der DDR vornahm, wurden die Gedenkstätte sowie der Großbothener Institutsteil des Farbforschungsinstituts Magdeburg der VVB Lacke und Farben besichtigt. Die Exkursionsteilnehmer fanden hier 1978 bestätigt, was der OSTWALD-Schüler JAMES WALKER schon 1913 mit den Worten auszudrücken versuchte: „A visit of a day to Ostwald at Gross-Bothen is worth a transatlantic trip. You cannot be in his presence for ten minutes, without realizing that you are facing a really great man. His breath of knowledge, his originality and manysideness, all taken together make him one of the most interesting personalities of the age.“ [1]

In einer festlichen Nachmittagssitzung, die das PALM-Quartett des Gewandthausorchester Leipzig mit Stücken von HAYDN, MOZART und BEETHOVEN einleitete, verteidigten Doktoranden der TH „Carl Schorlemmer“ Leuna-Merseburg ihre unter Leitung unseres Korrespondierenden Mitgliedes Frau Prof. Dr. M. T. RÄTZSCH über WILHELM OSTWALD angefertigten Belegarbeiten im Fach Marxismus-Leninismus.

Abschließend gilt unser Dank Frau I. BIEDER und den Herren A. DRESCHER, W. GIRNUS und Dr. H. KLARE, in deren Händen die Vorbereitung und Durchführung des Symposiums lag. Besonders dankbar sind wir Frau M. BRAUER (Großbothen) für die vielen Anregungen und ihre unermüdliche Hilfe. Die Mitglieder der Brigade „Wilhelm Ostwald“ des VE Porzellan-Kombinates Colditz trugen mit den von ihnen gefertigten Gedenkplaketten ebenfalls zum Gelingen des Symposiums bei — auch dafür unseren Dank. Wir danken schließlich Frau Dr. R. ZOTT für die Geduld und Sorgfalt bei der redaktionellen Bearbeitung dieses Bandes.

Das Symposium, dessen wissenschaftliche Beiträge wir im vorliegenden Band der „Sitzungsberichte der Akademie der Wissenschaften der DDR“ der Öffentlichkeit zugänglich machen, war ein Beispiel der konkreten Zusammenarbeit zwischen Natur- und Gesellschaftswissenschaftlern. Es demonstrierte Wissenschaftsgeschichte nicht als Selbstzweck, sondern als ein Mittel der Selbsterkenntnis und Intensivierung der eigenen wissenschaftlichen Arbeit.

Literatur

[1] JAMES WALKER: A new era in chemistry. London 1913, p. 311.

H. Klare

Begrüßung

Sehr geehrte Gäste!
Sehr geehrte Kolleginnen und Kollegen!

Die Klasse Chemie und das Institut für Theorie, Geschichte und Organisation der Wissenschaft unserer Akademie, als Veranstalter des heute beginnenden Gedenksymposiums, das dem 125. Geburtstag WILHELM OSTWALDS gewidmet ist, haben mich gebeten, diese Zusammenkunft zu eröffnen.

Natürlich freuen wir uns, daß so viele Teilnehmer aus dem In- und Ausland unserer Einladung Folge leisteten, die ich herzlich begrüßen möchte, darunter darf ich als pars pro toto namentlich nennen:
unser Auswärtiges Mitglied, Akademiker V. I. SPICIN, Direktor des Instituts für physikalische Chemie der AdW der UdSSR, Moskau, unser Auswärtiges Mitglied, Akademiker V. KELLÖ, Wissenschaftlicher Sekretär der Slowakischen Akademie der Wissenschaften, Bratislava, die Professoren KUSNECOV und SOLOV'EV aus dem Institut für Geschichte der Naturwissenschaft und Technik der AdW der UdSSR, Moskau.

Ganz besonders freuen wir uns, daß wir heute auch Frau Dr. ANNA-LISA ARRHENIUS-WOLD, die Leiterin des Arrhenius-Archivs in Uppsala und Frau MARGARETE BRAUER, eine Enkelin W. OSTWALDS, in der Akademie willkommen heißen können; Ihnen, meine Damen, entbiete ich ebenfalls einen herzlichen Gruß.

Auf der Rednerliste dieses Symposiums stand auch Prof. MINUSU TANAKA aus Tokio, einer der bekanntesten marxistischen Wissenschaftshistoriker Japans, der einen Teil seines Lebenswerkes dem Schaffen WILHELM OSTWALDS gewidmet und darüber mehrfach in der DDR publiziert und auf wissenschaftlichen Veranstaltungen vorgetragen hat. Vor wenigen Tagen erreichte uns die Nachricht, daß Prof. TANAKA nach kurzer schwerer Krankheit in Tokio gestorben ist. Insbesondere für die Wissenschaftshistoriker der DDR, mit denen TANAKA in fruchtbaren Arbeitsbeziehungen stand, bedeutet das einen großen Verlust, zumal er zu den Vorkämpfern der diplomatischen Anerkennung der DDR durch Japan gehörte und sich in vielfältiger Art und Weise für die Entwicklung beiderseitig vorteilhafter politischer, wirtschaftlicher und wissenschaftlicher Beziehungen zwischen beiden Ländern einsetzte. Da wir Prof. TANAKA auf unserem Symposium nun nicht mehr begrüßen können, glaube ich, ihm einige Sätze mehr als sonst üblich widmen zu sollen.

Mit unserer Veranstaltung würdigt die Akademie der Wissenschaften der DDR das Leben und das unvergängliche Werk eines ihrer berühmtesten Mitglieder, von dem I. H. VAN'T HOFF 1905 in seinem Wahlvorschlag für WILHELM OSTWALD u. a. schrieb: „Unter den jetzigen Chemikern ist OSTWALD unbedingt eine der meist hervorragenden Figuren in allen Weltteilen, deren Summe von Arbeit auch von der Vorgängern nur selten erreicht ist." Der hier zitierte Wahlvorschlag ist übrigens auch von E. FISCHER und H. LANDOLT unterzeichnet worden.

Es liegt mir fern, in meinen Begrüßungsworten bereits auf Einzelheiten aus OSTWALDS Wirken einzugehen, das werden sogleich Berufenere tun, als ich es bin. Lassen Sie mich also nur noch zwei Sätze sagen.

CARL SCHMIDT, ein LIEBIG-Schüler und Lehrer OSTWALDS, prophezeite seinem Schüler wiederum bereits 1881: "... er wird ein Stern erster Größe auf dem Grenzgebiet zwischen Chemie und Physik ..." Ich zweifle keinen Augenblick, daß wir im Verlaufe unseres Symposiums das erneut erleben und bestätigt finden werden; weder VAN'T HOFF noch SCHMIDT haben sich in ihrer Beurteilung der Fähigkeiten und des Genies W. OSTWALDS geirrt.

Unser Symposium ist somit eröffnet.

K. Schwabe

Leben und Werk Wilhelm Ostwalds

In der Festveranstaltung, die der Herr Präsident der AdW der DDR soeben eröffnet hat, sind mehr als 20 Vorträge dem Andenken WILHELM OSTWALDS anläßlich der 125. Wiederkehr seines Geburtstages am 2. 9. 1853 gewidmet. Sie behandeln seine Leistungen als Naturwissenschaftler, als Organisator, als Naturphilosoph und Gesellschaftswissenschaftler, als Informatiker und Publizist, schließlich seine Interessen für die Musik und Malerei.

Mein Vortrag über Leben und Werk OSTWALDS kann nur ein Versuch sein, sein vielfältiges Wirken in einer Übersicht und Zusammenschau zu betrachten.

Zunächst einige Bemerkungen zum Lebensweg:

Beide Eltern stammen aus Deutschland. Der Großvater, wie der Vater Böttcher, war aus Berlin eingewandert. Der Vater seiner Mutter war aus Hessen über Moskau nach Riga gekommen. Er hatte einen älteren und einen jüngeren Bruder. Im Elternhaus hat er Sparsamkeit und handwerkliche Geschicklichkeit gelernt. Mit Unterstützung der Eltern hat er schon als Kind musiziert und gemalt. Schule und Gymnasium haben ihm bei seiner raschen Auffassungsgabe im Prinzip keine Schwierigkeiten gemacht, aber da er viele andere Interessen hatte: Photographieren mit einem selbstgebauten Photoapparat, Malen und Selbststudium mit Hilfe vieler Bücher, die er sich zu beschaffen wußte, z. B. „Die Schule der Chemie" von STÖCKHARDT, haben seinen Abschluß am Realgymnasium verzögert. Hierzu kam, daß seine Leistungen in Russisch zunächst nicht für die Aufnahme an die Universität Dorpat ausreichten. Daher konnte er erst 1872 das Studium an dieser renommierten akademischen Bildungstätte aufnehmen. Obwohl er nur wenige Vorlesungen besuchte, sondern sich in erster Linie aus Lehrbüchern bildete und außerdem ein sehr aktiver „Fuchs" in der „Fraternitas Rigensis" war, konnte er das Studium nach 6 Semestern abschließen (mit einer Kandidatenschrift: „Über die chemische Massenwirkung des Wassers").

Am liebsten hat OSTWALD im Labor experimentell gearbeitet und dabei noch chemische Literatur studiert, sein Lehrer war CARL SCHMIDT, sein befreundeter Assistent JOHANN LEMBERG, 120 qualitative Analysen nach Vorschrift hat er in kürzester Frist ausgeführt. Während einer Assistentenzeit bei dem Dorpater Physiker von OETTINGEN fertigte er seine Magisterarbeit an und schon 1878 promovierte er mit der Dissertation „Volumchemische und optische Studien", wobei er die Affinität von Säuren zu Basen aus der Volumenzunahme oder der Änderung des Brechungsexponenten bei der Neutralisation zu bestimmen versuchte. In dieser Zeit heiratete er HELENE v. REYHER, obwohl er kurz vorher versichert hatte, er werde niemals heiraten. Sein geringes Assistentengehalt zwang die junge Familie zu größter Sparsamkeit. Aus der Ehe gingen 2 Töchter und 3 Söhne hervor.

1882 wurde W. OSTWALD mit 29 Jahren, auf wärmste Empfehlung von CARL SCHMIDT, als Professor für Chemie an das Polytechnikum Riga berufen. Diesen Lehrstuhl hatte früher der Physiker AUGUST TOEPLER inne, der später eine Zierde der Technischen Hochschule Dresden wurde. OSTWALDS Vorlesungen über das Gesamtgebiet der Chemie waren sehr klar und anschaulich, so daß ein polnischer Student zu einem Kommilitonen sagte: „Du mußt hören OSTWALD, da geht Chemie in Kopf wie mit Schaufel".

Das Laboratorium rüstete er mit Geräten aus, die er zum großen Teil selbst baute, er hat wohl zuerst die Hg-Tropfelektrode für elektrochemische Messungen verwendet. In der Zeit von 1881—1887 entstanden 30 Publikationen, hier beginnt er auch seine „allgemeine Chemie" (in zwei Bänden) zu schreiben und es erscheint noch 1887 der erste Band der von ihm herausgegebenen Zeitschrift für physikalische Chemie. In Riga besuchte ihn auch SVANTE ARRHENIUS zu einem Studienaufenthalt. Dadurch, daß er OSTWALD vorher (1884) seine Arbeit über die „Leitfähigkeit der Elektrolyte" schickte, hat er ihm die Grundkonzeption der Dissoziationstheorie vermittelt. Während dieser Zeit in Riga machte der junge Professor Studienreisen nach Schweden, Norwegen, Dänemark, Deutschland, Österreich und der Schweiz und lernte dabei viele bedeutende Wissenschaftler persönlich kennen.

Den Ruf an die Universität Leipzig als Direktor des II. Chemischen Institutes, für den er von WISLICENUS, KARL LUDWIG und WILHELM WUNDT vorgeschlagen wurde, nahm er 1887 mit Freuden an.

Noch im gleichen Jahr (23. 12. 1887) wurde er zum ordentlichen Mitglied der Königlich-Sächsischen Gesellschaft der Wissenschaften (heute SAW) gewählt. In Leipzig hat er bis 1897 mit einer großen Zahl hervorragender Mitarbeiter, wie NERNST, WALDEN, LE BLANC, MITTASCH, BREDIG, TAFEL, TAMMANN, LUTHER, und vielen Ausländern, wie KABLUKOW, KISTJAKOVSKIJ, TAYLOR, WALKER, DONNAN, über wesentliche Grundlagen der Elektrochemie experimentell gearbeitet und eine äußerst intensive Publikationstätigkeit entfaltet. Ein großer Teil der Forschungsarbeiten war der Prüfung und Bestätigung seines Verdünnungsgesetzes durch Leitfähigkeitsmessungen und Viskositätsmessungen gewidmet. Viele andere Bereiche der Elektrochemie, Elektrokapillarität, Potentiometrie auf der Grundlage der NERNSTschen Gleichung, Korrosion und Passivität der Metalle wurden bearbeitet. Die meisten Geräte für elektrochemische Messungen wurden von ihm selbst gebaut, viele davon haben lange Jahre zur Standardausrüstung elektrochemischer Laboratorien gehört. Ich habe sie noch für meine Dissertation bei ERICH MÜLLER in Dresden 1928 verwendet.

Neben der Publikation der Forschungsergebnisse — z. B. enthielten die ersten 4 Bände der „Zeitschrift für physikalische Chemie" im wesentlichen Arbeiten aus seinem Institut — erschienen in diesen besonders fruchtbaren Jahren eine Reihe von wertvollen Büchern aus seiner Feder: Das „Hand- und Hilfsbuch zur Ausführung physikochemischer Messungen", später von LUTHER und DRUCKER herausgegeben. Es enthält eine große Zahl auch heute noch wertvoller Hinweise für die Durchführung physikochemischer Messungen. „Die wissenschaftlichen Grundlagen der analytischen Chemie" und vor allem die fast 1200 Seiten umfassende „Elektrochemie, ihre Geschichte und Lehre"; dazu noch die 2. Auflage der zweibändigen „Allgemeinen Chemie", ein „Grundriß der Allgemeinen Chemie" und die Herausgabe der „Klassiker der exakten Wissenschaften".

1897 wurde der Neubau des Instituts für physikalische Chemie abgeschlossen, der ihm zusätzlich viel Arbeit und Sorgen gebracht hatte. In dem etwas erweiterten Institut ist die physikalische Chemie der Universität noch heute untergebracht.

Diese übermenschlichen Leistungen führten schließlich zum ersten Versagen der Kräfte OSTWALDS, er konnte sich aber durch einen längeren Ferienaufenthalt auf der Insel Wight und in Italien 1896 recht gut erholen.

Ab 1897 widmete er sich vorwiegend der Katalyseforschung. Schon in Riga war er bei der Untersuchung der Esterspaltung und der Rohrzuckerinversion zur Bestimmung der „Säurestärke" mit der homogenen Katalyse in Berührung gekommen, die weitere Forschung war vor allem der heterogenen Katalyse gewidmet, die sein Schüler ALWIN MITTASCH und sein Schwiegersohn EBERHARD BRAUER besonders erfolgreich bearbeitet haben. Darüber wird sicher Herr SCHIRMER Näheres berichten.

OSTWALD hatte sich aber in den Jahren bis etwa 1900 so überfordert, daß ihm die Lehrtätigkeit und die experimentelle Forschung immer weniger Freude machten, während er sich früher diesen Aufgaben mit hinreißender Begeisterung gewidmet hatte. Auch Reisen nach Amerika und England, wo ihm 1904 in Cambridge die Ehrendoktorwürde verliehen wurde, konnten nicht verhindern, daß die Ermüdungserscheinungen zunahmen, so daß er sich 1905 von der Hauptvorlesung entpflichten ließ und 1906 aus der Universität Leipzig endgültig ausschied, nachdem er vorher noch kurze Zeit als erster offizieller Austauschprofessor an der Harvard Universität (USA) vorgetragen hatte.

Sein Abgang von der Universität war mit vielen unerfreulichen Auseinandersetzungen mit den Kollegen verbunden.

Er zog sich in die Villa in Großbothen zurück, die er 1901 erworben, ausgebaut und mit dem Namen „Energie" bezeichnet hatte. Eine Krönung seines naturwissenschaftlichen Werkes erfuhr er noch im Jahre 1909 durch die Verleihung des Nobelpreises. 1905 war er auf Vorschlag von VAN'T HOFF, EMIL FISCHER und LANDOLT zum korrespondierenden Mitglied der Preußischen Akademie der Wissenschaften, heute AdW der DDR, gewählt worden.

Von der Villa „Energie" aus bemühte er sich um den wissenschaftlichen und gesellschaftlichen Fortschritt als Philosoph, Organisator und Reformator durch viele Schriften, sowie Vorträge und persönlichen Einsatz. Hier baute er seine geliebte Farbenlehre auf, bis er nach kurzer Krankheit, aber immer noch vielseitig interessiert, am 4. April 1932 „ohne Schmerzen, bei offenem Fenster und sternklarem Himmel", wie GRETE OSTWALD schreibt, in einer Leipziger Klinik aus einem unerhört tätigen Leben schied.

Die Wirkungsbereiche W. OSTWALDS werden im Laufe dieser Festveranstaltung von Experten ausführlich behandelt, so daß ich nur sein Werk als Ganzes zu beleuchten versuchen möchte:

Als Naturwissenschaftler wird ihm das Verdienst zugeschrieben, die physikalische Chemie und insbesondere die Elektrochemie mitbegründet zu haben. Den Nobelpreis hat er in erster Linie für seine Katalysearbeiten erhalten, auch das Verdünnungsgesetz hat dabei eine Rolle gespielt. Es wird als seine größte Leistung für die Elektrochemie angesehen. Tatsächlich ergab sich das Verdünnungsgesetz aus dem bekannten Massenwirkungsgesetz und der Dissoziationstheorie von SVANTE ARRHENIUS. Die osmotischen Gesetze von VAN'T HOFF haben dabei als wichtige Stütze gewirkt. Ein fundamentaler Beitrag zur Dissoziationstheorie, die tatsächlich zu den Grundlagen der Elektrochemie gehört, wurde von OSTWALD selbst nicht geleistet. An weit über 200 organischen Säuren wurde die Gültigkeit des Verdünnungsgesetzes sorgfältig geprüft, seine Ungültigkeit für starke Säuren und Salze erkannt, wenn auch nicht richtig interpretiert. Ein bleibendes Verdienst OSTWALDS ist es, daß er die Dissoziationstheorie gegen Einsprüche und Angriffe prominenter Wissenschaftler, u. a. MENDELEEV, mit leidenschaftlicher Energie verteidigt hat, nur dadurch hat sie sich relativ rasch weltweit durchgesetzt.

Die potentiometrische Messtechnik wurde aufgebaut. Dabei geriet er in Widerspruch zu NERNST, der aus prinzipiellen Gründen die Wasserstoffelektrode als Bezugselektrode vorgeschlagen hatte. OSTWALD empfahl die 0,1 M Calomelelektrode, weil sie bequemer herzustellen war und schon von ihm bis auf 10 μV reproduziert werden konnte. Beiden Elektroden kann man willkürlich den Wert Null zuordnen, das Potential der Standard-Wasserstoffelektrode hat sich als fiktive Bezugsgröße durchgesetzt, praktisch verwendet wird diese Elektrode nur noch wenig. Er hat sich auch mit vielen anderen strittigen Fragen der Elektrochemie, z. B. dem Kontaktpotential zwischen zwei sich berührenden Metallen, kritisch auseinandergesetzt. Mit diesem Problem haben sich bis in unsere Tage außer ihm 6 weitere Nobelpreisträger befaßt; und erst jetzt ist wahrscheinlich eine Klärung erfolgt. Seine „Elektrochemie" ist heute noch lesenswert wegen ihrer historischen Betrachtungen von GALVANI und VOLTA bis in seine Zeit. So ist es wohl berechtigt, ihn als Mitbegründer der Elektrochemie anzusehen. Seine Leistung für die Dissoziationstheorie hat OSTWALD selbst durchaus richtig eingeschätzt. Er schreibt in seinen „Lebenslinien":

„Es ist in der Wissenschaftsgeschichte jener Zeit üblich gewesen, mit dem Namen VAN'T HOFF und ARRHENIUS auch den Namen WILHELM OSTWALD zu verbinden, obwohl er nicht durch eine gleichwertige Entdeckung zu dieser Zeit hervorgehoben wurde. Das liegt daran, daß in meiner Person sich der organisatorische Faktor verkörperte, ohne welchen eine derart schnelle und weitreichende Gestaltung eines neuen Wissensgebietes nicht stattfinden kann". Es gab auch schon vor OSTWALD Lehr- und Forschungsstätten für physikalische Chemie, z. B. in Leipzig ein solches Laboratorium. Auch die Katalyse war natürlich nicht seine Entdeckung, aber durch Ordnung des vorliegenden Materials und eine klare Definition hat er der systematischen Forschung auf diesem schwierigen Gebiet den Weg gebahnt. OSTWALD hat in Leipzig durch seine Fähigkeit, für die Wissenschaft zu begeistern, seine vielen Anregungen und Impulse, durch seinen eigenen Arbeitsstil und seine ganze Persönlichkeit ein einmaliges Zentrum der physikalischen Chemie geschaffen, von dem aus etwa 70 Mitarbeiter als Professoren in aller Welt die physikalische Chemie durch Lehre und Forschung vertreten und so für die rasche Anerkennung des neuen wichtigen Grenzgebietes gesorgt haben. Weiter hat seine publizistische Tätigkeit, seine Lehrbücher der allgemeinen und der Elektrochemie, die zum Teil in viele Sprachen übersetzt wurden, diese neue Disziplin rasch zur Blüte gebracht, zumal er sich immer um einen klaren, gut verständlichen Stil bemüht hat.

Seine wissenschaftsorganisatorischen Leistungen für die physikalische Chemie sind so groß und noch heute so wirksam, daß man ihn durchaus als Mitbegründer der physikalischen Chemie bezeichnen kann. Ich möchte nur nennen:

1. Er hat die Zeitschrift für physikalische Chemie, formell mit VAN'T HOFF, 1887 gegründet, sie war über viele Jahre das einzige wissenschaftliche Publikationsorgan und enthielt außer vielen Mitteilungen aus seinem Institut und zahllosen Rezensionen von ihm wichtige Veröffentlichungen von Autoren aus aller Welt. Heute erscheint seine Ausgabe in Leipzig, eine andere in Frankfurt a. M., das Manuskriptangebot für unsere Ausgabe ist aus dem In- und Ausland so groß, daß die Zeiten bis zum Druck leider immer länger werden.

2. Auf Anregung des Elektrotechnikers WILKE bereitete OSTWALD die Bildung einer elektrochemischen Gesellschaft vor. 1894 wird er auf der Gründungsversammlung in Kassel zum ersten Vorsitzenden der Deutschen Elektrochemischen Gesellschaft gewählt; und er hat ihr als Leitgedanken vorgegeben: „daß Wissenschaft und Praxis auf das engste zusammengehören und die eine von der anderen ebenso zu lernen hat, wie umgekehrt".

Bei ihrer Umbenennung im Jahre 1902 in „Deutsche Bunsengesellschaft für physikalische Chemie" hat er wieder als ihre Aufgabe die „Vermittlung zwischen Wissenschaft und Technik" bezeichnet. Auch in vielen anderen Veröffentlichungen z. B. in seiner Schrift „Die Wissenschaftslehre" hat OSTWALD betont, daß Wissenschaft und Technik zusammen gehören und der Allgemeinheit zu nutzen haben. Aus der Notwendigkeit der Grundlagenforschung „sollte man nicht", so schreibt er, „den verkehrten Schluß ziehen, daß wissenschaftliche Arbeit um so edler ist, je unnützer sie ist". Wenn er andererseits die Frage aufwirft, „wie macht man den „Fachmann" unschädlich", dann deswegen, weil ein Fachmann, der nur an seine Erfahrung glaubt, den Fortschritt ebenso hemmen kann wie ein Erfinder oder Entdecker, der nur seine Idee als die einzig richtige und mögliche anerkennt.

Er hat selbst die praktische Verwertung seiner wissenschaftlichen Arbeit immer im Auge gehabt. Leitfähigkeit und Potentiometrie wurden für die chemische Analytik verwendet, heute werden sie im großen Stil zur Prozeßkontrolle eingesetzt. Er hat als erster 1887 angeregt, die Oxydation der Brennstoffe elektrochemisch durchzuführen, nicht nur, um die freie Energie als Elektroenergie zu gewinnen und damit eine höhere Energieausbeute zu erzielen, sondern auch, um die Umweltverschmutzung durch Rauchgas und Flugasche zu verhüten. Heute wird aus denselben Gründen an der Entwicklung von Brennstoffzellen intensiv gearbeitet; und New York plant bereits ein 15 MW-Kraftwerk mit Brennstoffzellen, die Erdgas bzw. H_2 oxydieren. Im Jahre 1930 hat Ostwald in einem Aufsatz „Energiequellen der Zukunft" über die Sonnenenergie geschrieben und dabei sicher auch die Nachteile der Verwendung fossiler Brennstoffe bei hohen Temperaturen im Auge gehabt: „Bekanntlich führen alle Energiequellen zuletzt auf die strahlende Energie der Sonne zurück, welche für uns der Urquell ist. Ist sie als Anfang und die elektrische Energie als Ende gegeben, so muß man angesichts der allgemeinen Umwandelbarkeit der Energie fragen, ob man dann nicht die Sonnenstrahlen unmittelbar in elektrische Energie umwandeln kann? Das wäre der Zielpunkt aller Energiewirtschaft, denn dadurch könnte der Menschheit die benötigte Energie überall zugänglich gemacht werden, wie Luft und Wasser es sind. Eine ganz unmittelbare Umwandlung strahlender Energie (die wir mit Recht als elektromagnetische Schwingung auffassen dürfen) in elektrische ist noch nicht bekannt. Wohl aber kennt man thermo-elektrische und photoelektrische Erscheinungen".

Heute bietet die Photoelektrochemische konkrete Aussichten für die direkte Umsetzung der Sonnenenergie in Elektroenergie, z. B. durch Erzeugung von Wasserstoff als Energieträger aus Wasser.

Wie Ostwald die technische Verwertung der Katalyseforschung betrieben und gefördert hat, wird sicher noch ausführlich dargestellt werden.

In Großbothen hat sich Ostwald intensiv mit den Farben beschäftigt und auch, wie schon in der Kindheit, mit dem Malen. In dem letzten Lebensdezennium hat er die messende Farbenlehre aufgebaut, die er selbst als „höchste Erfüllung" seines Lebens angesehen hat. Über die Systematisierung der Farben nach 3 Parametern (Vollfarbe, schwarz, weiß), ihre Normierung und Messung — eine enorme Arbeit, die er zum großen Teil allein durchgeführt hat —, hielt Ostwald 1929 einen Vortrag vor der Berliner Akademie und erhielt hohe Anerkennung auch durch Einstein. Der auf diesen Arbeiten aufgebaute Farbatlas mit 2500 Farben wurde in Textil-, Porzellan- und Tapetenfabriken vielfach benutzt, um geeignete Farbzusammenstellungen auszuwählen. Richtlinien dafür fanden sich in seinem Buch „Harmonie der Farben". Auf der Grundlage ihrer chemischen Eigenschaften hat Ostwald viele Vorschläge zur Verwendung geeigneter Farben ausgearbeitet und in einer kleinen Fabrik zusammen mit seinem Sohn Otto Sortimente von normierten Farben für den Handel hergestellt. Ein weiteres Beispiel dafür, wie Ostwald wissenschaftliche Arbeit „produktionswirksam" gemacht hat, wie wir heute sagen. Heute forscht die VVB Lacke und Farben in der Villa Energie über Probleme der Farben.

Ostwald hat die Wissenschaftsorganisation höher bewertet als die wissenschaftliche Entdeckung. In seinen „Lebenslinien" schreibt er:
„die wissenschaftliche Entdeckung wird erst dann ein wirklicher und wirksamer Bestandteil der Kultur, nachdem sie in das große geistige Gesamtkapital der Menschheit einorganisiert ist".

Er war Forscher und Wissenschaftsorganisator in einer Person. Daher wußte er, wie störanfällig schöpferische Arbeit ist, wie man ihre Ergebnisse rasch bekannt und wirksam machen kann. Heute gibt es Sektionen, Lehrstühle und Institute, die Wissenschaftsorganisation als Hauptfach lehren und bearbeiten. Die schöpferische Forschung, d. h. konzentriertes Denken und angestrengtes Experimentieren im Kollektiv, von bürokratischen Belastungen zu befreien und das Entdecken zu erleichtern, ist eine Aufgabe der Wissenschaftsorganisation, denn ohne Entdeckungen bleibt die beste Organisation unfruchtbar, sicher auch nach Ostwalds Ansicht, denn sein Institut war eine Schule der Entdecker und der Entdeckungen.

Ostwald war ein in aller Welt hochangesehener Wissenschaftler, nicht nur aufgrund seiner Leistungen auf dem Gebiet der physikalischen Chemie, sondern auch, weil er sich ständig bemühte, die internationale Zusammenarbeit zu verstärken. Seinem Organisationstalent gelang es, 1911 in Paris eine internationale Assoziation der chemischen Gesellschaften zu gründen und Ernest Solvay ideell und finanziell zu interessieren. Er übernahm den Vorsitz und hatte nur im eigenen Lande bei den Berliner Kollegen Widerstände zu überwinden. Mit Ausbruch des 1. Weltkrieges fand die fruchtbare Arbeit dieser Assoziation ihr Ende, wurde aber 1918, allerdings ohne Deutschland, fortgeführt.

In der gleichen Zeit versuchte er, angeregt durch Schweizer Kollegen, eine Organisation der geistigen Arbeit aufzubauen. Diese Organisation erhielt den Namen „die Brücke" und sollte auch der verstärkten interdisziplinären Kooperation dienen, die Ostwald stets sehr am Herzen lag, er sagt dazu:
„Die schönsten und reichsten Ergebnisse lassen sich dort erwarten, wo die verschiedenen Wissenschaften zu gegenseitiger Förderung ineinander greifen". Heute ist ein signifikantes wissenschaftliches Ergebnis ohne interdisziplinäre Kooperation nicht mehr denkbar. Trotz seines außergewöhnlichen Engagements ist dieses Unternehmen, die „Brücke", am menschlichen Versagen einzelner Mitarbeiter gescheitert. Aber manche seiner Vorschläge haben doch Beachtung gefunden und bis heute fortgewirkt, so die Normung der Buch- und Zeitschriftenformate.

Zur Rationalisierung der wissenschaftlichen Arbeit hat sich Ostwald um eine internationale Wissenschaftssprache bemüht, jede Disziplin sollte nur eine Fachzeitschrift in dieser Sprache herausbringen.

Er versuchte vergeblich als ordentliches Mitglied die Sächsische Akademie zu einer Erklärung über die Schaffung einer internationalen, wissenschaftlichen Weltsprache — er schlug „Ido“ vor, ein vereinfachtes Esperanto — und zur Bildung einer Kommission für diese Aufgabe zu veranlassen. Auch sein Antrag, das Thema einer wissenschaftlichen Weltsprache auf die Tagesordnung eines Kongresses der Internationalen Assoziation der Akademien zu setzen, in der die Sächsische Akademie damals eine wichtige Rolle spielte, wurde von der philologisch-historischen Klasse abgelehnt. Vom philologischen Standpunkt aus gibt es dagegen sicher berechtigte Einwände. Zweifellos ist aber der Wunsch nach einer internationalen Wissenschaftssprache vor allem im naturwissenschaftlich-technischen Bereich heute noch mehr begründet als zu OSTWALDS Zeit, denn wichtige wissenschaftliche Ergebnisse werden jetzt in vielen Sprachen veröffentlicht. OSTWALD hielt es für unrationell, mehrere Sprachen lernen zu müssen, sondern neben der Muttersprache nur eine. Ob sich das noch realisieren läßt, hängt von der Bereitschaft der Wissenschaftler und dem Abbau nationalistischer Barrieren ab. Die von OSTWALD gegründete Bunsengesellschaft scheint sein Bestreben dadurch zu unterstützen, daß in ihrer Zeitschrift fast alle Arbeiten in Englisch publiziert werden. Daß eine allgemein anerkannte wissenschaftliche Weltsprache ein wesentlicher Beitrag zur Rationalisierung der wissenschaftlichen Arbeit wäre, ist wohl unbestritten. Es bleibt das Verdienst von W. OSTWALD, frühzeitig und eindringlich darauf hingewiesen zu haben. Wenn seine Anregungen für eine gemeinsame Wissenschaftssprache, eine natürliche oder eine Kunstsprache, weltweit befolgt worden wären, hätte heute die Informatorik vielleicht weniger Probleme.

OSTWALD hat naturphilosophische Vorlesungen ab 1900 in Leipzig gehalten, ein Buch „Moderne Naturphilosophie“ und eine Zeitschrift „Annalen der Naturphilosophie“ herausgegeben. Seine Auffassungen sind kritisiert worden und werden abgelehnt. Man kann ihm aber das Verdienst nicht absprechen, daß er bemüht war, Natur- und Gesellschaftswissenschaften einander näher zu bringen, eine Aufgabe, die heute unsere Akademien, wenn auch unter anderen Aspekten, ständig beschäftigt.

Seine Ansichten zur Entwicklung der menschlichen Gesellschaft waren getragen von dem unerschütterlichen Glauben an das Gute im Menschen. Sein Optimismus und seine rastlose Aktivität haben ihn manchmal zu voreiligen Entscheidungen veranlaßt. Seinen Beitritt zum von ERNST HAECKEL gegründeten Monistenbund, dessen radikale Unterstützung und die Gründung einer monistischen Siedlung hat er später als falsch erkannt. OSTWALD lehnte die Geschichte als Wissenschaft ab, auch gegenüber seinem Freund in der Sächsischen Akademie, dem berühmten Historiker KARL LAMPRECHT. Er sah in ihr nur die Technik, „wie man irgendwelche vergangene Verhältnisse, die man wissen möchte, aus den Überresten erschließt“.

Vielleicht hat er dabei an ein Wort von GOETHE gedacht, dem seine letzte Schrift auf dem Krankenlager „Goethe als Prophet“ gewidmet ist. GOETHE hat FAUST sagen lassen: „Die Zeiten der Vergangenheit sind uns ein Buch mit sieben Siegeln, was ihr den Geist der Zeiten heißt, das ist im Grund der Herren eigner Geist, in dem die Zeiten sich bespiegeln". Diese Gefahr besteht auch bei einer historischen Würdigung Ostwalds.

Mit der Geschichte der Naturwissenschaften und dem Leben hervorragender Gelehrter hat er sich andererseits neben seiner eigenen Forschung intensiv befaßt, „weil der Weg des geschichtlichen Studiums zwar nicht eben der Kürzeste, wohl aber der erfolgreichste und reizvollste zum Eindringen in die Wissenschaft ist", wie er in der Einleitung zu seiner „Elektrochemie" schreibt. Ein großes Verdienst um die Wissenschaftsgeschichte hat sich Ostwald durch die Herausgabe seiner Klassiker der exakten Wissenschaften erworben (Bd. 260 enthält übrigens auch seine Magister- und Doktorarbeit, Riga). Sie sind ein Zeugnis seiner Sorgfalt und Exaktheit beim Messen und seines Geschicks im Gerätebau. Als er glaubte, seine schöpferische Kraft sei verbraucht, hat er psychologisch-analytisch die Entwicklung von Naturforschern untersucht, die durch ihr wissenschaftliches Wirken in die Geschichte eingegangen sind.

Durch diese Studien, die er „Psychographien" nannte, suchte er herauszufinden, ob das spätere Erlahmen der schöpferischen Kräfte für solche Persönlichkeiten typisch ist. Er gelangt dabei durch sein Bemühen um Systematisierung zur Einteilung der Wissenschaftler in „Klassiker" und „Romantiker". Er hat sich auch um die Klassifizierung der Wissenschaften selbst gekümmert und die Frage aufgeworfen: Was ist Wissenschaft? Dabei hat er deutlich gemacht, daß angewandte Wissenschaft und „freie Wissenschaft", die etwa unserer Grundlagenwissenschaft entspricht, eine Einheit sind. Ich glaube, daß man diese Feststellung heute, wo aus organisatorischen Gründen auf die Unterscheidung Wert gelegt wird, im Interesse der praktischen Wirksamkeit wissenschaftlicher Arbeit beachten sollte. Er kommt weiter zu dem Ergebnis, daß die Definition der „Wissenschaft" als Begriff eine Frage der Übereinkunft ist und stellt ihr die Scholastik gegenüber. Ich finde jedenfalls, man sollte mit dem Wort Wissenschaft oder wissenschaftlich sorgsam umgehen, um den Begriff nicht zu entwerten.

Ostwalds Persönlichkeit hat so viele Seiten, daß man ihn schwer klassifizieren kann. Sein größtes persönliches Verdienst um die Naturwissenschaften besteht, glaube ich, darin, daß er es verstanden hat, in Leipzig ein Zentrum der physikalischen Chemie in kurzer Zeit aufzubauen. Dieses Zentrum hat 70 Professoren, zum Teil mit Weltruf (Nernst, Bodenstein, Kistjakowskij, Noyes), hervorgebracht, die die rasche Entwicklung dieses auch für die Technik, oder wenn Sie lieber wollen, für die Technologie so wichtigen Gebietes der Naturwissenschaften entscheidend bestimmt haben.

Ostwald hat sich auch mit dem Bildungswesen und den wissenschaftlichen Schulen beschäftigt. Darauf möchte ich nicht eingehen, obwohl er vieles gesagt hat, was auch für unsere Bildungsanstalten beachtenswert ist. Seine Schule findet ihren Ursprung in seiner ganzen Persönlichkeit. Luther, später Professor für wissenschaftliche Photographie in Dresden, hat einmal gesagt:
„Ostwald war kein bequemer Chef, weil er viel von seinen Mitarbeitern verlangte und leicht ungeduldig werden konnte". Aber kann ein bequemer Chef

großartige Leistungen inspirieren? In allem, was er tat und sagte, war er progressiv. Niemals ließ er sich durch Fehlschläge entmutigen, er versuchte, ihnen immer wieder die positiven Seiten abzugewinnen. Er beurteilte die Wissenschaftler nach ihren Leistungen, auch wenn sie seine eigenen Ansichten verwarfen; dazu noch ein Beispiel: OSTWALD bemühte sich sehr um die Berufung von LUDWIG BOLTZMANN als theoretischen Physiker an die Universität Leipzig und um seine Wahl als Mitglied der Sächsischen Akademie. In persönlichen Briefen bittet OSTWALD 1899 BOLTZMANN, den Ruf nach Leipzig anzunehmen, obwohl dieser bereits 1896 in Wied. Ann. (57, 35 (1896) umfassend Kritik an OSTWALDS energetischen Lehren geübt hatte. BOLTZMANN hat den Ruf angenommen, blieb aber nur wenige Jahre in Leipzig.

OSTWALDS persönliches Engagement für progressive Ziele ging soweit, daß er dafür große finanzielle Mittel opferte. So stellte er der „Brücke" praktisch den gesamten Nobelpreis zur Verfügung, um die internationale Organisierung der geistigen Arbeit zu beschleunigen. Man kann OSTWALD Widersprüchlichkeit vor allem auch in seinen philosophischen Auffassungen vorwerfen, aber je progressiver ein Mensch — auch ein Wissenschaftler — ist, um so mehr wird er seinen Standpunkt der Entwicklung entsprechend verändern und dadurch widersprüchlich erscheinen. Seinen energetischen Imperativ, der heute in allen Bereichen der Volkswirtschaft so aktuell ist, hat er als energiegeladene Persönlichkeit bis zu seinem Ende ständig vorgelebt. Dieser ununterbrochene, schöpferische Einsatz in seinen Leipziger Jahren, sein lauterer Charakter und seine fortschrittliche Haltung in Wort und Tat, haben seine Schüler und Mitarbeiter — sicher oft unbewußt — tief beeindruckt und fasziniert.

Wir bilden heute eine große Zahl von Wissenschaftlern aus. Wenn wir Schulen vom Wirkungsgrad der OSTWALDschen Schule in Leipzig schaffen wollen, dann müssen sich junge Wissenschaftler zu solchen Persönlichkeiten wie er frei entwickeln können. Die Prinzipien des Sozialismus bieten bei uns dafür jedem die Chance. Die Wissenschaftsorganisatoren sollten sich bemühen, sie zu gewährleisten.

OSTWALD hat sich manchmal geirrt, das hat er auch offen bekannt. Sein Lebenswerk zeigt uns, daß progressive Ideen und Aktivitäten stets in irgendeiner Weise fruchtbar sind, auch wenn sie nicht immer den richtigen oder besten Weg zum Fortschritt weisen.

Ju. I. Solov'ev

Wilhelm Ostwald als Wissenschaftsorganisator

Der Fortschritt der modernen Chemie wurde in vielen durch jene grundlegenden Veränderungen bedingt und vorbereitet, die sich in der Chemie am Ende des 19. und zu Beginn des 20. Jahrhunderts vollzogen. Zu den größten Ereignissen dieser Periode zählen wir die Begründung der physikalischen Chemie als einer selbständigen Wissenschaftsdisziplin. Die physikalische Chemie erschloß den Chemikern die komplizierte Welt der chemischen Prozesse und gebar einen neuen Denkstil in der Chemie.

Die Arbeiten vieler Physikochemiker schufen das Fundament der klassischen physikalischen Chemie. W. Ostwald kommt eine führende Rolle bei der Organisation und Entwicklung dieses Wissensgebietes zu. Welches sind nun seine Verdienste um die Herausbildung der physikalischen Chemie als einer selbständigen Wissenschaftsdisziplin?

Für die Konsolidierung der neuen Grenzwissenschaft und die Schaffung günstiger Entwicklungsbedingungen war es notwendig, ein tragfähiges theoretisches Konzept zu entwickeln, das als Grundlage eines breiten physikalisch-chemischen Forschungsprogramms dienen konnte, neue Laboratorien, Lehrstühle und Institute zu eröffnen, neue Lehrbücher zu schreiben, eine neue Zeitschrift zu gründen und eine neue Generation von Physikochemikern zu erziehen. Vieles davon nahm W. Ostwald auf sich und realisierte es. [1]

Nach den Worten von J. van't Hoff „... muß wohl in erster Linie Ostwald genannt werden, der durch seine umfassende Lehrtätigkeit, seine erstaunliche literarische Arbeit und sein Organisationstalent für die Verbreitung der physikalischen Chemie vielleicht mehr getan hat als viele andere ..." [2]

Der Mensch kann den Zeitablauf nicht verändern, aber er kann die Entwicklung eines bestimmten Wissenschaftsgebietes beschleunigen; er kann die Intensität menschlichen Zusammenwirkens fördern. Ein solcher Wissenschaftler war W. Ostwald. Selten sind die Beispiele in der Wissenschaftsgeschichte, wo es einer Forscherpersönlichkeit gelang, die Erkenntnisse verschiedenster Wissenschaften in sich zu vereinen und dennoch mit beneidenswerter Unvoreingenommenheit fremde Verdienste anzuerkennen. Ostwald war reich an eigenen Ideen und Interessen, so daß er neidlos die Erfolge anderer anerkannte.

Im Jahre 1878 beabsichtigte der junge Universitätsdozent (er war damals

25 Jahre alt) im gemütlichen Dorpat, weit ab von der Hast großer Städte, ein seinen Vorstellungen gemäßes umfassendes Lehrbuch der allgemeinen Chemie zu schreiben. Es erforderte die Verbindung von Kühnheit, Arbeitsliebe, Können und Beharrlichkeit, um sich ohne große pädagogische Erfahrung zu einer Arbeit zu entschließen, die Wissenschaftler gewöhnlich erst in der zweiten Hälfte ihres schöpferischen Lebens tun.

Die Arbeit an dem Lehrbuch offenbarte seine Fähigkeit, die mannigfaltigsten empirischen und theoretischen Forschungsresultate zu sammeln, zu systematisieren und auszuwerten; sie ermöglichte es ihm, sich ein Bild über den gegenwärtigen Entwicklungsstand der physikalischen Chemie zu Beginn der 80er Jahre des vorigen Jahrhunderts und über die Verteilung der auf diesem Gebiet arbeitenden Wissenschaftler zu machen.

Das Erscheinen des zweibändigen „Lehrbuchs der allgemeinen Chemie“ in den Jahren 1885 bis 1887 stellt einen Knotenpunkt in der Entwicklung der physikalischen Chemie dar. Es war das erste Lehrbuch zur allgemeinen (physikalischen) Chemie, das sehr ausführlich die Entwicklung aller damals bestehenden Richtungen dieser Wissenschaft widerspiegelte.

Schon bald nach dem Erscheinen des „Lehrbuchs der allgemeinen Chemie“ gewann Ostwald eine große Popularität und Anerkennung. Er hat auf vielen Gebieten die Interessen der jungen Wissenschaftler grundlegend beeinflußt: statt dem Zauber der organischen Synthese zu unterliegen, wurden sie angeregt, sich dem Geheimnis der unbekannten, in den chemischen Prozessen verborgenen Affinität zuzuwenden.

Die Studenten konnten jetzt auch die Entwicklung der modernen physikalischen Chemie nach einem fundamentalen Lehrbuch studieren und brauchten keine lückenhaften Vorlesungsmitschriften zu verwenden. Ostwald hatte die begründete Hoffnung, daß sein Lehrbuch helfen würde, neue Kader für die physikalische Chemie zu werben und auszubilden. Die Erarbeitung des Lehrbuches stellte eine wichtige Voraussetzung für die Ausbildung einer neuen Generation von Physikochemikern dar.

Man kann sagen, daß das Lehrbuch für Ostwald den Ausgangspunkt seiner großen wissenschaftsorganisatorischen Laufbahn bildete. Die Systematisierung des umfangreichen verstreuten Materials bei der Vorbereitung des Lehrbuches der allgemeinen Chemie gestattete es Ostwald, sich mit den grundlegenden Richtungen der physikalisch-chemischen Forschungen und mit den auf den entsprechenden Gebieten arbeitenden Wissenschaftlern bekannt zu machen. Das kam ihm besonders in den Jahren 1886 bis 1887 zugute, als er die Vorbereitungsarbeiten für die Herausgabe der neuen „Zeitschrift für physikalische Chemie“ leistete, die in der Entwicklung der physikalischen Chemie eine große Rolle gespielt hat.

Anfang des Jahres 1886 wandte sich Ostwald an van't Hoff in Amsterdam, mit dem er bereits in Korrespondenz stand und den er als hervorragenden Forscher sehr schätzte, mit der Bitte, Mitherausgeber der neuen Zeitschrift für physikalische Chemie zu werden. Van't Hoff stimmte zu. Eine bessere Wahl hätte er nicht treffen können. Hier zeigte sich klar das glänzende organisatorische Talent OSTWALDS, sein Können, große Männer der Wissenschaft für die Durchsetzung seiner Pläne zu gewinnen und zusammenzuführen.

Auch ein Brief an D. I. MENDELEEV ist erhalten geblieben, den dieser 1886 aus Riga von OSTWALD erhielt. Den Text dieses überaus interessanten Briefes führen wir hier vollständig an, denn er schildert die Absichten des Begründers der Zeitschrift:

„Verehrter Herr Kollege!

Mit dem neuen Jahre beabsichtige ich, nach Beendigung meines Lehrbuches eine ‚Zeitschrift für allgemeine (physikalische) Chemie' ins Leben zu rufen. Dieselbe wird einen ziemlich internationalen Charakter haben und soll ein gemeinsames Organ für alle Vertreter dieses jungen Wissenschaftszweiges sein. Darf ich die Hoffnung hegen, daß auch Sie, verehrter Herr, das Unternehmen durch Zusendung von Beiträgen sowie dadurch stützen wollen, daß Sie gestatten, Ihren Namen unter denen der Mitbegründer des Unternehmens zu nennen?

Ich erlaube mir diese Bitte, weil ich den dringenden Wunsch hege, der beklagenswerten Zersplitterung physikalisch-chemischer Arbeiten durch die Zeitschrift abzuhelfen. Dazu aber ist nötig, daß die Fachgenossen möglichst geschlossen vorgehen, und dies wird am sichersten erreicht, wenn Namen vom Klange des Ihrigen sich mit dem neuen Unternehmen verbinden.

In der Hoffnung, keine Fehlbitte zu tun, bin ich

Ihr ergebener W. Ostwald, Professor am Polytechnikum zu Riga". [3]

Einen analogen Briefwechsel hatte OSTWALD mit den deutschen Wissenschaftlern J. W. BRÜHL, A. HORSTMANN, L. MEYER, O. LEHMANN, E. MEYER, H. LANDOLT; den Franzosen M. BERTHELOT, H. LE CHATELIER, F. M. RAOULT; den Engländern TH. CARNELLI, W. RAMSAY, F. E. THORPE; den Skandinaviern C. M. GULDBERG, P. WAAGE, L. F. NILSON, O. PETTERSSON, J. THOMSEN und dem in Italien tätigen Chemiker R. SCHIFF. Alle diese Wissenschaftler erklärten sich einverstanden, bei Herausgabe der neuen Zeitschrift mitzuwirken, und ihre Namen erschienen auf dem Titelblatt der Zeitschrift.

WILLARD GIBBS aus Amerika schrieb an OSTWALD: „... ich bin sehr erfreut, daß Sie die Herausgabe einer solchen Zeitschrift in Angriff genommen haben, der sich offensichtlich interessante Perspektiven eröffnen. Ich war an derartigen Problemen lebhaft interessiert und habe stets gehofft, einmal zu ihnen zurückkehren zu können, bin aber leider in den letzten Jahren ganz mit anderen Fragen besetzt. Auch bin ich nicht in der Lage, irgendwelche Verpflichtungen einzugehen, und kann Ihnen nur versichern, daß ich Ihrem Unternehmen alle guten Wünsche auf den Weg gebe und Ihnen sehr dankbar für das Interesse an meinen Arbeiten bin." [4]

Erstaunlich ist, daß dieser erste Band zum bedeutendsten Band in der Geschichte dieser Zeitschrift wurde. In ihm erschienen die klassischen Arbeiten von

J. H. van't Hoff „Die Rolle des osmotischen Drucks in der Analogie zwischen Lösungen und Gasen" und von S. Arrhenius „Über die Dissoziation der in Wasser gelösten Stoffe", die die Grundlage zu einer modernen Theorie der Lösungen legten.

Ostwald entwickelte seine Zeitschrift zu einem bedeutenden Sprachrohr neuer physikalisch-chemischer Ideen. Diese Zeitschrift half in entscheidendem Maße, die Physikochemiker aus verschiedenen Ländern zu vereinigen und die Aufmerksamkeit breiter Kreise von Chemikern auf die neue Wissenschaft zu lenken. Jeder Band dieser Zeitschrift markierte den Entwicklungsweg der jungen Wissenschaft, ihre Errungenschaften, die Überwindung der Schwierigkeiten, die Irrtümer und den Meinungsstreit. In der „Zeitschrift für physikalische Chemie" spiegelt sich der komplizierte Entwicklungsprozeß einer der ersten Übergangs- bzw. Grenzwissenschaften.

In der chemiehistorischen Literatur sind die Referate, Artikel und Buchrezensionen, die Ostwald in seiner Zeitschrift publizierte, bisher nicht vollständig analysiert worden. Man kann aber sagen, daß die Wertungen und Ideen, die er in diesen Referaten aussprach, einen großen Einfluß auf die Propagierung und Popularisierung der wissenschaftlichen Literatur hatten. Die polemischen Äußerungen, Rezensionen und Referate Ostwalds waren hauptsächlich darauf gerichtet, die Hindernisse zu beseitigen, die den neuen physikalisch-chemischen Ideen im Wege standen. W. Ostwald besaß als Wissenschaftler und Pädagoge eine wertvolle Eigenschaft; er hatte ein stark entwickeltes Gefühl für das Neue. Er bemerkte nicht nur schnell neue Wissenschaftsrichtungen, sondern nahm auch aktiv an ihrer Verteidigung und Propagierung teil.

W. Ostwald war der erste, der von 1885 bis 1887 in vollem Umfange die revolutionierenden Ideen der Theorie der elektrolytischen Dissoziation von Arrhenius und der Theorie der osmotischen Lösungen von van't Hoff würdigte.

Von diesem Gefühl für das Neue ließ sich Ostwald leiten, als er im ersten Band seiner eben gegründeten Zeitschrift die Artikel von S. Arrhenius und J. H. van't Hoff publizierte. Nach Ostwalds eigenen Worten war die Herausgabe der Zeitschrift unumgänglich, da unter den zeitgenössischen Publikationsorganen sich kaum eine gefunden hätte, die so „ketzerische" Dinge abgedruckt hätte. [5]

Beispiele dafür gab es genug. Ostwald erinnerte z. B. daran, wie die Arbeit van't Hoffs, die die Grundlage für die Entwicklung der Stereochemie legte, voller Empörung und mit grobem Spott in einer renommierten chemischen Zeitschrift des Leipziger Professors H. Kolbe „vernichtet" wurde.

Obwohl W. Ostwald die harte Kritik vieler bekannter Chemiker an der Theorie von Arrhenius kannte, fürchtete er sich nicht, die „aufrührerischen" Ideen dieser Theorie zur Hauptarbeitsrichtung seines physikalisch-chemischen Laboratoriums zu machen. Die Herausgabe des fundamentalen zweibändigen Lehrbuches für allgemeine Chemie und die Organisation der neuen Zeitschrift für physikalische Chemie festigte seinen führenden Platz als Organisator und Haupt der neuen Richtung in der Entwicklung der physikalischen Chemie.

Im Jahre 1889 begründete er die berühmte, breit konzipierte Reihe „Klassiker der exacten Wissenschaften". Die Herausgabe dieser Reihe ist ein großes Verdienst Ostwalds. Die Reihe „Klassiker der exacten Wissenschaften" förderte bedeutend die Verbreitung und Popularisierung der Werke großer Wissenschaftler, deren Namen wie Meilensteine den Entwicklungsweg der Wissenschaften markieren.

W. Ostwald verstand besser als die Mehrzahl der Wissenschaftler seiner Zeit, daß die Wissenschaft jenen Punkt ihrer Entwicklung erreicht hatte, an dem ihre wechselseitigen Beziehungen mit der Technik, der Produktion und anderen Bereichen der gesellschaftlichen Praxis so vielfältig und intensiv wurden, daß sie ihre Funktion nur dann erfolgreich zu erfüllen vermochte, wenn das Problem der Organisation der wissenschaftlichen Forschung und der Auswahl der wissenschaftlichen Kader rationell gelöst wird. Ähnlich wie J. v. Liebig in den 30er und 40er Jahren des 19. Jahrhunderts erfolgreich hochqualifizierte Spezialisten auf dem Gebiet der organischen Chemie herangebildet hatte, die sowohl im wissenschaftlichen Laboratorium als auch in der chemischen Industrie arbeiten konnten, sorgte W. Ostwald in den 80er und 90er Jahren für ein spezifisches physikochemisches Wissenschaftler-Potential.

Um die Rolle Ostwalds als Leiter und Haupt dieser bedeutenden Schule der Physikochemiker noch klarer zu verstehen, ist es nötig, sich die Situation der Chemie in den 60er und 70er Jahren des 19. Jahrhunderts vorzustellen. Die wissenschaftliche Tätigkeit solcher Wissenschaftler wie Regnault und Sainte-Claire Deville in Frankreich, Mendeleev und Beketov in Rußland, Bunsen und Kopp in Deutschland, Graham und Faraday in England trug einen klar ausgeprägten physikalisch-chemischen Charakter. Die physikalisch-chemischen Probleme fanden insgesamt jedoch nur wenig Aufmerksamkeit und Verständnis unter der Mehrzahl der Chemiker jener Zeit.

Deshalb schrieb P. Walden damals nicht ohne Grund, daß die Schule, „... die ‚auf des Meisters Worte schwört', die für Inhalt und Bedeutung der Abhandlungen eingetreten wäre und durch zahlreiche Publikationen und Experimentalarbeiten die Fruchtbarkeit derselben veranschaulicht hätte, (daß) eine solche Schule, wie überhaupt eine Schule für physikalische Chemie", [6] damals fehlte.

W. Ostwald begründete jene Schule, über die er selbst sagte: „Wenn ich auf irgend etwas in meiner wissenschaftlichen Tätigkeit stolz bin, so bin ich es auf die glänzende Reihe der Männer, die ich in jungen Jahren aus dem Kreise ihrer Mitstrebenden ausgewählt und in ihrer freien wissenschaftlichen Entwicklung gefördert habe. Die Reihe beginnt mit den Namen Arrhenius, Nernst, Beckmann, Le Blanc, Bredig und Luther, und ich hoffe, sie ist noch nicht abgeschlossen." [7, S. 149].

In den 25 Jahren seiner pädagogischen Tätigkeit bildete Ostwald hunderte wissenschaftliche Spezialisten auf dem Gebiet der physikalischen Chemie heran, von denen viele Wissenschaftler ersten Ranges wurden. Aus den verschiedensten

Ländern kamen zu Ostwald junge Leute, um sich von ihm die Erfahrung des Wissenschaftlers und Pädagogen anzueignen.

Später schrieb Ostwald: „Meine Unterrichtstätigkeit hatte sich von jeher auf Angehörige der verschiedensten Länder und Völker erstrecken dürfen; hieraus waren persönliche Beziehungen entstanden, deren Fäden schließlich fast den ganzen Erdball umspannten und mir die Tatsache der von allen nationalen Verschiedenheiten freien, allgemeinmenschlichen Beschaffenheit der Wissenschaft eindringlich zum Bewußtsein brachten.“ [7, S. 8]

Das Talent eines großen Organisators des wissenschaftlichen Schöpfertums zeigte sich bei Ostwald schon am Rigaer Polytechnikum, in dessen Laboratorium unter seiner Leitung S. Arrhenius, P. Walden und andere arbeiteten.

In einem Brief an S. Arrhenius vom 3. Februar 1886 schrieb W. Ostwald:

„Lieber Freund!

... ich freue mich außerordentlich auf unsere gemeinsame Arbeit. Was werden Sie an Apparaten hier nöthig haben? Es wäre gut, wenn Sie mir bald darüber Nachricht gäben, damit ich das Fehlende besorgen kann ...“ [8, S. 21].

S. Arrhenius und viele andere Wissenschaftler, die unter der Leitung Ostwalds in dem Laboratorium arbeiteten, betonten mehrmals, daß sie eine große Arbeitsfreude verspürt hätten.

In Leipzig zeigte sich seine „katalysierende“ Wirkung auf junge Wissenschaftler noch deutlicher. Dieser Einfluß des Lehrers vollzog sich ohne jede Gewalt, er unterjochte nicht den jungen Verstand, sondern stimulierte im Gegenteil die Entwicklung der Individualität, die wachsende Selbständigkeit des Forschers. Dem jungen Wissenschaftler gab Ostwald die volle Handlungsfreiheit. Er behauptete: „Und endlich bedingt die Jugendlichkeit den unbefangenen Mut gerade den großen und schwierigen Problemen gegenüber. Noch keine niederdrückenden Erfahrungen des Mißlingens wegen eigener Unzulänglichkeit hemmen diesen Mut, und die Frische der Anschauung dem Neuen gegenüber bewirkt die Unbefangenheit in der Beurteilung der gesamten Sachlage, welche so oft zu simplen Fragestellungen, und damit zu überraschend einfachen Lösungen führt.“ [9].

Die von den neuen Problemen der physikalischen Chemie begeisterten jungen Wissenschaftler zog es zu Ostwald als einem guten Leiter und Organisator der wissenschaftlichen Forschung. Die Übersichten, die durch Ostwald in den Kolloquien gegeben wurden, die geschickte Anleitung der werdenden Wissenschaftler — all das zog zu Ostwald, der wohlwollend und offen seine neuen Ideen und Pläne für zukünftige Arbeiten mitteilte. Er besaß einen scharfen Blick und vermochte die „weißen Flecken“ der physikalischen Chemie zu erkennen.

Ostwald-Schüler berichteten mehrfach über die große Fähigkeit des Professors, Gedanken zu wecken und „mit vollen Händen“ Ideen für neue Forschungen auszuschütten.

Wie E. Beckmann sagte, genügte ein halbstündiges Gespräch mit Ostwald, um Material für die Arbeiten eines halben Jahres zu erhalten. Der bekannte englische Physikochemiker F. Donnan, der Ostwald gut kannte, sagt über ihn: „Ostwald war ein pausenlos sprudenlder Quell neuer Ideen und Inspirationen. Stellen Sie sich einen gutgelaunten Mann mit durchdringendem Blick, gesunder Gesichtsfarbe sowie Haaren und einem Vollbart von rötlicher Farbe vor, der Tag für Tag geschäftig durch das Labor eilte. Wenn man in Schwierigkeiten war, war er stets bereit zu helfen, einen Ausweg vorzuschlagen. Wenn man gerade keine Schwierigkeiten hatte, brachte er einen auf irgendeinen neuen Gedanken. Auch wenn man bestimmte Ansichten über Musik, Malerei oder Philosophie vertrat, hörte sie der Chef aufmerksam an und war stets bereit, mit einem darüber zu diskutieren." [10]

Über die kameradschaftliche, schöpferische Atmosphäre, die im Laboratorium herrschte, schrieb Ostwald später: „Unsere Arbeiten waren gemeinsam; die Besprechungen des Professors mit dem einzelnen Praktikanten fanden unter reger Teilnahme der anderen statt: jeder Erfolg eines von uns spornte die anderen zu um so eifrigerer Arbeit an, die dann auch fast immer bald einen ähnlichen Lohn ergab." [11, S. 44—45]

W. Ostwald erinnerte daran, daß die Theorie der Elektromotorischen Kraft (EMK) von Nernst infolge eines Gesprächs im Laboratorium entstand.

In den 90er Jahren des 19. Jahrhunderts gewann die Leipziger Universität den Ruhm, Weltzentrum der physikalisch-chemischen Lehre zu sein. Zu Ostwald reisten junge Wissenschaftler aus Frankreich, England, Schweden, Amerika, Japan und anderen Ländern. Die Zahl seiner Schüler wuchs mit jedem Jahr. Ende der 90er Jahre des vorigen Jahrhunderts behauptete sich die Theorie der elektrolytischen Dissoziation als fundamentale Theorie hauptsächlich dank den Anstrengungen Ostwalds.

Sie drang in viele Teildisziplinen der Chemie ein. Die nächste Etappe der Entwicklung der physikalischen Chemie hing von der erfolgreichen Auswahl der neuen physikalisch-chemischen Forschungsprogramme ab.

Das von W. Ostwald ausgewählte Programm erwies sich als effektivstes und perspektivreichstes. Er kannte die Chemiker im Reich der Katalyse und chemischen Kinetik. „Überall tritt uns die Katalyse entgegen und wir haben allen Grund, uns sehr ernsthaft mit ihr zu beschäftigen", schrieb Ostwald an Arrhenius am 21. Januar 1899. [8, S. 153]

W. Ostwald weckte das Interesse bei G. Bredig und A. Mittasch für die heterogene Katalyse, bei M. Bodenstein für die Kinetik homogener Reaktionen, bei P. Luther und N. A. Šilov für die Kettenreaktion bei der Oxydation. Ostwald selbst fand die Lösung einer wichtigen praktischen Aufgabe — der Gewinnung von Salpetersäure auf dem Wege der katalytischen Oxydation des Ammoniaks. Deshalb haben wir allen Grund zu sagen, daß es unter den Wissenschaftlern Ende des 19. und Anfang des 20. Jahrhunderts keinen gab, der so breit und vielseitig an das Problem der Katalyse heranging wie W. Ostwald.

Wenn im 20. Jahrhundert die Katalyse zur Hauptmethode bei der Durchführung chemischer Reaktionen in der Industrie und zur wirksamen Verfahrensart der organischen Synthese wurde, so hat Ostwald daran kein geringes Verdienst.

Schon Anfang der 90er Jahre erkannte OSTWALD klar, daß die Zeit gekommen war, in der die zielgerichtete Arbeit eines Wissenschaftlerkollektivs für die Lösung der unterschiedlichsten Probleme bei der Erforschung chemischer Prozesse notwendig ist. Zur beliebten Devise OSTWALDS wurden, wie schon zu LIEBIGS Zeit, die Worte: „Um ein großes Haus zu bauen, sind viele Arbeiter notwendig." Eben deshalb strebten sie danach, große, durch den Internationalismus der Wissenschaft vereinte forschende Chemikerschulen zu schaffen, da ohne Anstrengung des kollektiven Verstandes ein schneller wissenschaftlicher und technischer Fortschritt nicht denkbar ist. Was war für die Realisierung der neuen Organisationsformen der Forschungsarbeiten erforderlich?

OSTWALD antwortete auf diese Frage bestimmt und genau. Es war nötig, neue wissenschaftlich-technische Gesellschaften zu organisieren und neue profilierte wissenschaftliche Forschungsinstitute mit guten Ausrüstungen und einem speziell ausgewählten Bestand hochqualifizierter Mitarbeiter zu schaffen.

Die Idee, profilierte Institute für die gründliche und allseitige Bearbeitung aktueller Probleme der physikalischen Chemie einzurichten, fand Unterstützung und wurde bald verwirklicht. OSTWALD erhielt eine bedeutende Geldsumme (365 000 Mark) für den Bau eines neuen Instituts, dessen Plan von ihm selbst entworfen worden war.

Am 2. Januar 1892 schrieb OSTWALD nicht ohne Stolz an ARRHENIUS: „... Nach 3 oder 4 Jahren wirst Du mich also im neuen Heim besuchen können; ich muß sagen, daß ich mich auf diesen Bau freue, da er doch, wie ich hoffe, ein Vorbild für andre künftige physiko-chemische Institute werden wird." [8, S. 104]

Die feierliche Eröffnung des Instituts fand am 3. Januar 1898 statt. Der an der Eröffnung teilnehmende ARRHENIUS schrieb am 17. Januar 1898 an G. TAMMANN, daß „OSTWALD ein wirklich schönes Institut besitzt".

In der Geschichte der physikalischen Chemie und überhaupt in der Geschichte der Wissenschaft spielte das Institut OSTWALDS als erstes Beispiel für ein spezialisiertes wissenschaftliches Forschungsinstitut auf dem Gebiet der chemischen Kinetik und Katalyse eine außerordentliche Rolle.

Die Organisation dieses Instituts, in dem die wissenschaftlichen Pläne und Ideen koordiniert und Experimente, die der Lösung der gnannten Probleme dienten, durchgeführt wurden, entsprach den sich entwickelnden Erfordernissen der Wissenschaft und Industrie.

Im Jahre 1897 sagte OSTWALD, daß „Wissenschaft und Praxis auf das Engste zusammengehören, und die eine von der anderen ebenso zu lernen hat, wie umgekehrt." [12]

W. OSTWALD unterstrich besonders: „Eine Wissenschaft um ihrer selbst willen gibt es nicht ..., sondern die Wissenschaft ist um menschlicher Zwecke willen da. ... Letztes Ziel jeder Wissenschaft ist die praktische Anwendung, weil eine Wissenschaft ohne dies, genauer, ohne vorbestimmtes Ziel die Bezeichnung Wissenschaft nicht verdient; sie ist für die Gesellschaft völlig uninteressant und kann deshalb keine Unterstützung von ihr erwarten." [7, S. 69]

W. Ostwald betonte auch insbesondere die soziale Natur der Wissenschaft, ihre genetische Verbindung mit der Technik. Die Wissenschaft von der Technik lösen, hieße sie ihres „Nahrungsmittels“ zu berauben; umgekehrt aber ist die Wissenschaft die einzige Führerin der Technik.

Die enge Verbindung zwischen Wissenschaft und Technik wird nach Ostwalds Ansicht noch dadurch unterstrichen, daß der Wissenschaftsfortschritt oft durch Menschen realisiert wird, deren Tätigkeit nicht in die unmittelbaren Sphären der Wissenschaft einfließt. Ostwald schrieb den Organisatoren eine große Rolle zu, da sie die schwierige Aufgabe einer Verschmelzung von Funktionen zu lösen haben. Die Entdeckungen und Erfindungen werden zu einem wichtigen Faktor im Leben der Gesellschaft, wenn sie in ihre Schatzkammer aufgenommen werden. Das wird durch die Tätigkeit des Organisators erreicht. Die Tätigkeit der Organisatoren, die die praktische Realisierung der wissenschaftlichen Idee herbeiführen und die wissenschaftliche Entdeckung zu einer Errungenschaft der Kultur und einem Faktor des gesellschaftlichen Fortschritts machen, ist nach Meinung Ostwalds nicht niedriger zu bewerten als die der Schöpfer der entsprechenden Idee. Das Feld der organisierten Tätigkeit ist komplizierter als das Feld der Forschung — das ist der Gedanke, den Ostwald beharrlich und konsequent entwickelte.

Auf Initiative von W. Ostwald, W. Nernst und M. Le Blanc wurde im Jahre 1894 in Kassel die Deutsche Elektrochemische Gesellschaft (später Bunsengesellschaft für angewandte physikalische Chemie) gegründet. Das Hauptanliegen war, die Anstrengungen der Wissenschaftler und Ingenieure bei der Lösung aktueller wissenschaftlich-technischer Aufgaben der Elektrochemie zu vereinen. W. Ostwald wurde zum Präsidenten dieser Gesellschaft gewählt und hat viel Nützliches für ihre Entwicklung getan.

Die Leipziger Periode war im Schaffen Ostwalds, so scheint es, die glücklichste Zeit seines Lebens — eine Zeit, in der er seine Kräfte auf dem ausgewählten Gebiet erproben konnte und sich in einem wunderbaren Kollektiv befand, in dem die Mitarbeiter verschiedener Nationalitäten in Eintracht zusammenarbeiteten. Trotzdem fühlte sich Ostwald selbst nicht glücklich. Der Fortschritt der Forschung in mehreren Richtungen durchbrach den Rahmen, der für die Arbeit in einem Gebiet so förderlich war. Ostwald gewöhnte sich jedoch schnell an die neue Situation und schaltete sich mit höchster Energie in die Ausarbeitung der neuen Probleme ein, die verschiedenartige Wissenschaftsgebiete betrafen.

Die Rolle Ostwalds in der Chemie des 19. Jahrhunderts kann mit der Rolle verglichen werden, die Berzelius und Liebig im ersten Drittel desselben Jahrhunderts gespielt hatten: Systematiker des chemischen Wissens, aktiver Propagandist neuer Auffassungen, Initiator der Schaffung neuer Zeitschriften und nationaler und internationaler Vereinigungen der Chemiker, Anreger systematischer Arbeit am System der Atomgewichte und Organisator einer wissenschaftlichen Schule, aus der bedeutende Forscher der unterschiedlichsten Gebiete der physikalischen Chemie hervorgingen.

Wenn man auf Ostwald die von ihm für Wissenschaftler vorgeschlagene Klassifikation anwendet, so muß man ihn unbedingt zu den Romantikern zählen. Er stellt den klassisch vollendeten Typ des Romantikers dar, für den die Ausarbeitung eines breiten Kreises von Fragen, die Schaffung einer wissenschaftlichen Schule, die aktive Propagierung seiner Ansichten in Wort und Tat, die leidenschaftliche Polemik usw. charakteristisch ist.

Die außerordentliche Breite der Tätigkeit OSTWALDS wurde schließlich genährt durch die Breite seiner Interessen, durch die ausgeprägte Aktivität seiner Natur.

Aber uns scheint, daß es noch eine weitere Ursache für den vielseitigen Charakter seines Wirkens gibt: das ist das klare Bewußtsein und das Gefühl für die Grenzen seiner Kraft und der Möglichkeit in der wissenschaftlichen Forschungsarbeit.

W. OSTWALD war sogar in der Zeit, als er sich auf dem Gipfel seines wissenschaftlichen Ruhmes befand (im Jahre 1909 erhielt er den Nobel-Preis) nicht geneigt, seine Bedeutung in der Wissenschaftsgeschichte zu überschätzen. In diesem Zusammenhang ist die folgende Selbsteinschätzung von Interesse: „Es ist in der Wissenschaftsgeschichte dieser Zeit üblich geworden, mit den Namen VAN'T HOFF und ARRHENIUS auch den Namen WILHELM OSTWALD zu verbinden, obwohl er nicht durch eine gleichwertige Entdeckung um dieselbe Zeit hervorgehoben wurde. Dies liegt daran, daß in meiner Person sich der *organisatorische* Faktor verkörperte, ohne welchem eine derart schnelle und weitreichende Gestaltung eines neuen Wissensgebietes nicht stattfinden kann." [11, S. 20]

Daraus ist zu ersehen, daß OSTWALD seine Verdienste um die Entwicklung der physikalischen Chemie für viel niedriger erachtete als den Beitrag, den ARRHENIUS und VAN'T HOFF zur chemischen Wissenschaft geleistet hatten; er betrachtete diese Wissenschaftler als die wirklichen Schöpfer der modernen physikalischen Chemie.

WILHELM OSTWALD verstand, daß er den gesamten gewaltigen Energievorrat, alle Kräfte seiner reichen Natur nur dann mit maximalem Wirkungsgrad ausnutzen konnte, wenn er sich nicht nur auf ein Arbeitsgebiet in der Wissenschaft beschränkte.

Die Vereinigung seiner Interessenbreite mit seinem geselligen Temperament bestimmte die Vielzahl der Sphären seiner schöpferischen Tätigkeit, von denen jede eine bestimmte Spur hinterließ.

WILHELM OSTWALD publizierte mehrere hundert Arbeiten, darunter mehr als 70 Bücher (einschließlich Übersetzungen). Hunderte seiner Schüler aus verschiedenen Ländern entwickelten erfolgreich viele Richtungen der modernen Chemie; die von ihm geliebte Katalyse begann in der chemischen Technologie eine immer größere Rolle zu spielen; es veränderte sich die Ausbildung der Spezialisten, über die er sich zu seiner Zeit häufig äußerte.

Sein Aufruf, „die Wissenschaft zum Gegenstand der wissenschaftlichen Analyse zu machen", fand in jenen Jahren kein Echo. Heute wird dieser Gedanke in einer neuen Disziplin — der Wissenschaftswissenschaft — verwirklicht.

Die Gedanken und Ideen OSTWALDS auf diesem Gebiet haben bis heute ihre Frische und Aktualität nicht verloren.

Die neue Organisationsform der wissenschaftlichen Forschungen, an deren Herausbildung er teilnahm, erhielt im 20. Jahrhundert allgemeine Verbreitung.

Die in den Jahren 1920—1930 und in den folgenden Jahren in den verschiedenen Ländern entstandenen großen profilierten physikalisch-chemischen Forschungsinstitute erfreuten Ostwald — den Organisator eines der ersten in der Welt existierenden physikalisch-chemischen Institute.

Wilhelm Ostwald stand so an der Wiege vieler Initiativen, die vielfältige, bis in unsere Gegenwart nachwirkende Folgen zeitigten.

Mir bleibt zu sagen, daß ich gemeinsam mit N. I. Rodnyj das Gefühl eines großen Genusses verspürte, als wir an der wissenschaftlichen Biographie Wilhelm Oswalds arbeiteten, deren deutsche Übersetzung 1977 erschien.

Heute, auf diesem Symposium würdigen wir den großen Wissenschaftler, der durch seine titanische Arbeit den Weg zu den Gipfeln der modernen Wissenschaft bahnte.

Literatur

[1] Rodnyj, N. I., Ju. I. Solwjew: Wilhelm Ostwald. Leipzig 1977 (Biographien hervorragender Naturwissenschaftler, Techniker und Mediziner. Bd. 30); vgl. auch: N. I. Rodnyj, Ju. I. Solov'ev: Vil'gelm Ostval'd. Moskva 1969.

[2] Hoff, J. H. van't: Acht Vorträge über physikalische Chemie. Braunschweig 1902, S. 14/15.

[3] Mendeleev-Archiv der Staatlichen Universität Leningrad; vgl. auch [1], S. 82.

[4] Zit. nach: Frankfurt, U. I., A. M. Frenk: Josiah Willard Gibbs. (russ.), Moskva 1964, S. 100; vgl. auch [1], S. 84/85.

[5] Ostwald, W.: Lebenslinien. Eine Selbstbiographie. Bd. 1, Berlin 1926, S. 248.

[6] Walden, P.: Die Lösungstheorien in ihrer geschichtlichen Aufeinanderfolge. Stuttgart 1910, S. 429 (Sammlung chemischer und chemisch-technischer Vorträge. Bd. XV).

[7] Ostwald, W.: Die Forderung des Tages. Leipzig 1910.

[8] Aus dem wissenschaftlichen Briefwechsel Wilhelm Ostwalds. Herausgegeben von H.-G. Körber, Teil II, Berlin 1969.

[9] Ostwald, W.: Große Männer. 5. Auflage, Leipzig 1919, S. 363.

[10] Donnan, F. G.: Ostwald memorial lecture. J. Chem. Soc., London 1933, S. 326.

[11] Ostwald, W.: Lebenslinien. Eine Selbstbiographie .Bd. 2, Berlin 1927.

[12] Ostwald, W.: Über wissenschaftliche und technische Bildung. Sonderdruck a. d. Zschr. f. Elektrochemie, 4 (1897/98) 7; vgl. auch: Ostwald, W.: Abhandlungen und Vorträge allgemeinen Inhaltes. Neue Ausgabe. Leipzig 1916, S. 325.

W. Schirmer

Wilhelm Ostwald und die Entwicklung der Katalyse

Der Begriff der Katalyse wurde 1836 von Berzelius geprägt. Er wurde auf Reaktionen angewandt, deren Ablauf in zunächst weitgehend unbekannter Form durch die Anwesenheit anderer Stoffe beeinflußt wird. Was man eigentlich unter „Katalyse" zu verstehen habe, war Gegenstand eines langen Meinungsstreits, an dem sich so bedeutende Chemiker wie Berzelius selbst, Liebig, Wöhler und Eilhard Mitscherlich beteiligten. Noch 50 Jahre nach der Einführung dieses Begriffs war unter Naturwissenschaftlern keine eindeutige Vorstellung über das Wesen der Katalyse vorhanden. Immerhin konnte noch 1894 in einer Arbeit des biologischen Chemikers Stohmann [1] die folgende Ansicht vertreten werden:

„Katalyse ist ein Bewegungsvorgang der Atome in den Molekülen labiler Körper, welcher unter dem Hinzutritt einer von einem anderen Körper ausgesandten Kraft erfolgt und unter Verlust von Energie zur Bildung stabilerer Körper führt."

Wen wundert es da, daß damals das Wort „Katalyse" diskreditiert war, so daß 1901 Ostwald [2] zu der Feststellung kam: „Die Verwendung des Begriffes der Katalyse galt bisher als Zeichen wissenschaftlicher Rückständigkeit." Es ist das große Verdienst Ostwalds, den Begriff der Katalyse mit dem der Reaktionsgeschwindigkeit in einen eindeutigen Zusammenhang gebracht und dadurch wesentlich zu Aufhellung dieses naturwissenschaftlichen Zusammenhangs beigetragen zu haben. Schon beim Referieren der obengenannten Arbeit fügte Ostwald 1894 an, daß seine Definition der Katalyse etwa so aussehen würde: „Katalyse ist die Beschleunigung eines langsam ablaufenden Vorgangs durch die Gegenwart eines fremden Stoffes" [3]. Dies wird auch tatsächlich einer modernen Definition gerecht, und Ostwald kommt das Verdienst zu, diese Erkenntnis als erster ausgesprochen zu haben.

Als Wilhelm Ostwald im Jahre 1909 für seine Arbeiten über die Katalyse den Nobelpreis für Chemie erhielt, bezeichnete er diese Seite seiner Forschung als diejenige, die ihm am stärksten am Herzen liege. Er wies darauf hin, daß er seinen Beitrag zur Deutung der Katalyse als eine rein geistige Leistung auffassen möchte und daß er, obwohl sorgfältige Experimente Voraussetzung für den weiteren Erkenntnisfortschritt auf diesem Gebiet seien, die begriffliche Gedankenarbeit über die Experimentierkunst gestellt habe [4]. Tatsächlich ist Ostwald auch nur zweimal in seinem Leben in unmittelbare experimentelle Verbindung zur Katalyse getreten: ganz zu Anfang seiner wissenschaftlichen Laufbahn, als er sich die Aufgabe stellte, ein quantitatives Maß für den damals noch unbekannten Begriff der chemischen Verwandtschaft zu finden (1883) [5], und 20 Jahre später, als er sich gemeinsam mit seinem Schwiegersohn Brauer mit der Oxydation von Ammoniak zu Stickoxiden an Edelmetallen beschäftigte.

Die Jugendarbeiten umfaßten vor allem Untersuchungen über die Hydrolyse organischer Ester durch starke Säuren. Das Ziel dieser Arbeit bestand zunächst darin, durch Bestimmung der chemischen Kinetik zu einem Begriff für die Triebkraft einer chemischen Reaktion zu kommen. Tatsächlich aber wurden die ersten systematischen Erkenntnisse über den katalytischen Einfluß von Säuren unterschiedlicher Stärke auf die Verseifung von Estern gewonnen. Der Mechanismus der Verseifung von Estern durch Säuren, die über ihre Protonen wirken, stellt eine dreistufige Reaktion dar:

1. Protonenanlagerung $$R_1 - \overset{\overset{O}{\|}}{C} - OR_2 + H^+ \rightarrow R_1 - \overset{\overset{O}{\|}\ H(+)}{C} - OR_2$$

2. Hydrolyse $$R_1 - \overset{\overset{O}{\|}\ H(+)}{C} - OR_2 + H_2O \rightarrow R_2OH + \rightarrow$$

3. Säurebildung $$R_1 - \overset{\overset{O}{\|}\ H(+)}{C} - OH \rightarrow R_1 - \overset{\overset{O}{\|}}{C} - OH + H^+$$

Auch die Rohrzuckerinversion wurde als Testreaktion bearbeitet [6]. Wie später vor allem durch Arbeiten Brönsteds gezeigt werden konnte, ist die Reaktionsgeschwindigkeit nur dann der $[H^+]$-Konzentration und damit der Säurestärke proportional, wenn die erste Stufe der oben dargestellten Reaktion, also die Anlagerung des Protons an die entstehende Zwischenverbindung, so schnell verläuft, daß ihre Konzentration gleich der Gleichgewichtskonzentration gesetzt werden kann. Dies ist aber bei der Hydrolyse von Estern, der Rohrzuckerinversion und anderen ähnlichen Reaktionen tatsächlich der Fall.

Das umfangreiche experimentelle Material verlangte nach einer einheitlichen Deutung. Es lag zunächst nahe, daß Ostwald allen Arbeiten, die über Zwischenreaktionen in homogener Phase ablaufen, größte Aufmerksamkeit schenkte. Er bearbeitete also zunächst Erscheinungen der Übertragungskatalyse. Sehr bald erkannte er, daß die heterogene Katalyse nach prinzipiell ähnlichen Mechanismen ablaufen müsse, auch wenn die dabei auftretenden Reaktionsstufen oder Zwischenprodukte mit den damals vorhandenen analytischen Hilfsmitteln nicht nachgewiesen werden konnten. Ostwald gelangte daher zunächst zu der Auffassung, daß es nicht nötig sei, die katalytischen Vorgänge auf solche nachweisbaren Zwischenprodukte und Reaktionsstufen zurückzuführen. Diese Schlußfolgerung kann nicht aufrechterhalten werden.

Das Studium der Mechanismen katalytischer Reaktionen entwickelte sich zu einem wichtigen Teilgebiet der Katalyse und brachte wesentliche Erkenntnisse. Daß Ostwald zunächst glaubte, auf den Nachweis von Zwischenstufen grundsätzlich verzichten zu müssen, hat sicherlich seine Ursache auch darin, daß er zum Zeitpunkt des Aussprechens dieser Erkenntnis noch ein sehr gebrochenes Verhältnis zur Atomistik hatte. Später, nachdem er sich ausdrücklich zur Atomistik bekannt hatte, sah er auch keinen Grund mehr, die Bildung von Zwischenverbindungen am oder auf dem Katalysator abzulehnen. Allerdings muß man sich dann auch von der Anfang dieses Jahrhunderts noch geltenden Auffassung freimachen, daß diese Zwischenverbindungen stets stöchiometrischer Natur seien.

Heute sprechen wir zweckmäßigerweise von den Wechselwirkungen zwischen Substrat und Katalysator bei der Bildung und Umwandlung des aktiven Komplexes während der katalytischen Reaktion. G. K. Boreskov [24] definiert daher heute den Begriff der Katalyse wie folgt:

„Die Katalyse ist die Beschleunigung chemischer Reaktionen in Gegenwart von Stoffen, die mit den reagierenden Substanzen in mehrmalige chemische Wechselwirkung treten, ohne im Endpunkt der Reaktion zu erscheinen."

Dabei kann man zwischen einem Stufenmechanismus und einem assoziativen Weg unterscheiden. Der Katalysator hat also nicht nur Einfluß auf den zeitlichen Ablauf der Reaktion, er kann selbstverständlich auch dazu führen, daß der Reaktionsweg geändert wird.

1901 [7] kennt Ostwald bereits vier Arten von Kontaktwirkungen: die Keimwirkung, die homogene Katalyse, die heterogene Katalyse und die Wirkung von Enzymen und Fermenten, die bereits damals als biologische Katalysatoren bezeichnet wurden. Und ein paar Jahre später formulierte er 1909 ein Forschungsprogramm für die weitere Bearbeitung dieses Gebietes (wir würden diesem Programm heute getrost den Charakter einer Prognose zuerkennen), in das er die wichtigsten Aufgaben der Katalyseforschung übernahm:

1. Untersuchung der Struktur und der chemischen Beschaffenheit des Katalysators.
2. Entwicklung leistungsfähiger oberflächenanalytischer Methoden.
3. Was sind „Kontakt"- oder „Keim"wirkungen?
4. Chemisch fundierte Theorien scheinen zur Deutung des Wesens der Katalyse besser geeignet als Struktur- und Energievorstellungen.
5. Enzyme und Fermente sind als homogene Katalysatoren in biologischen Systemen zu betrachten.
6. Keine Theorie ohne sauber reproduzierbares, umfassendes experimentelles Material.

Vergleichen wir dieses Programm mit Forschungsprogrammen aus der Gegenwart, so erkennen wir, daß einige Grundfragen damals wie heute enthalten sind, wobei unser heutiges Programm natürlich sehr viel umfangreicher und differenzierter ist, da in den zurückliegenden 70 Jahren ein außerordentlich großer Umfang an experimentellen und theoretischen Erkenntnissen dazugekommen ist. Heute werden in zahlreichen Spezialzeitschriften und in fast allen Publikationsorganen der Chemie, der physikalischen Chemie, der Strukturforschung, der Festkörperphysik und der chemischen Technologie katalytische Probleme behandelt, so daß die Zahl der Originalpublikationen im Jahr 10 000 bereits überschreitet.

Die Katalyse ist nicht nur zu einem bedeutenden Wissenschaftsgebiet der Chemie geworden, sondern sie beherrscht vor allem die technischen Verfahren der Stoffwirtschaft in größtem Umfang. 75—80% aller Produktionsverfahren enthalten katalytische Reaktionen. Darunter befinden sich die größten Prozesse wie die Ammoniaksynthese, die Kohlenwasserstoffspaltung und die Hydrierung, so daß etwa 80—85% aller Produkte durch Katalyse hergestellt werden.

Auch die von Wilhelm Ostwald gegebene Einteilung der katalytischen Erscheinungen in homogene und heterogene Katalyse gilt heute wie damals. Wir sind uns einer gewissen Unzulänglichkeit dieser Einteilung durchaus bewußt, besonders seitdem wir wissen, daß zwischen homogen-koordinativer und heterogener Katalyse fließende Übergänge existieren. G. K. Boreskov schlug vor, den Charakter der Wechselwirkungen zum Einteilungsprinzip zu verwenden. Dies könnte tatsächlich zu einem Fortschritt in der Klassifikation führen [24]. Den Begriff der Keimwirkung pflegen wir heute etwas anders zu verwenden, als es seinerzeit geschah. Und die Katalyse, die durch biologisch aktive Verbindungen wie etwa den Enzymen und Fermenten ausgelöst wird, hat sich nicht nur als ein Prinzip von höchster Bedeutung für biologische Vorgänge erwiesen, sondern beginnt gleichzeitig, sich wichtige technische Bereiche zu erschließen.

Wilhelm Ostwald war nicht nur Forscher und hervorragender Lehrer, er war gleichzeitig ein bedeutender Organisator, der es in hervorragender Weise verstand, herangereifte Situationen auf wissenschaftlichem und ökonomischen Gebiet zu erkennen und sie in organisatorische Bahnen zu lenken. Das bewies er nicht nur 1887 durch die Gründung der Zeitschrift für physikalische Chemie oder durch die von ihm im Jahre 1894 angeregte Gründung der Deutschen Elektrochemischen Gesellschaft, aus der dann 1902 die Deutsche Bunsengesellschaft für angewandte physikalische Chemie hervorging — nein, er war auch auf vielfältige Weise in der geistig-gesellschaftlichen Entwicklung seiner Zeit aktiv. Hierüber hat nicht zuletzt Wilhelm Ostwald selbst ausreichend publiziert [8]. Auch auf dieser Veranstaltung werden wir Beiträge, die sich mit diesen Aktivitäten Wilhelm Ostwalds beschäftigen, hören.

Kehren wir zur Katalyse zurück. Bereits 1903 erkannte Wilhelm Ostwald, welche Bedeutung für das damalige Deutschland die Gewinnung von Stickstoff aus der Luft haben müßte, und widmete sich dieser Aufgabe mit der ihm eigenen Tatkraft. 14 Tage lang führte er Handversuche durch, wobei er die Gewißheit gewann, daß sich an einem Eisenkontakt Ammoniak aus den Elementen bilden müßte. An diesem Kontakt hatte OSTWALD zunächst die Zersetzung des NH_3 studiert und festgestellt, daß ein katalytischer Effekt vorhanden war. Nach dem Reversibilitätsprinzip mußte daher Eisen auch die Bildung von Ammoniak aus den Elementen beschleunigen; denn ein Katalysator ist ja nicht in der Lage, das Gleichgewicht einer chemischen Reaktion bei konstanten äußeren Bedingungen zu verschieben. Der Handversuch verlief positiv. Ammoniak wurde nachgewiesen, worauf WILHELM OSTWALD ein Patent nahm und dieses gegen die damals gewaltige Summe von 1 Million Goldmark der Badischen Anilin- und Sodafabrik in Ludwigshafen/Oppau zum Kauf anbot. Im Archiv unserer Akademie befindet sich das Original dieser Patentschrift. Ihr Text lautet:

„Verfahren zur Herstellung von Ammoniak und Ammoniakverbindungen aus freiem Stickstoff und Wasserstoff

Es ist bekannt, daß sich freier Stickstoff und Wasserstoff durch die gewöhnlichen Mittel nicht zu Ammoniak verbinden lassen; erst durch die Anwendung des elektrischen Funkens erzielt man eine sehr langsame und unvollkommene Vereinigung.

Ich habe gefunden, daß die Verbindung von freiem Stickstoff und Wasserstoff durch geeignete Kontaktsubstanzen oder Katalysatoren bereits bei geringer Erhitzung auf 250 ° bis 300 ° mit meßbarer Geschwindigkeit bewirkt werden kann. Die Geschwindigkeit nimmt mit steigender Temperatur schnell zu. Als Katalysatoren dienen beispielsweise Metalle, hauptsächlich Eisen und Kupfer, denen man eine große Oberfläche gibt. Die Verbindung ist nie vollständig, sondern führt zu einem chemischen Gleichgewicht, und die gebildete Ammoniakmenge ist daher von dem Mengenverhältnis der Stoffe abhängig. Um die Verbindung vollständig zu machen, muß man das Ammoniak aus dem Reaktionsgemisch entfernen, was durch Aufnahme desselben mit Wasser oder Säuren geschehen kann. Das Gasgemisch kann zu diesem Zweck einen Kreislauf, nötigenfalls unter Abkühlung und Wiedergewinnung der Wärme durchmachen.

Da die verhältnismäßige Menge des Ammoniaks im Gasgemisch mit steigendem Druck zunimmt, so ist es zweckmäßig, die Synthese unter vermehrtem Druck auszuführen.

Betonen möchte ich, daß der Patentanspruch von OSTWALD selbst formuliert ist und insgesamt nicht mehr als $1^1/_2$ Seiten handschriftlichen Textes umfaßt. So einfach war es damals, ein so grundlegendes Patent zu formulieren und durchzusetzen.

Die Leitung des Werkes beauftragte damals einen noch sehr jungen Diplomingenieur ROBERT BOSCH, Kontrollversuche im Industriemaßstab durchzuführen. Sie führten zu einem überraschenden Ergebnis: Das von WILHELM OSTWALD nachgewiesene Ammoniak hatte sich bereits vor der Reaktion in Form von Nitriden im Eisenkontakt befunden und wurde jetzt lediglich durch das Hinüberleiten eines H_2 enthaltenden Gasstromes freigesetzt. Ein sorgfältig präparierter Kontakt lieferte unter den angewandten Bedingungen — druckloses Verfahren und Temperaturen von 250—300 ° — kein synthetisches Ammoniak. So zerschlug sich das geplante Geschäft wieder. Wir finden in der von OSTWALD vorgelegten Patentschrift aber viele Angaben, die dann später tatsächlich die Grundlage zu einem großtechnisch brauchbaren Verfahren der Ammoniaksynthese bildeten. Weitere Untersuchungen von NERNST, HABER und VAN VORDT führten nach wenigen Jahren zu einer richtigen Bestimmung des Ammoniakgleichgewichtes in Abhängigkeit von Druck und Temperatur, wodurch die physikalisch-chemische Seite des heute allgemein in der Welt angewandten Hochdruckverfahrens wissenschaftlich aufgeklärt wurde.

Dieser Mißerfolg entmutigte WILHELM OSTWALD keineswegs. Wenige Jahre später beschäftigte er sich mit der Oxydation von Ammoniak an Platinkatalysatoren, einer Reaktion, die durch KUHLMANN zwar seit 1839 bekannt war, aber technisch noch nicht genutzt werden konnte, weil das Ausgangsprodukt Ammoniak eben recht kostspielig war. OSTWALD erkannte bei dieser Reaktion sehr richtig, daß die Labilität des gewünschten Endproduktes NO gegenüber Sauerstoff sehr kurze Verweilzeiten notwendig macht, weshalb es erforderlich war, mit großen Strömungsgeschwindigkeiten an netzartig ausgebildeten Katalysatoren zu arbeiten. Außerdem mußte die Oberfläche des Platins von gewisser Beschaffenheit sein, d. h. das Platin mußte erst einmal „formiert" werden. 1908 lief die erste Anlage dieser Art auf einer Zeche in Bochum, wobei sogar die verfahrenstechnische Ausführung von WILHELM OSTWALD und BRAUER stammt. Diese Anlage soll über zwei Jahrzehnte in Betrieb gewesen sein [9].

Auch dieses Verfahren hat sich heute in der Stoffwirtschaft einen bleibenden Platz gesichert. Die Oxydation erfolgt bei Normaldruck oder bei leicht erhöhtem Druck. Die Bildung der Salpetersäure wird durch umfassende Absorptionsvorgänge und vor allem durch eine Druckoxydation in flüssiger Phase mit Sauerstoff durchgeführt. Das Verfahren zeichnet sich durch größte Leistungsfähigkeit aus, wobei im Zuge einer jahrzehntelangen Rationalisierung wichtige Varianten entstanden.

Sowohl die Hochdrucksynthese des Ammoniaks als auch die Ammoniakverbrennung legen Zeugnis davon ab, daß ein einmal als richtig erkanntes wissenschaftliches Prinzip nicht nur für die technische Praxis große Bedeutung haben, sondern für die Entwicklung leistungsfähiger Varianten sehr wohl lange Zeit produktionsbestimmend sein kann. Der gelegentlich zu einem Prinzip von allgemeiner Bedeutung erhobene Grundsatz, daß Verfahren der Stoffwirtschaft im Durchschnitt innerhalb von 7—10 Jahren technisch veraltet sind und daher durch prinzipiell neue Lösungen ersetzt werden müssen, kann daher nicht aufrechterhalten werden. Im Gegenteil: leistungsfähige Verfahren, die wesentliche Gesetzmäßigkeiten physikalischer und chemischer Zusammenhänge repräsentieren, können sich über lange Zeit hinweg behaupten, wenn an ihrer ständigen Vervollkommnung gearbeitet wird. Der langfristigen systematischen Verfahrensverbesserung müssen wir auch mit den Mitteln der Grundlagenforschung große Aufmerksamkeit schenken. Obwohl seit 70 Jahren bearbeitet, hat sich die Direktsynthese des Stickoxides aus den Elementen bis heute nicht durchsetzen können. Das zweifellos umständlichere OSTWALD-Verfahren hat der Direktsynthese bisher stets noch den Rang abgelaufen.

Wie verlief die Entwicklung des Wissenschaftsgebietes Katalyse weiter, nachdem sich W. OSTWALD von der aktiven Bearbeitung dieses Gegenstandes zurückgezogen hatte? Das ständig wachsende Tatsachenwissen verlangte nach einer einheitlichen Zusammenfassung. Es fehlte daher schon zu Lebzeiten OSTWALDS nicht an Theorien zur Deutung der Katalyse.

Tab. 1

Chemische Theorien der heterogenen Katalyse

1890	W. OSTWALD	Erhöhung der Reaktionsgeschwindigkeit „durch Anwesenheit"
1920/25	SABATIER MITTASCH	Zwischenverbindungen an Festkörperoberfläche entscheidend (Werte für Adsorptions- und Bildungsenthalpie)
1934	POLANYI-HORIUTI	Hydrierung olefinischer Doppelbindungen über π-Komplexe an Metallen (Analogie zur Komplexkatalyse)
1960	BORESKOV u. a.	Oxidation — Reduktionsmechanismus an Oxiden

Diese Theorien müssen in drei Gruppen geteilt werden [10]:

— In typisch chemische Ansätze, die den Zwischenverbindungen an der Oberfläche der festen Katalysatoren die Hauptbedeutung beimessen. Solche Ansätze wurden 1920 von SABATIER und wenige Jahre später von dem OSTWALD-Schüler MITTASCH ausgesprochen [11]. Sie wiesen anhand von katalytischen Reaktionen nach, daß die Werte für die Adsorptions- und Bildungsenthalphie entscheidene Bedeutung für den Ablauf ganzer Gruppen von Reaktionen haben.

— 1934 entwickelten POLANYI und HORIUTI [12] Vorstellungen über die Hydrierung olefinischer Doppelbindungen, die über Komplexbildung und halbhydrierte Zwischenprodukte verlaufen sollten. 20 Jahre später erhielten diese Vorstellungen starke Unterstützung durch chemische Mechanismen, die man bei gleichartigen Reaktionen der homogenen Komplexkatalyse festgestellt hatte. Hier waren die Zwischenverbindungen stabiler und leichter zu entdecken, so daß der bis dahin recht hypothetische Charakter der hydrierten Zwischenprodukte durch gesichertere Kenntnisse gestützt wurde.

— Auch die Mechanismen zur Deutung der Oxydations- und Reduktionsvorgänge, die zwischen 1950 und 1960 zur katalytischen Oxydation in der Gasphase formuliert wurden, gehören in die Gruppe dieser Vorstellungen.

Vertreter dieser Auffassungen sind VAN KREVELEN, G. K. BORESKOV und viele andere. Bei Redox-Reaktionen ist zum Beispiel die entscheidende Katalysatoreigenschaft vor allem in der Festigkeit der Bindung des Sauerstoffs an der Katalysatoroberfläche zu sehen, wobei verschiedene Formen des Sauerstoffs zu beobachten sind (O_{2ads}, O_2^-, O^-, O^{--}) [13].

Alle diese Auffassungen haben ihre Leistungsfähigkeit zur Deutung wichtiger Teilgebiete der heterogenen Katalyse bewiesen. Sie treten im Zusammenhang mit anderen Faktoren auch bei vielen anderen ähnlichen katalytischen Vorgängen in Erscheinung, sind jedoch allein nicht imstande, die Vorgänge der heterogenen Katalyse umfassend zu deuten. Es ist nicht zu erwarten, daß aus ihnen eine allgemeine Theorie der Katalyse hervorgehen kann.

Vielleicht wäre dies möglich, wenn es gelänge, allgemeine Eigenschaften des Katalysators und des umzusetzenden Substrats zur Grundlage einer Theorie zu machen. Strukturparameter sind solche allgemeinen Eigenschaften. Tatsächlich äußerte bereits 1925 Taylor den Gedanken, daß nicht die gesamte Katalysatoroberfläche gleichmäßig katalytisch sei, sondern daß aktive Zentren die eigentlichen Orte der katalytischen Wirksamkeit seien, und bis heute hat sich dieses Gebiet als eine sehr wichtige Seite der Katalysatorforschung erwiesen.

Tab. 2

Theorien sterisch-geometrischer Effekte von Katalysator und Substrat		
1925	Taylor	aktive Zentren an Festkörperoberfläche
1957	Balandin	(Multiplett-Theorie)
1965	Boudart	„struktursensitive“ Reaktionen

Die Entwicklung der Katalyse ist eng mit der experimentellen und theoretischen Deutung der Vorstellungen von den aktiven Zentren gekoppelt, wobei weitere theoretische Auffassungen, die von Strukturparametern ausgehen, Bedeutung gewannen. Dazu gehört die von Balandin 1957 aufgestellte Multiplett-Theorie, die sowohl Fragen der Struktur als auch der Elektronenanordnung der bei der Katalyse entstehenden Zwischenverbindungen auf der Katalysatoroberfläche zur Grundlage hat [14]. Dieses geometrische und energetische Korrespondenzprinzip erwies sich für die Deutung einzelner Reaktionen, zum Beispiel bei der Hydrierung von Aromaten, als sehr leistungsfähig. In der konkreten Form, wie es formuliert wurde, konnte es jedoch eine allgemeine Anerkennung nicht finden.

Eine weitere Variante der strukturorientierten Auffassungen ist die 1965 von Boudart entwickelte Theorie der struktursensitiven Reaktionen. Diese theoretischen Ansätze verallgemeinern bestimmte komplexe Erfahren. Sie scheitern jedoch bei der Deutung anderer katalytischer Vorgänge oft völlig.

Am umfangreichsten wurde die Elektronentheorie der Katalyse bearbeitet. Elektronen sind die einfachsten Ladungsträger, die bei chemischen Reaktionen auftreten, und die auch das Zustandekommen chemischer Verbindungen erst ermöglichen. Es lag daher nahe, dem Verhalten der Elektronen im katalytisch wirkenden Festkörper eine große Bedeutung beizumessen. Implizit ist der Elektronenfaktor bereits bei all den Katalysetheorien enthalten, die von der Notwendigkeit der Existenz von Chemisorptionskomplexen ausgehen. Die Ausarbeitung selbständiger Elektronentheorien erfuhr durch das Studium der Struktur und des Verhaltens von Halbleitern starke Förderung. Das war zu Beginn der fünfziger Jahre der Fall.

Tab. 3

Elektronentheorie der Katalyse		
an *Halbleitern*		
1950	HAUFFE	Grenzschichttheorie der Chemisorption
1955	TH. WOLKENSTEIN	Elektronentheorie, zwei Formen der Chemisorption
1956	DOWDEN	Elektronenkonfiguration isoliert betrachteter Metallionen
an *Metallen und Legierungen*		
1936	MOTT-JONES	Bändermodell
1968/73	SACHTLER	„Ensemble"-Effekt bei Legierungen „Liganden"-Effekt (analog (Komplexbildung)

Deshalb eröffnete 1950 die von HAUFFE formulierte Randschichttheorie der Chemisorption an Halbleitern einen Zugang zum Verständnis katalytischer Vorgänge. Es zeigte sich jedoch auch hier bald, daß dieses rein physikalische Modell bei der Deutung verschiedener Bindungstypen und Oberflächenzustände versagt.

Anfang der sechziger Jahre war es klar, daß die Elektronentheorie allein nicht imstande ist, die Grundlage für eine umfassende Theorie der Katalyse zu geben. Die Theorie von TH. WOLKENSTEIN [15] bezog deshalb 1955 auch schwache Chemisorptionskomplexe in die Betrachtung ein und ermöglichte so, auch das katalytische Verhalten nach außen neutraler Moleküle in adsorbiertem Zustand an der Halbleiteroberfläche zu deuten. Aber bald offenbarte die schwache Chemisorption einige nicht zu überwindende Interpretationsschwierigkeiten, und auch mit diesem Modell wurden die bereits erkannten Schwächen des Randschichtmodells nicht überwunden.

1956 führte DOWDEN [16] die Elektronenkonfiguration isoliert betrachteter Metallionen ein, die unter dem Einfluß des Feldes benachbarter Ionen stehen. Die Grundlage hierfür waren quantenchemische Ansätze auf MO-Basis für den lokalen Adsorptionszustand. Daraus ergaben sich zwar für die Deutung katalytischer Vorgänge weitere Fortschritte, aber sie waren zwangsläufig auf Katalysen an Halbleitern und einigen Isolatoren beschränkt. Zwar gibt es auch elektronentheoretische Vorstellungen, die die katalytische Wirksamkeit von Metallen zum Inhalt haben (zum Beispiel die besondere Bedeutung von unbesetzten Positionen im d-Orbital), aber die große Zahl der Katalysen an den Oberflächen, vor allem der einfachen Metalle, kann hiervon ebenfalls nicht erfaßt werden.

Schon frühzeitig, nämlich 1936, wurde von MOTT und JONES [17] das Bändermodell für metallische Katalysatoren und für Legierungen propagiert; aber das Fermi-Niveau konnte nicht in eine eindeutige Korrelation zu katalytischen Eigenschaften gebracht werden. Es mehrten sich experimentelle Hinweise, daß auch an Metallen verschiedene chemisorbierten Formen möglich sind und daß sich die Bindungen an der Metalloberfläche nicht wesentlich von der Art der Bindung der Liganden in normalen Metallkomplexen unterscheiden. Schließlich wurden auch an Metalloberflächen Metalladsorbatbindungen nachgewiesen.

An Legierungen gelang es dann SACHTLER und Mitarbeitern, die unter thermodynamischen Einfluß vor sich gehende Entmischung der Komponenten nachzuweisen, wodurch sich ein katalytischer „Ensemble"-Effekt ergibt. In Analogie zur Komplexbildung der homogenen Katalyse wurde an Metalloberflächen auch ein Ligandeneffekt beschrieben, wodurch elektronentheoretische Betrachtungen an Metalloberflächen mit Vorstellungen aus anderen theoretischen Ansätzen verknüpft wurden (1968—1973) [18].

Heute stellt die Katalyseforschung ein weltweit bearbeitetes Problem dar. In den sieben Jahrzehnten seit OSTWALDS Wirken haben sich Forschungszentren von Weltgeltung herausgebildet, so zum Beispiel in der UdSSR, wo die Katalyseforschung vor allem mit den Namen N. D. ZELINSKIJ, B. A. KASANSKIJ, S. Z. ROGINSKI, A. A. BALANDIN, G. K. BORESKOV und vielen anderen verknüpft ist. Die von den genannten Gelehrten gegründeten oder geleiteten wissenschaftlichen Einrichtungen zählen seit Jahren, heute schon vertreten durch Wissenschaftler der „zweiten Generation", zu unseren Kooperationspartnern.

Katalyseforschung von Weltgeltung wird weiterhin in zahlreichen Einrichtungen der Hochschulen und der Industrie in den USA, in Japan, in der Bundesrepublik Deutschland, in Frankreich und Großbritannien betrieben, und es gibt wohl heute kaum ein Land, das wissenschaftlichen Fragen der Katalyse nicht erhöhte Aufmerksamkeit zuwendet. Ich muß es mir hier versagen, die Schwerpunkte dieser Arbeiten näher zu charakterisieren. Lassen Sie mich aber einige Bemerkungen zu den durchaus sichtbaren Beziehungen machen, die von OSTWALD zu Wissenschaftlern übergehen, die in unserer Republik maßgebenden Anteil an der Katalyseforschung haben.

Auch die Deutsche Demokratische Republik setzt einen nicht unbeträchtlichen Teil ihres Forschungspotentials für die Katalyse und die Katalysatoren ein. Das hängt wiederum mit der starken industriellen Bedeutung zusammen, die auch für uns die Katalyse hat. Leuna war das erste Zentrum der technischen Hochdruck-Ammoniaksynthese, in deren Reaktionsablauf nicht nur die eigentliche Ammoniakbildung katalysiert wird, sondern in der auch Katalysatoren für die

Gewinnung des Synthesegases, seine Reinigung und seine weitere Aufarbeitung eingesetzt werden, so daß die aktive Bearbeitung dieses Verfahrens stets auch eine Forschung auf dem Katalysegebiet zur Voraussetzung hat. Da unsere chemische Industrie auch in bezug auf die Spaltung von Kohlenwasserstoffen, die Schwefelsäureproduktion, die Methanolgewinnung und bei der partiellen Oxydation technisch aktiv ist, war für uns die Katalyseforschung eine lebensnotwendige Aufgabe.

Das erkannten unsere Mitglieder G. Rienäcker und W. Langenbeck, der eine vorwiegend Anorganiker, der andere Organiker, frühzeitig, so daß sie im Jahre 1951 an die Gründung des Instituts für Katalyseforschung in Rostock gehen konnten — eines Instituts, das bald darauf geteilt wurde und nachdem Herr Rienäcker nach Berlin berufen worden war, seinen endgültigen Arbeitsplatz im Gebäudekomplex Berlin-Adlershof fand, wo es bis zum Jahre 1969 als Institut für anorganische Katalyseforschung von Herrn Rienäcker geleitet wurde. Lassen Sie mich daher einige wesentliche Ergebnisse dieser Forschung hier noch nachzeichnen: Herrn Rienäcker verdanken wir das Zurückführen der Katalyseforschung auf vorwiegend chemische Ursachen der katalytischen Wirksamkeit. Systematische Untersuchungen über Legierungskatalysatoren, bei denen einfache Hydrier- und Dehydrierreaktionen als Modell verwendet wurden, führten zu neuen Erkenntnissen über den Zusammenhang zwischen katalytischen Eigenschaften eines Oxides und seinem Sauerstoffpartialdruck bei der Untersuchung der Geschwindigkeit der CO-Oxydation. Rienäcker und Mitarbeiter gewannen dabei eine Beziehung, die als die berühmte Glockenkurve in die Literatur eingegangen ist [19]. Aus ihr geht hervor, daß *der* Katalysator die Reaktion am besten beeinflußt, bei dem die Bindungsfestigkeit des Sauerstoffs einen mittleren Wert besitzt. Dann sind sowohl die Ad- als auch die Desorptionsprozesse vergleichbar groß; die Beweglichkeit des Sauerstoffs beeinflußt den Oxydationsvorgang am günstigsten. Unter Einbeziehung gerade erschienener Ansätze Dowdens erkannten Rienäcker und Mitarbeiter auch einen wesentlichen Zusammenhang der Katalyse mit dem Elektronenaufbau der Metalle. Höchste Hydrieraktivität weisen diejenigen Metalle auf, die ein teilweise unbesetztes d-Band besitzen. Diese 1955 vorgetragenen Ergebnisse wurden gemeinsam mit Völter und Vormum erarbeitet.

Rienäcker und Völter wiesen 1959—1963 nach [20], daß die Oberflächenstruktur des Katalysators großen Einfluß auf die Reaktionsgeschwindigkeit ausüben kann. Sie bestimmten die Geschwindigkeit des NH_3-Zerfalls an verschiedenen Flächen des Kupfereinkristalls und an polykristallinem Material und kamen zu Unterschieden in der Aktivierungsenergie der Zerfallsreaktion von 40 kcal/mol für einzelne Flächen.

Die Arbeiten W. Langenbecks betrafen vor allem die Entwicklung hochaktiver Hydrierungskatalysatoren, die er zum Teil durch reduktive Zersetzung von Mischkristallen aus Nickel-Magnesium-Formiat herstellte. Seine in den fünfziger Jahren durchgeführten Untersuchungen haben für das Gebiet der Katalyse organisch-chemischer Reaktion große Bedeutung [21].

Auch unser Mitglied G. Öhlmann, der nunmehr seit 1969 für die Katalyseforschung an der AdW verantwortlich ist, widmet sich vor allem der Untersuchung aktiver Zentren an der Katalysatoroberfläche. Er stellte sich die Aufgabe, an Trägerkatalysatoren solche Zentren zu schaffen, die in bezug auf ihre Dispersität und Verteilung genau charakterisiert sind und so zur Deutung des katalytischen Vorgangs Beiträge leisten können. Die sogenannten Aufschichtungskatalysatoren, deren Aktivkomponente über eine sorgfältig beherrschte Gasphasenreaktion aufgetragen wird, führten zu neuen Erkenntnissen über die Wirkungsweise und den Ablauf katalysierter Reaktionen. Die Koordinationszahl des aktiven Elements spielt dabei eine wichtige Rolle. Öhlmann und Mitarbeiter wiesen nach, daß die heterogene Katalyse erst dann auftritt, wenn eine Mindestgröße eines Metallclusters an aktiven Zentren ausgebildet wird. Dieser Cluster muß mindestens 10—11 Vanadinatome umfassen, um die spezifische Wirkung geben zu können.

Den aktiven Phasen in Trägerkatalysatoren widmet auch H. Bremer in Merseburg seine Aufmerksamkeit, indem er die Brönsted-Lewis-Zentren vornehmlich von Alumosilikaten auf ihre katalytische Wirkung hin untersucht. Diese Arbeiten führten dazu, daß wir heute in der DDR zu der weltweit zu beobachtenden Entwicklung des Einsatzes zeolithischer Katalysatoren für die Spaltung von Kohlenwasserstoffen auch eigene theoretische und experimentelle Beiträge leisten können. Es gelang auch Bremer nachzuweisen, daß das häufige Versagen der Elektronentheorie bei Anwendung auf dotierte Halbleiterkatalysatoren durch eine durch die Dotierung bewirkte Phasenheterogenität bedingt sein kann, die auf die elektronische Wechselwirkung des Substrats mit dem Festkörper zurückzuführen ist. Die genaue Kenntnis der Struktur und der chemischen Zusammensetzung der Oberfläche des Festkörpers ist daher Voraussetzung für eine Beherrschung dieser Erscheinungen.

E. und J. Scheve wiesen an dotiertem Zinkoxid nach, daß die spezifische Reaktionsgeschwindigkeit des N_2O-Zerfalls bei *der* Energie der Festkörperelektronen ein Maximum besitzt, bei der freie Elektronen in der Gasphase den größten Wert für den Stoßquerschnitt erhalten. Diese aus kollektiven Festkörpereigenschaften abgeleitete Resonanzvorstellung konnte nicht verallgemeinert werden — vielleicht auch deshalb nicht, weil das hierfür benötigte experimentelle Material noch nicht ausreichend zur Verfügung steht.

Große Bedeutung hat auch in der DDR die Industrieforschung auf dem Gebiet der Katalyse [22]. Das Zentrum in Leuna bearbeitet Fragen der Entwicklung und Verbesserung technisch eingesetzter Katalysatoren und stellt sich das Ziel, katalytische Verfahren zu intensivieren. Unter den technischen Reaktionen, die vor allem untersucht werden, befinden sich die Hydrierung, die Kohlenwasserstoffspaltung, die Reformingreaktionen, die partiellen Oxydationen und die Säure-Basen-Katalyse. Der Nutzen, der durch die Verbesserung der Katalysatoren in der Volkswirtschaft erzielt wird, beläuft sich pro Jahr auf mindestens 25 Mio Mark.

Maßgebend wurden die Arbeiten an Katalysatoren durch den leider früh verstorbenen H. Blume gefördert, unter dessen langjähriger Leitung die Katalysatorforschung in Leuna wesentliche wissenschaftlich-technische Erkenntnisse neu gewann, wodurch eine große Zahl von Prozeßverbesserungen und Neuentwicklungen möglich wurde. So konnten Fragen der Hydroraffination, der selektiven Hydrierung, der Spaltung von Kohlenwasserstoffen und der partiellen Oxydation erfolgreich bearbeitet werden. An der Entwicklung eines leistungsfähigen Katalysators für die Tieftemperaturkonvertierung von Wassergas arbeitete eine Arbeitsgruppe des Zentralinstituts für physikalische Chemie unter Leitung von J. Völter erfolgreich mit, indem die wissenschaftlichen Grundlagen über die Dispersität des Katalysators und den Einfluß seiner Textur auf die katalytische Wirksamkeit aufgeklärt und die technische Herstellung dieses Katalysators organisiert werden konnten. Überhaupt hat sich seit Jahren zwischen der Grundlagenforschung an den Hochschulen und den Akademieeinrichtungen sowie den Forschungszentren in der Industrie eine effektive, vertrauensvolle Zusammenarbeit herausgebildet. Der Rat für Katalyse der DDR arbeitet auch im internationalen Maßstab mit den entsprechenden Einrichtungen der UdSSR und den anderer sozialistischer Länder zusammen und hat eine den Bedürfnissen von Volkswirtschaft und Wissenschaft gerecht werdende klare Konzeption für die Zukunft.

So geht das heute über die Katalyse vorliegende Material weit über Ostwald's Einzelkenntnisse hinaus, auch wenn wir die wissenschaftlichen Aktivitäten, die im Rahmen der DDR geleistet wurden, betrachten. Aber bei allen neuen Erkenntnissen läßt sich doch eine kontinuierliche Entwicklung verfolgen. Die Katalyseforschung hat an Breite gewonnen. Sie wird immer mehr im Zusammenhang mit anderen Wissenschaftsgebieten betrieben. Auch in Zukunft hat für sie komplexe Forschung große Bedeutung. Diese Erkenntnisse in die Tat umzusetzen, ist einer der Grundsätze unserer Arbeit.

Konnte Balandin 1958 [23] seinen Plenarvortrag auf der Hauptjahrestagung unserer Chemischen Gesellschaft noch mit den Worten beginnen: „Heute ist die Notwendigkeit des Aufbaues der Einheitstheorie der Katalyse offensichtlich", so sind sich eigentlich heute, 20 Jahre nach dieser Feststellung, die Katalytiker in der Welt im wesentlichen einig, daß eine solche Einheitstheorie nicht in Sicht ist und jedenfalls in den nächsten 10—15 Jahren nicht erwartet werden kann. Manche haben sie aus ernst zu nehmenden Gründen überhaupt abgeschrieben. Ob das berechtigt ist, kann ich nicht entscheiden. Mit Energie sollte man jedoch die Forderung nach einer weiteren theoretischen Vertiefung katalytischer Zusammenhänge und die Erweiterung der Möglichkeiten, katalytische Wirkungen vorherzusagen, betreiben. Als die Methode der Wahl bietet sich hierfür zunächst die quantenchemische Berechnung von Oberflächenzuständen an. Mit den hierbei zu gewinnenden Erkenntnissen wird es möglich sein, auch katalytische Reaktionsabläufe bestimmen und vorhersagen zu können. Solche Arbeiten sind zeitaufwendig, ihre Ergebnisse müssen über viele Jahre hinweg geplant werden. Ungeduld ist nicht am Platze. Dennoch müssen diese Arbeiten zielstrebig gefördert werden, wobei einfachste Modelle zunächst Ausgangspunkt der Untersuchungen sein sollten.

Die große Bedeutung der Katalyse für die Technik macht es erforderlich, daß ein beträchtlicher Teil der Forschungskapazität auf katalytischem Gebiet unmittelbar an Überführungsaufgaben beteiligt ist. Nur so lassen sich die umfassenden Aufgaben bei der Rohstoff-, Erdöl- und Kohlechemie lösen. Die Verbindung zur Praxis kann aber nur auf der Basis eines auf hohem Niveau stehenden wissenschaftlichen Vorlaufs erfolgen. Die Forschung in den Akademieinstituten hat also damit zwei Aufgaben zu erfüllen, die sich wie eine dialektische Einheit zueinander verhalten: Neueste wissenschaftliche Erkenntnisse und anwendungsbereites Wissen zu schaffen und zwischen beiden Gebieten eine gute Verbindung herzustellen.

Gerade aus Ostwald's Leben können wir erkennen, daß Theorie und Praxis eine Einheit zu bilden vermögen. Und wenn Ostwald seinen Vortrag vor der Direktion des IG Farben-Konzerns im Jahre 1928 zum Thema „Organisierung des wissenschaftlichen Fortschritts" mit der Überschrift versah „Wie macht man den Fachmann unschädlich?" [25], so war dies nicht ein Ausdrucksfehler, sondern tiefste Überzeugung, daß man den Fortschritt organisieren muß und daß nur „die Wissenschaft, aber die wahre schöpferisch-prophetische, den Fortschritt organisieren kann. Dabei darf man sich nicht an das halten, was etwa auf den Universitäten und Hochschulen bereits als Wissenschaft anerkannt ist. Erst durch die Fähigkeit richtiger Voraussagung ist die wahre Wissenschaft überall gekennzeichnet. Und wo man jene findet, da trete man fördernd für sie ein."

Diese leicht provokatorisch klingende Äußerungen wurden von keinem heißspornigen Jüngling, sondern von einem 75jährigen Manne getan, der in ihnen eine wichtige Erkenntnis seines Lebens darlegte.

Wissenschaftlicher Fortschritt ist ständiges Vordringen in nichtkonventionelle, durch Fachurteile gegliederte Bereiche. Indem wir uns gegen konservativ erstarrte Denkvorstellungen wenden, erweisen wir der schöpferischen Wissenschaft den größten Dienst. Das gilt auch für die Katalyse. Heute haben die raffiniertesten Methoden der Oberflächenanalytik, der Strukturforschung und der Festkörperphysik Detailkenntnisse vermittelt, die uns neue Einblicke in Elementarvorgänge katalytisch wirkender Systeme geben. Solche Elementarvorgänge können Ausgangspunkt für neue, umfassendere theoretische Ansätze werden. Auch in Zukunft werden neue Erkenntnisse in Theorie und Experiment zu wesentlichen Fortschritten auf dem Gebiet der Katalyse führen. Ich bin überzeugt, daß dann Katalytiker, Physikochemiker, Festkörperphysiker, Chemiker und Verfahrensingenieure schnell Maßnahmen finden werden, die neuen Erkenntnisse und Ideen zu verallgemeinern und anzuwenden. Ostwald ist mit seinem unruhigen schöpferischen Leben, das zu hervorragenden Erkenntnissen führte, aber auch nicht ohne Fehler und Irrtümer verlief, der beste Zeuge für den dialektischen Prozeß der ständigen Weiterentwicklung der Wissenschaft und ihres wachsenden Einflusses auf die menschliche Gesellschaft.

Literatur

[1] Stohmann, F.: Z. Biol. **31**, 364 [1894].

[2] „Über Katalyse", Rede, gehalten am 12. Dez. 1909 bei Empfang des Nobelpreises für Chemie, Leipzig, Akad. Verlagsgesellschaft 1911.

[3] Z. phys. Chem **15**, 705 [1894].

[4] „Über Katalyse", Rede, gehalten am 12. Dez. 1909 bei Empfang des Nobelpreises für Chemie, Leipzig, Akad. Verlagsgesellschaft 1911.

[5] J. prakt. Chem. **28**, 449 [1883].

[6] J. prakt. Chem. **29**, 385 [1884].

[7] Vortrag, gehalten auf der 73. Versammlung der Naturforscher, Hamburg 1901 Leipzig, Hirzel 1902.

[8] Organisator in der Wissenschaft, aus: Ostwald, W. Lebenslinien, eine Selbstbiographie, Bd. 3, Groß-Bothen und die Welt 1905—1927, Berlin, Klasing 1927, 434—437.

[9] Günther, P.: „Wilhelm Ostwald", Angew. Chem. **30**, 490 (1932).

[10] Schaefer, H.: Chem. Ztg. **101**, 7/8.

[11] Mittasch, A.: Adv. Catalysis **2**, 82 (1950).

[12] Polanyi, M., J. Horiuti: J. Trans. Far. Soc. **30**, 1164 (1934).

[13] Boreskov, G. K.: Adv. Catalysis **15**, 285 (1964).

[14] Balandin, A. A.: Adv. Catlysis **19**, 1 (1969).

[15] Wolkenstein, Th.: Adv. Catalysis **12**, 189 (1960).

[16] Dowden, D. A., N. Mackenzie, B. M. W. Trapnell: Proc. Roy. Soc. (London A **237**, 245 (1956).

[17] Mott, N. F., H. Jones: Theories of the Properties of Metals and Alloys, Clarendon Press, Oxford 1936.

[18] Sachtler, W. M. H.: Vide **164**, 67 (1973).

[19] Rienäcker, G.: Z. Chem. **16**, 218 (1976).

[20] Rienäcker, G., J. Völter Z. anorg. allg. Chem. **302**, 292, 299 (1959).

[21] Langenbeck, W., H. Dreyer: J. prakt. Chem. **1**, 288 (1955).

[22] Blume, H., H. Bremer, G. Öhlmann, J. Völter: 25 Jahre heterogene Katalyse in der DDR Z. Chem. **14**, 10, 379 (1974).

[23] Balandin, A. A.: Mitt. Blatt Chem. Gesellsch. DDR, Sonderheft 1959, 6 11—28.

[24] Boreskov, G. K.: Vortrag, gehalten auf der Veranstaltung zu Ehren des 125. Geburtstages von Wilhelm Ostwald (Sektion Chemie der Karl-Marx-Universität Leipzig) 12./13. 9. 1978.

[25] Organisierung des Fortschrits oder: Wie macht man den Fachmann unschädlich? In: Auto-Technik. Mitteilg. d. Inst. f. Kraftfahrwesen an d. Sächs. Techn. Hochschule Dresden. Berlin. **17** (1928) 18, 5—10.

G. Kröber, H. Laitko

Zu Wilhelm Ostwalds Beiträgen zur Theorie und Organisation der Wissenschaft

In der Persönlichkeit Wilhelm Ostwalds finden wir in ganz vorzüglicher Weise vereint, was den Kern des Interesses sowohl des Chemikers als auch des Wissenschaftshistorikers und des Wissenschaftstheoretikers an der Geschichte der Wissenschaft ausmacht: den hervorragenden Beitrag zur Entwicklung der Chemie *und* den Beitrag zur Selbstreflexion der Wissenschaft.

Ostwald hat seinen festen Platz in der Geschichte der Chemie; er hat ihn auch in der Geschichte der Wissenschaft von der Wissenschaft, und zwar in so bedeutendem Maße, daß es vermessen wäre, in einem kurzen Vortrag diesen Platz auch nur einigermaßen vollständig ausleuchten zu wollen. Ostwalds Beiträge zur Theorie und Organisation der Wissenschaft verdienen eine umfassende Würdigung, die noch ein großes Maß an quellenkritischer Arbeit und theoretischer Interpretation erfordert. Der vorliegende Beitrag beschränkt sich auf drei Fragen aus diesem umfangreichen Komplex — Ostwalds Wissenschaftsbegriff, seine Ansichten zur Rolle der Wissenschaft bei der Umgestaltung der Praxis und seine Sicht des Verhältnisses von Wissenschaft und Wissenschaftsgeschichte.

Diese Auswahl ist bedingt durch unsere aktuellen Aufgaben in der wissenschaftstheoretischen Forschung im besonderen und den Aufgaben der Akademie als des führenden wissenschaftlichen Zentrums unseres Landes im allgemeinen.

Einleitend soll kurz gezeigt werden, wodurch die Beiträge Ostwalds zur Wissenschaft von der Wissenschaft uns so bemerkenswert erscheinen.

Bereits im Jahre 1903 verwendete er den Terminus „Wissenschaft von der Wissenschaft"; auch in späteren Jahren hat er ihn wiederholt gebraucht. [1] Wir können nicht mit Sicherheit sagen, ob wir Ostwald diesen Terminus auch verdanken. Möglicherweise werden uns künftige historische Untersuchungen noch weiter zurückverweisen. Aber nicht diese formale Seite soll uns hier interessieren. Viel wichtiger ist für uns die inhaltlich-konzeptionelle Auffassung Ostwalds darüber, welchen Charakter und welche Aufgabe eine Wissenschaft von der Wissenschaft haben müsse. Er faßt sie als eine gesellschaftswissenschaftliche Disziplin auf, ordnet sie den sog. Geisteswissenschaften (genauer der Soziologie) zu und sieht ihre wesentliche Aufgabe darin, „die Gesetze, nach denen sich jede einzelne Wissenschaft, unabhängig von ihrem Inhalte, entwickelt", zu entdecken [2].

In vielen seiner Werke finden wir hervorragende Beiträge, die diesem Anliegen gerecht zu werden versuchen. In ihnen werden Erfahrungen aus der Realität der wissenschaftlichen Arbeit zu plausiblen, diskutablen Verallgemeinerungen aufbereitet, die der Wirklichkeit des Wissenschaftsbetriebes so nahe bleiben, daß der Zusammenhang mit dieser ihrer Herkunft jederzeit nachvollziehbar ist. Andererseits sind sie so weit generalisiert, daß sie der theoretischen Interpretation unmittelbar zugänglich werden. Darin besteht der bleibende Wert dieser Untersuchungen: das darin Ausgesagte behauptet meist seine Selbständigkeit als Bild der Forschungswirklichkeit gegenüber dem relativ unbedeutenden philosophischen Fundament, mit dem OSTWALD die Gesamtheit seiner Überlegungen zu begründen suchte.

Das Wirken OSTWALDS fällt in eine Zeit, in der der bürgerliche Wissenschaftsbetrieb einen Sprung im Grad seiner Vergesellschaftung vollzog — von den kleinen übersichtlichen, meist an Hochschulen gebundenen Einheiten, die alle wesentlichen Funktionen der wissenschaftlichen Arbeit vereinten, zu großen, spezialisierten Potentialen, in denen sich die Funktionen der Forschung und der Grundlegung des technologischen Fortschritts in der Industrie immer mehr verselbständigten. Eben die Verhältnisse des Übergangs, unter denen sich die alten Formen allmählich auflösten und die neuen noch nicht voll etabliert hatten, ließen nicht mehr nur den Inhalt der wissenschaftlichen Ideen und seine Veränderung in der Geschichte, sondern zunehmend auch den sozialen Charakter des Produktionsprozesses dieser Ideen in den Blickpunkt der Wissenschaftsreflexion treten. OSTWALD faßte diese neuen Tendenzen im Rahmen der Möglichkeiten eines generell bürgerlichen Denkhorizonts äußerst sensibel auf.

Seine Fähigkeit, wichtige Züge des sozialen Produktionsprozesses wissenschaftlicher Erkenntnis auf den Begriff zu bringen, ist unseres Erachtens vor allem drei Umständen geschuldet. Erstens trat ihm im Kern seines wissenschaftlichen Lebenswerkes — der Mitbegründung der physikalischen Chemie — die wachsende Vergesellschaftung der Wissenschaft nicht äußerlich, nicht formal-institutionell, sondern gnostisch-inhaltlich als Notwendigkeit und Prozeß der Integration zweier großer Wissenschaftsgebiete gegenüber.

Zweitens agierte er nicht nur als Forscher im Netz dieser integrativen Beziehungen, sondern hatte auch als erfolgreicher Organisator der Wissenschaft weitreichende soziale Verbindungen als Bedingung synthetischen Erkennens zu knüpfen.

OSTWALD sah die Rechtfertigung seiner eingehenden Beschäftigung mit Naturphilosophie darin, „dass auch der Naturforscher beim Betrieb seiner Wissenschaft unwiderstehlich auf die gleichen Fragen geführt wird, welche der Philosoph bearbeitet“ [3].

An dieser seiner Behandlung philosophischer Probleme ist für uns heute freilich weniger der spezifische Inhalt der philosophischen Prinzipien, die er vertreten zu müssen glaubte, interessant, als vielmehr die Tatsache, daß er auf die Wissenschaft, in der er tätig war, gleichzeitig von außen, aus philosophischer Perspektive zu sehen vermochte. Dies erleichterte ihm die Bildung von Verallgemeinerungen, die von spezifischen Unterschieden im Erkenntnisinhalt absahen und wissenschaftstheoretischen, wenn auch nicht unbedingt philosophischen Charakter trugen. Es war verhältnismäßig naheliegend, einerseits über den Erkenntnisinhalt und andererseits über die soziale Form der Wissenschaft zu reflektieren. Daß OSTWALD weiter ging und gnostische und soziale Bestimmungen der Wissenschaft als zwei einander bedingende Seiten ein und derselben Sache zu sehen versuchte, macht ihn objektiv zu einem der interessantesten Vorläufer der Wissenschaft von der Wissenschaft.

1. Der systematische Wissenschaftsbegriff

Den Kern der wissenschaftstheoretischen Überlegungen OSTWALDS bildet seine explizite Behandlung des Wissenschaftsbegriffs. Die Einheit von Gnostischem und Sozialem wird dabei in folgendem theoretischen Schema ausgedrückt: die erkenntnistheoretische Eigenart der Wissenschaft ergibt sich aus ihrer sozialen Funktion; sie kann nur in einem System sozialer Wechselwirkung realisiert werden. Damit haben wir zwischen einem funktionell-erkenntnistheoretischen und einem sozialen Aspekt seines Wissenschaftsbegriffs zu unterscheiden, die bei OSTWALD aber stets vermittelt auftreten.

Natürlich finden wir bei ihm auch zahlreiche Formulierungen, in denen Wissenschaft auf herkömmliche Weise als System des Wissens dargestellt wird und Begriffe als die Elemente der Wissenschaft gekennzeichnet werden [4]. Für die Eigenart seiner Wissenschaftskonzeption sind jedoch nicht diese Stellen maßgebend, sondern jene Passagen, in denen Wissenschaft als eine spezifische gesellschaftliche Fähigkeit, als ein Vermögen und dessen tätige Realisierung und nicht einfach als ein Produkt erscheint. Als dieses Vermögen gilt ihm „die Kunst des Prophezeiens". Der ganze Wert der Wissenschaft „beruht auf dem Umfange und der Sicherheit, mit dem sie künftige Dinge vorauszusagen ermöglicht. Jedes Wissen ist tot, das nicht in die Zukunft führt, und der Ehrenname der Wissenschaft muß ihm verweigert werden" [5].

Es ist ganz wesentlich, daß diese funktionelle Bestimmung ihre Begründung in der sozial-praktischen Rolle der Wissenschaft findet: „Denn praktische Fragen beziehen sich immer auf die Zukunft. ... Fragen über die Vergangenheit treten nur auf, insofern man aus ihr auf die Zukunft schließen kann" [6].

OSTWALD ist bekanntlich in seiner Auffassung der Wissenschaft als eine soziale Erscheinung sehr weit gegangen. Er verweist darauf, daß die Wissenschaft von der Art ihres Betriebes her „ganz und gar ein soziales Gebilde" ist, „niemand kann sie betreiben, ohne die Hilfe der Gesellschaft in weitestem Maße in Anspruch zu nehmen ..." [7]. Die Wissenschaft, so schreibt er, wäre „ohne die Vergesellschaftung unmöglich ... Denn der einzelne kann nur ein höchst begrenztes Wissen erwerben, und solange es nötig war, daß jedes neue Individuum von neuem die ersten Grundlagen des Wissens erwerben mußte, war an einen Fortschritt nicht zu denken" [8]. Die fortschreitende Arbeitsteilung in der Wissenschaft, die durch ihre Vergesellschaftung ermöglicht wird, bringt einen positiven Gewinn [9].

Wir sehen also, daß Ostwald die Wissenschaft der *Art ihrer Ausübung* nach als soziale Erscheinung verstand. Damit ist seine soziologische Bestimmung der Wissenschaft jedoch noch nicht erschöpft: Sie ist, wie wir noch ausführen werden, auch nach ihrem höchsten *Ziel* und nach ihrem *Ursprung*, ihrer Genesis in der Sicht Ostwalds ein soziales Phänomen. Nun ist es schon bemerkenswert genug, daß Ostwald als Naturforscher den sozialen Charakter der Wissenschaft so aufmerksam charakterisiert. Aber seine eigentliche wissenschaftstheoretische Leistung bestand nicht darin. Schließlich ist es auch denkmöglich — und in vielen bürgerlichen Konzeptionen so durchgeführt —, daß man die Erkenntnistätigkeit selbst als ausschließlich individuelle Aktivität charakterisiert und die soziale Natur der Wissenschaft allein darin sieht, daß viele individuelle Erkenntnisprozesse zugleich vonstatten gehen und deren Träger aus mehrfachen Gründen miteinander kommunizieren.

Entscheidend ist, daß Ostwald über dieses Nebeneinander von Gnostischem und Sozialem hinausgeht, indem er bereits dem Elementarprozeß des wissenschaftlichen Erkennens soziale Qualität zuschreibt. Das ist eng mit seinen Auffassungen von der Sprache verbunden, oder — genauer, da auch diese Auffassungen keineswegs homogen sind — mit der in ihnen enthaltenen Tendenz zu einem gesellschaftswissenschaftlichen Verständnis der Sprache.

Nach Ansicht Ostwalds führt das Bedürfnis, Erfahrung mitzuteilen, dazu, daß ihr Inhalt dem Subjekt der Mitteilung erst eigentlich bewußt wird. Das Erfahrungswissen muß, um mitgeteilt werden zu können, in eine dafür geeignete Form gebracht werden. „Es hat die bisherige *persönliche* oder individualistische Beschaffenheit aufgegeben und eine *soziale* Bedeutung gewonnen. Dieser Vorgang ist so wichtig, daß wir gut tun, ihn mit dem Begriff der Wissenschaft zu verbinden" [10]. Ostwald formuliert hier auch den Begriff des „sozialen Gedächtnisses": Wenn Wissen in das soziale Gedächtnis eingeht, so gewinnt es praktisch unbegrenzte Dauer. Dieser Übergang wird mittels der Sprache bewältigt, die das „allgemeine Mittel zur Sozialisierung des Wissens" darstellt [11]. Wissen ist aber nicht allein deshalb sozial, weil es kommuniziert und dafür mit Hilfe der Sprache in eine mitteilbare Form gebracht wird, sondern bereits infolge seiner inhaltlichen Eigenart, allgemeine Erkenntnis zu sein. Die Begriffssprache ist ihm „das wahre Mittel der Wissenschaft, die ja ihrerseits sich ganz und gar aus Begriffen und Allgemeinheiten aufbaut" [12]. Folgerichtig versteht er die Sprache als einen Gegenstand sozialwissenschaftlicher Untersuchung, in seiner Terminologie als Untersuchungsobjekt der sogenannten „mathetischen Soziologie". So glaubte er „alsbald einen ganz anderen Standpunkt zu dem Problem der menschlichen Sprache" gewinnen zu können, „als ihn die bisherige ohne Zusammenhang mit der Gesamtwissenschaft arbeitende Sprachforschung gefunden hatte" [13].

Ostwald kam hier dicht an die Lösung des wissenschaftstheoretischen Kernproblems der Einheit von Gnostischem und Sozialem heran. Mehr zu behaupten wäre allerdings nicht gerechtfertigt. Die Lösung selbst erreichte er nicht, und sie ist auch auf der Grundlage einer bürgerlichen Weltanschauung nicht zu erreichen. Bei Ostwald stand dieser Lösung speziell seine empiristisch-sensualistische Position in der Erkenntnistheorie im Wege. Seine vielfach ausgesprochene Ansicht, daß das Wesen der Sprache in der Zuordnung von Zeichen zu Begriffen bestehe [14], ergibt zusammen mit seiner Auffassung sich wiederholender Erlebnisse als Substanz der Begriffe [15] die Konsequenz, daß *zuerst* die Bildung der Begriffe und *dann* ihre Bezeichnung und Fixierung in der Sprache erfolgt. Die Sprache ist ihm in erster Linie Werkzeug der Fixierung, der Mitteilung, der Kommunikation, nicht Werkzeug und selbst Ausdruck des Erkennens. Damit wird seine Einsicht in das soziale Wesen des wissenschaftlichen Erkenntnisprozesses objektiv begrenzt.

Diese Begrenzung behindert jedoch keineswegs die eingehende phänomenologische Erörterung der sozialen Prozesse des wissenschaftlichen Erkennens. Auf dieser Ebene verdankt die Wissenschaftswissenschaft Ostwald die verallgemeinernde Darstellung wesentlicher Erfahrungen und Überlegungen zur Individualität des Wissenschaftlers, zu seinem Lebensweg und seinem Schaffensprozeß, zur wissenschaftlichen Kommunikation, zur gesellschaftlichen Organisation der wissenschaftlichen Arbeit usw., die auf diesem Symposium in anderen Beiträgen behandelt werden.

2. Die Wissenschaft und die Umgestaltung der Praxis

Zur sozialen Wesensbestimmung der Wissenschaft gehört bei Ostwald, daß sie praktische Handlungen zu entwerfen und deren mögliche Resultate vorauszusehen gestattet. Dieses Wissenschaftskonzept wird wesentlich komplettiert durch die Auffassung vom praktischen Ursprung der Wissenschaft.

Wir finden diese Auffassung bei Ostwald in ganz prononcierter Form: „Die Geschichte lehrt uns“, so schreibt er, „nämlich ganz allgemein, daß es immer praktische Aufgaben gewesen sind, mit denen eine jede Wissenschaft begonnen hat, und daß erst ein bestimmter Entwicklungsgrad der aufgesammelten Kenntnisse und Fertigkeiten, die Notwendigkeit einer vom Sonderfall losgelösten allgemeinen oder wissenschaftlichen Bearbeitung der auftretenden Fragen ergeben hatte“ [16]. Diese Schlußfolgerung wurde dadurch erleichtert, daß Ostwald in den Geltungsbereich des Wissenschaftsbegriffs ausdrücklich die gesamte Technik einbezog [17]; die Geschichte zeige, „daß alle Wissenschaft mit der Technik, mit der Anwendung begonnen hat“ [18].

Sehr interessant sind in diesem Zusammenhang Ostwalds Bemerkungen zur Entdeckungsgeschichte des Energie- und des Entropiesatzes. Er schrieb, daß diejenigen, die den Energieerhaltungssatz zuerst aussprachen, Männer waren, „welche nicht der ‚reinen‘ Wissenschaft, sondern ihren näheren oder entfernteren Anwendungen ihre Arbeit gewidmet hatten“ [19].

Wesentlich für OSTWALDS generelle Position zum praktischen Ursprung der Wissenschaft ist dabei folgendes: Das praktische Erfordernis wird ihm zufolge nicht als äußerlicher Bedarf wirksam, sondern es formt die Denkhaltung des Wissenschaftlers, seine Auffassung vom Objekt. Das ist eine große Einsicht von außerordentlicher Aktualität. Daher sagt OSTWALD mit vollem Recht, daß eine Abkehr der Wissenschaft von der Technik „nicht nur im Interesse der Technik, sondern nicht weniger in dem der Wissenschaft zu bedauern ist" [20]. In seinem Vortrag auf der 2. Jahresversammlung des Verbandes der Elektrotechniker Deutschlands (1894) erklärte er, daß der Nutzen aus der Zusammenarbeit von Wissenschaftlern und Technikern ein beiderseitiger ist und daß sich diese Überzeugung auch durchgesetzt hat: es war „hüben wie drüben das Bewußtsein vorhanden, daß jeder dem anderen etwas zu bringen hatte, und jeder vom anderen etwas lernen konnte" [21].

OSTWALD wendet sich ganz strikt gegen die damals verbreitete Vorstellung, daß man die Wissenschaft um ihrer selbst treiben müsse: „Das ist ein gedankenloser Unsinn. Es gibt gar nichts, was wir um seiner selbst betreiben: alles, was wir tun, tun wir um *unserer* selbst willen" [22]. Die Rückführung der Wissenschaft auf Neugier läßt er nicht gelten, sondern unterscheidet strikt die alltägliche Neugier und die Motivation, die hinter dem Erkenntnisdrang des Forschers steht: „Es ist also die *soziale Seite, die allgemein menschliche* Bedeutung der Fragen, welche der Forscher beantwortet, wodurch sich die Wissenschaft von der bloßen Kenntnis irgendwelcher Tatbestände unterscheidet. Wir könnten sogar ruhig sagen, *daß eine jede Kenntnis um so mehr Wissenschaft sein wird, je höher ihre soziale Bedeutung ist*" [23]. Der Zweck der Wissenschaft ist derselbe „wie der Zweck unserer gesamten sozialen Existenz; denn die Wissenschaft stellt ja das wirksamste und ausgiebigste Mittel dar, unsere Existenz zu erhalten, sie zu steigern und zu heben" [24].

Die Beziehung auf den sozialen Zweck, auf den Vorteil der Allgemeinheit, die für die Wissenschaft konstitutiv ist, will OSTWALD indes auf keinen Fall utilitaristisch verstanden wissen. Bei der Diskussion dieser Frage gelangt er zu dem Standpunkt, daß die Wissenschaft in ihrem Verhältnis zur Praxis nicht eine Gesamtheit von Aktivitäten ist, die gleichermaßen durch unmittelbare praktische Erfordernisse bestimmt sind. Vielmehr sieht er hier einen gestuften Produktionsprozeß. Die Stufen dieses Prozesses unterscheiden sich durch die in ihnen unmittelbar wirksamen Regulative. Ihr ausgewogenes Verhältnis und ihre funktionierende Wechselwirkung ist entscheidend für die Leistungs- und Entwicklungsfähigkeit der Gesamtwissenschaft.

Diese Einsichten sind zum unverlierbaren Besitz der Wissenschaftswissenschaft geworden. Heute werden sie meist in den Termini des Verhältnisses von Grundlagenforschung und angewandter Forschung reflektiert. Der Nutzen angewandter Forschung steht für OSTWALD außer Frage. Er sagt nun, „daß es zahlreiche wissenschaftliche Arbeiten gibt, welche keinen *unmittelbaren* Nutzen in Gestalt von Geld oder sonstigen wirtschaftlichen Vorteilen bringen, und die zu tun dennoch ein sehr verdienstliches Werk ist. Aber daraus darf man nicht den verkehrten Schluß ziehen, daß eine solche Arbeit um so edler ist, je unnützer sie ist“ [25]. Wenn ein solcher unmittelbarer Nutzen nicht vorliegt, so fragt sich, „welche gemeinnützige Bedeutung abstrakte wissenschaftliche Arbeit haben kann“ [26]. Und er gelangt zu dem Schluß: „Die Arbeit der reinen Wissenschaft muß der angewandten gegenüber also betrachtet werden, wie die Arbeit auf Vorrat gegenüber der für den unmittelbaren Bedarf“. Die Allgemeinheit hat das größte Interesse daran, „daß die reine Wissenschaft alle irgendwie auftretenden praktischen Fragen aus dem Schatz ihres allgemeinen Wissens heraus zu beantworten ermöglicht, und daß daher dieser Schatz tunlichst vermehrt und namentlich auch in bester Ordnung erhalten wird, so daß man jederzeit finden kann, was man braucht“ [27].

Nun ist natürlich nicht zu übersehen, daß dann, wenn der „reinen Wissenschaft“ die Funktion der Vorratsbildung für eventuelle künftige Bedürfnisse der Praxis zugewiesen wird, das Nutzenskriterium für diese Forschungen unbestimmt wird. Dieses Kriterium sollte ja eine strenge Unterscheidung zwischen der stets sozial orientierten Wissenschaft und dem Erkennen zum Zweck persönlicher Befriedigung ermöglichen. Aber mit der Vorratsbildung geht keineswegs Gewißheit darüber einher, aus welchen der angelegten Vorräte die Praxis jemals schöpfen wird. Es bleibt also das allgemeine Kriterium: damit die Praxis die Wissenschaft nutzen kann, muß die Wissenschaft Gesetzeserkenntnis bereitstellen, nicht nur die Beschreibung von Einzelfällen. Wenn die „reine Wissenschaft“ Gesetzeswissen produziert, so ist sie auch prinzipiell sozial legitimiert.

In einem 1894 gehaltenen Vortrag verglich Ostwald die Ausbildung technischer Chemiker in England und in Deutschland. Seine darin entwickelten Ansichten erscheinen so zeitgemäß, daß sie geradezu als ein Beitrag zur aktuellen Diskussion um die Erhöhung der gesellschaftlichen Wirksamkeit der Grundlagenforschung gelten können: „Der junge künftige Techniker in England denkt zu praktisch, um Chemie in abstrakter Gestalt zu studieren, wenn er später in eine Färberei zu gehen gedenkt; er studiert lieber das Färben selbst. In Deutschland ist es umgekehrt; da studiert jeder künftige technische Chemiker vor allen Dingen Chemie; ihre Anwendungen kommen später. Die notwendige Folge ist, daß der englische Techniker von neuem anfangen muß, wenn irgendeine wesentliche Änderung in seinem Gebiete stattfindet; der deutsche besinnt sich auf die allgemeinen Grundlagen, die er sich zu eigen gemacht hat, und findet sich bald zurecht“ [28].
Liebig habe „mit der Begründung seines rein wissenschaftlichen Zwecken gewidmeten Unterrichtslaboratoriums auch die chemische Industrie in Deutschland begründet... Das Fabriklaboratorium einer auf der Höhe der Zeit stehenden chemischen Fabrik unterscheidet sich von dem Laboratorium einer Hochschule heutzutage nur darin, daß es besser ausgestattet ist, und die darin ausgeführten Arbeiten sind eine unmittelbare Fortsetzung der auf der Hochschule betriebenen wissenschaftlichen Untersuchungen. Das ist das Geheimnis der deutschen chemischen Industrie; sie hat begriffen, daß die Wissenschaft die beste Praxis ist“ [29].

Dies wurde, wie gesagt, im Jahre 1894 geschrieben. Es bedarf kaum eines Kommentars, um zu verdeutlichen, daß diese Überlegung ihre Aktualität bis auf den heutigen Tag nicht verloren hat. Es sind die entscheidenden Bedingungen für strategische Durchbrüche auf dem Feld des wissenschaftlich-technischen Fortschritts, die hier von OSTWALD formuliert werden.

Die Bedeutung der Grundlagenforschung, der „reinen Wissenschaft", sieht OSTWALD also völlig zu Recht darin, daß sie das wichtigste Potential für die Höherentwicklung der Praxis darstellt. Eine praktizistische Orientierung führt nicht zu schnellen Forschritten der Praxis, sondern im Gegenteil zu Erstarrung und Stagnation. „Es liegt in der Natur der Sache und ist daher selbstverständlich, aber es mußt doch immer wieder gesagt werden: je höher die theoretische Entwicklung der Wissenschaft gedeiht, um so weiter wird der Kreis ihrer Aufklärungen und um so größer daher ihre praktische Bedeutung" [30].

3. *Wissenschaft und Wissenschaftsgeschichte*

3.1. Regelmäßigkeiten der Wissenschaftsentwicklung

Die historische Forschung ist für die Wissenschaftswissenschaft nicht nur wichtig, um begründetere Aussagen darüber treffen zu können, was an ihrem Gegenstand invariant ist, was man in jeder seiner Erscheinungsformen wiederfindet. Noch wichtiger ist das Anliegen, die Wissenschaft als eine sich entwickelnde Erscheinung, als Entwicklungsprozeß abzubilden. OSTWALD hat dieses Anliegen verfochten. Er war davon überzeugt, daß sich Wissenschaftsgeschichte nicht nur erzählend wiedergeben, sondern begrifflich, wissenschaftlich, in Gesetzesform widerspiegeln läßt. In Konfrontation zum Neukantianismus vertrat OSTWALD die Idee, daß die Geschichte ein gesetzmäßiger Prozeß ist und daß sich ihre Gesetze erkennen lassen. Insbesondere trifft das auch auf die Geschichte der Wissenschaft zu [31]. Es ist hier nicht möglich, OSTWALDS Auffassung von den Gesetzmäßigkeiten der Wissenschaftsentwicklung umfassend zu rekonstruieren. Wir wollen nur auf drei Momente verweisen, die wir für besonders wichtig erachten:

1. OSTWALD nahm an, daß in allen Vorgängen der geistigen Entwicklung ein Paar von Gesetzen wirkt: „... das Gesetz des Isomorphismus, welches die Neubildung, und das Trägheitsgesetz oder Beharrungsvermögen, welches den Fortbestand der Ideen in den wesentlichsten Zügen bestimmt ..." [32]. Wir haben es hier mit verhältnismäßig oberflächlichen Analogien aus der Naturwissenschaft zu tun. Wollte man mit der Idee ernst machen, die Bildung neuer Gedanken in der Wissenschaft sei einem „Gesetz des Isomorphismus" — also weitgehender Ähnlichkeit der neuen mit den vorhandenen Ideen — unterworfen, dann würde der Erkenntnisfortschritt überaus konservativ ablaufen. Dennoch ist beachtenswert, daß sich OSTWALD wenigstens peripher der Dialektik von Innovation

und Beharrung im Erkenntnisfortschritt nähert und ihn nicht als bloßen Zuwachs darstellt.

2. Die Wissenschaftsentwicklung ist nach Ansicht OSTWALDS ein gerichtet und irreversibel fortschreitender Prozeß. Diese ihre Eigenschaft beruht auf der sprachlichen Fixierung des Wissens. An der Eigenschaft der Sprache, „dem Augenblicke Dauer zu verleihen", hängt die Entwicklung unserer ganzen Kultur. „Der gemeinsame Schatz des Wissens, das sich erst durch die Sprache anhäufen und übertragen läßt, erhält die einzigartige Eigenschaft, daß er sich nur vergrößern, nicht aber vermindern kann, denn die Sprache besorgt das Sammeln und Aufbewahren jedes einzelnen Beitrages selbsttätig. Allerdings bedarf es einer stetigen Pflege, wenn dieser Schatz lebendig und wirksam erhalten werden soll; sobald aber die Sprache die Dauerform der *Schrift* angenommen hat, kann sogar diese dauernde Pflege auf lange Zeiten unterbrochen werden, ohne daß der Schatz zugrundegeht" [3]. Die Möglichkeit, den Schatz des Wissens permanent zu erweitern, wird realisiert. solange es Wissenschaft gibt, denn in der Erkenntnis ist die Vollständigkeit „ein unbegrenzt fernes Ziel, für welches es nur ein Annähern, kein Erreichen giebt ..." [34]. Die Folge der Wissensquanta, über die die Gesellschaft in der geschichtlichen Folge der Zeitabschnitte verfügt, erscheint also als eine monoton nicht abnehmende — und in der Regel wachsende — Folge, und dadurch wird die aufsteigende Richtung der Wissenschaftsentwicklung bestimmt. Diese Auffassung war Gemeingut unter den Wissenschaftlern jener Zeit; in ihr liegt kein Spezifikum des Standpunktes OSTWALDS.

3. Sehr originell hingegen ist die Idee, daß in der tatsächlichen Entwicklung des wissenschaftlichen Erkennens gesetzmäßig Rhythmen auftreten und daß das monotone Wachstum des Wissensschatzes folglich gar nicht die Bewegung der Wissenschaft, sondern nur ihre Resultate, ihren Niederschlag darstellt. Dieser Überlegung, die im Grunde dialektischen Charakter trägt, nähert sich OSTWALD von verschiedenen Seiten. So konstatiert er den Unterschied der Wirkung neuer Tatsachen auf die Wissenschaftsentwicklung in der folgenden gelungenen Metapher: „Wenn in den ruhigen Fluss der wissenschaftlichen Entwicklung gelegentlich eine den früheren Anschauungen völlig widersprechende Thatsache von erheblicher Bedeutung geworfen wird, so vollzieht sich eine der merkwürdigsten Wandlungen. Während das geringfügigere Neue, wie es der Tag bringt, entweder aufgelöst und angepasst wird, oder, wenn es für den augenblicklichen Zustand zu abweichend ist, als fremder Körper zu Boden sinkt, um dort, vom Niederschlag der Zeiten bedeckt, erst spät oder nie zur Wirkung zu gelangen, übt das bedeutende Neue alsbald einen sichtbaren Einfluß auf den ganzen Zustand aus. Eine heftige Bewegung der Ideen herüber und hinüber tritt ein, und über kurz oder lang krystallisirt das Produkt der Wechselwirkung in Gestalt einer Theorie aus, welche den Zweck hat, das Neue gedanklich zu bewältigen und dem Bekannten anzuschliessen" [35]. Wer würde darin nicht ein Variation auf den Rhythmus von „Normalwissenschaft" und „wissenschaftlicher Revolution" erblicken, auf den TH. KUHN aufmerksam gemacht hat?

In diesem Zusammenhang sei auch noch auf Vermutungen Ostwalds verwiesen, die das Auftreten von Rhythmen mit Regelungsvorgängen in Zusammenhang bringen, von denen die Aufrechterhaltung der Entwicklungsstabilität der Wissenschaft abhängt. Diese Vermutungen sind — zumindest als heuristische Anregungen — hochaktuell für die Arbeiten zu einer Theorie der Wissenschaftsentwicklung. Ostwald registriert, daß es in der Geschichte mehrere „naturphilosophische Wellen" gegeben hat, auf die als Reaktion jeweils Wellen übersteigerter Philosophieabstinenz der Wissenschaftler gefolgt sind, und behauptet, daß diese Erscheinung dem „Oszillationsgesetz des Geschehens" unterliege [36]. „Derartige Schwingungen treten nämlich mit Notwendigkeit ein, wo irgendein Gebilde sich durch Selbstregulierung in einem mittleren Zustande erhält". Ostwald nennt den Zentrifugalregulator der Dampfmaschine als einfaches Analogiebeispiel [37] und führt aus, das Gesetz der Periodizität mache sich auch in den Organismen und in den sozialen Vorgängen geltend [38]. Somit ist die Geltung dieses Gesetzes auch in der Gesamtwissenschaft wie in ihren einzelnen Gebieten zu erwarten [39]. „Dabei beobachten wir, daß die Selbstregulierung der Wissenschaft, gleichzeitig mit ihrer Ausbreitung in der Zeit und innerhalb der Kulturmenschheit inzwischen sehr viel feiner geworden ist" [40].

Diese Gedanken sind im Prinzip richtig: der fortschreitenden Bewegung der Wissenschaft müssen zyklische Prozeßzusammenhänge zugrundeliegen, deren Bestehen sich in der Rhythmik dieses Fortschreitens äußert. In der beschreibenden Analyse dieser Rhythmen ist die Wissenschaftswissenschaft seither erheblich weiter gekommen; in der Unteruchung der zyklischen Prozeßzusammenhänge und der von ihnen bewirkten Regelungen, die diese Rhythmik hervorrufen, steht sie noch ganz am Anfang.

Wir können also das Bleibende und Weiterführende in den diesbezüglichen Ansichten Ostwalds folgendermaßen zusammenfassen: 1. die Wissenschaft durchläuft eine fortschreitende Entwicklung, deren Gesetze erkannt werden können; 2. zwischen der Resultante und dem prozessualen Mechanismus dieser fortschreitenden Entwicklung ist zu unterscheiden; 3. der prozessuale Mechanismus der Wissenschaftsentwicklung beruht auf zyklischen Zusammenhängen, die Regelungsfunktionen ausüben; 4. die Wirkung dieser zyklischen Zusammenhänge äußert sich in beobachtbaren Rhythmen des wissenschaftshistorischen Ablaufs.

3.2. Der Sinn der wissenschaftshistorischen Retrospektive

Wir verdanken Ostwald gültige Einsichten darüber, zu welchem Zweck Wissenschaftsgeschichte zu betreiben ist und welche Resultate sich daraus ergeben können. „Dies ist der große und reelle Wert der Geschichte, daß sie uns aus der Kenntnis der Vergangenheit Richtlinien für unser Verhalten in der Gegenwart entnehmen läßt. Ohne eine solche Möglichkeit der Anwendung hat alle Geschichte keinen Sinn. Denn was kann es uns sonst nützen, das Vergangene zu kennen, das doch durch keine Macht im Himmel und auf der Erde irgendwie geändert werden kann?“ [41]

Ostwald nennt verschiedene Gegenwartsbezüge der Wissenschaftsgeschichte — so das bessere Verständnis für die Wandelbarkeit auch der gegenwärtig geltenden Auffassungen; die Möglichkeit, den in der Vergangenheit erarbeiteten Problemvorrat für die gegenwärtige Forschung zu nutzen [42]; die Klärung in Situationen theoretischer Verwirrung usw. [43]. Wir werden hier darauf verzichten, die zahlreichen nach wie vor nützlichen Hinweise zu interpretieren, die Ostwald in dieser Richtung gibt. Nur die generelle Begründung wollen wir hervorheben, die Ostwald dafür nennt, daß die Vergangenheit der Wissenschaft überhaupt eine positive Bedeutung für ihre Gegenwart haben kann, die über das Wiederauffinden vergessener Resultate und Problemstellungen hinausgeht. Wir stoßen hier auf die bemerkenswerte Tatsache, daß Ostwald, der doch ganz gewiß kein bewußter Dialektiker war, durch das schöpferische Studium der Geschichte zu Einsichten oder zumindest zu sehr bestimmten Vermutungen über die Einheit von Historischem und Logischem gebracht wurde.

Im Vorwort zu der für Schüler „als praktische Anleitung zum wissenschaftlichen Denken in elementarer Form“ geschriebenen „Einführung in die Chemie“ bemerkt Ostwald: „Mir war es, wenn auch nicht unerwartet, doch noch überraschend, in welch weitem Maße der strengste Aufbau der chemischen Grundbegriffe mit der geschichtlichen Entwicklung der chemischen Kenntnisse einerseits und mit den Forderungen einer rationellen Pädagogik andererseits übereinstimmt“ [41]. Aus dieser Erwägung heraus hatte Ostwald von seinem historischen Werk über die Elektrochemie erhofft, daß es auch Lehrbuchfunktionen für das aktuelle Studium ausüben möge. In der Vorrede lesen wir: „Da nun der geschichtliche Entwicklungsgang eines Gebiets im Allgemeinen stets mit dem logischen zusammenfällt, so ist der Weg des geschichtlichen Studiums zwar nicht eben der kürzeste, wohl aber der erfolgreichste und reizvollste zum Eindringen in die Wissenschaft“ [45]. Ostwald berichtet, daß er die großen Schwierigkeiten, die er beim Verständnis des II. Hauptsatzes der Thermodynamik hatte, nicht mit Hilfe moderner Lehrbücher, sondern erst durch das Studium der Originalschriften Carnots überwinden konnte: „So oft ich mich mit den grundlegenden Arbeiten unserer großen Meister *unmittelbar* vertraut machte, hatte ich einen Gewinn an Einsicht und Verständnis zu verzeichnen, der weit über das hinausging, was aus den sekundären Quellen, den Lehrbüchern und dergleichen zu entnehmen war“ [46].

Die Ansichten Ostwalds über den Sinn der Wissenschaftsgeschichte sind, wie wir sehen, keineswegs pragmatisch, obwohl manche diesbezüglichen Formulierungen außerhalb ihres gedanklichen Kontextes pragmatisch anmuten. Sie beruhen vielmehr auf einer anspruchsvollen theoretischen Hypothese über das Verhältnis von Geschichte und Gegenwart, derzufolge die Gegenwart der Wissenschaft weder etwas schlechthin anderes als ihre Vergangenheit noch deren einfache Fortsetzung, sondern deren dialektische Aufhebung ist.

Sollten wir dies als Motto auch unseres Symposiums ansehen, so dürfte das also ganz im Sinne OSTWALDS sein.

Und noch ein: OSTWALD führte seine Beobachtungen über die Wissenschaftsgeschichte bis zu wissenschaftsorganisatorischen Schlußfolgerungen. Eine dieser Schlußfolgerungen lautete: die wissenschaftshistorische Arbeit darf nicht länger dem Zufall überlassen, sondern muß organisiert werden.

Auch in dieser Beziehung dürfte unser Symposium, wie überhaupt die organisierte Zusammenarbeit der Wissenschaftshistoriker und Chemiker an der Akademie der Wissenschaften, vollauf den Intentionen OSTWALDS entsprechen.

Literatur

[1] Vgl.: Forschung und Nutzen. Wilhelm Ostwald zur wissenschaftlichen Arbeit. (Hrsg. von Lotz, G., L. Dunsch, U. Kring). Berlin 1978, S. 226 ff.

[2] Ebenda, S. 226.

[3] OSTWALD W.: Vorlesungen über Naturphilosophie. Leipzig 1905, S. 3.

[4] OSTWALD W.: Das große Elixier. Die Wissenschaftslehre. Leipzig-Gaschwitz 1920, S. 44.

[5] Ebenda, S. 12.

[6] Ebenda, S. 29.

[7] Ebenda, S. 26.

[8] Ebenda, S. 78—79.

[9] OSTWALD W.: Die Energie und ihre Wandlungen. In: Abhandlungen und Vorträge allgemeinen Inhalts von Wilhelm Ostwald. Leipzig 1904, S. 188.

[10] OSTWALD, W.: Das große Elixier, a. a. O., S. 16.

[11] Ebenda, S. 16.

[12] Ebenda, S. 19.

[13] Ebenda, S. 81.

[14] OSTWALD, W.: Vorlesungen über Naturphilosophie, a. a. O., S. 27.

[15] Ebenda, S. 17.

[16] OSTWALD W.: Das große Elixier, a. a. O., S. 72.

[17] Ebenda, S. 8.

[18] Ebenda, S. 25.

[19] OSTWALD W.: Fortschritte der wissenschaftlichen Elektrochemie. In: Abhandlungen und Vorträgen allgemeinen Inhalts von Wilhelm Ostwald, a. a. O., S. 153.

[20] Ebenda, S. 152.

[21] OSTWALD W.: Die wissenschaftliche Elektrochemie der Gegenwart und die technische der Zukunft. In: Abhandlungen und Vorträge allgemeinen Inhalts von Wilhelm OSTWALD, a. a. O., S. 149—150.

[22] OSTWALD W.: Das große Elixier, a. a. O., S. 11.

[23] OSTWALD W.: Die Wissenschaft. Leipzig 1911, S. 16—17.

[24] Ebenda, S. 42—43.

[25] OSTWALD W.: Das große Elixier, a. a. O., S. 27.

[26] Ebenda, S. 28.

[27] Ebenda, S. 28—29.

[28] Ostwald W.: Die wissenschaftliche Elektrochemie der Gegenwart und die technische der Zukunft, a. a. O., S. 134.
[29] Ebenda, S. 134–135.
[30] Ostwald W.: Chemische Betrachtungen. In: Abhandlungen und Vorträge allgemeinen Inhalts von Wilhelm Ostwald, a. a. O., S. 70.
[31] Vgl. Ostwald, W.: Elektrochemie. Ihre Geschichte und Lehre. Leipzig 1896. Vorrede; Geschichtswissenschaft und Wissenschaftsgeschichte. In: Archiv für Geschichte und Mathematik, der Naturwissenschaften und der Technik. Bd. 10, Leipzig 1927, S. 1–10; Grundsätzliches zur Geschichte der Technik. In: Zeitschrift des Vereins deutscher Ingenieure 73 (1929) H. 1, S. 1.
[32] Ostwald W.: Elektrochemie. Ihre Geschichte und Lehre, a. a O., S. 2.
[33] Ostwald W.: Das große Elixier, a. a. O., S. 22.
[34] Ostwald W.: Elektrochemie. Ihre Geschichte und Lehre, a. a. O., S. 5.
[35] Ebenda, S. 1–2.
[36] Ostwald W.: Die Einheit der physiko-chemischen Wissenschaften. Flugschriften des Monistenbundes Nr. 23, Berlin-Leipzig o. J., S. 7.
[37] Ebenda, S. 8.
[38] Ebenda, S. 9.
[39] Ebenda, S. 11.
[40] Ebenda, S. 12.
[41] Ostwald, W.: Das große Elixier, a. a. O., S. 10–11.
[42] Ostwald W.: Johann Wilhelm Ritter. In: Abhandlungen und Vorträge allgemeinen Inhalts von Wilhelm Ostwald, a. a. O., S. 362.
[43] Ostwald W.: Chemische Betrachtungen. In: Abhandlungen und Vorträge allgemeinen Inhalts von Wilhelm Ostwald, a. a. O., S. 60.
[44] Ostwald, W.: Einführung in die Chemie. Stuttgart 1910, S. VI.
[45] Ostwald, W.: Elektrochemie. Ihre Geschichte und Lehre, a. a. O., S. VI.
[46] Ostwald, W.: Johann Wilhelm Ritter. In Abhandlungen und Vorträge allgemeinen Inhalts von Wilhelm Ostwald, a. a. O., S. 361–362.

V. I. Spicin

Wilhelm Ostwald und seine Beziehungen zu russischen Wissenschaftlern

Der Ruhm Wilhelm Ostwalds, als einem der Gründer der physikalischen Chemie blühte an der Leipziger Universität auf, an der er von 1887 den Lehrstuhl für Chemie leitete und im Jahre 1897 in Europa das erste physikalisch-chemische Institut gründete.

Es sollte nicht vergessen werden, daß er seine chemische Ausbildung in Rußland an der Universität zu Dorpat (heute die Universität zu Tartu der Estnischen Sozialistischen Sowjetrepublik) erhalten hat [1]. Die Professoren C. Schmidt (Chemie) und A. von Oettingen (Physik) haben ihn hier das Interesse für exakte Wissenschaften gelehrt und haben seinen Wunsch, die an der Grenze zwischen diesen beiden Wissenschaften liegenden Probleme zu untersuchen, unterstützt. 1875 hat Ostwald die Universität absolviert und wurde Assistent des Professors von Oettingen in seinem physikalischen Kabinett. Zu dieser Zeit waren für ihn die mit der quantitativen Charakterisierung der chemischen Verwandschaft zusammenhängenden Probleme von besonderem Interesse. 1877 hat Ostwald eine Dissertation zum Magister zum Thema „Volum-chemische Studien über Affinität" und 1878 eine Doktor-Dissertation verteidigt, die von ihm als „Volum-chemische und optisch-chemische Studien" bezeichnet wurde. Danach begann Ostwald im chemischen Kabinett bei C. Schmidt zu arbeiten. In dieser Zeit begann er ein Lehrbuch über die allgemeine (physikalische) Chemie zu schreiben; dieses Lehrbuch wurde von ihm jedoch erst nach seinem Umzug nach Riga 1885 abgeschlossen. Dieses Buch gründete auf der neuen Richtung der Chemie — der physikalischen Chemie und war daher höchst wertvoll. Ostwald stellte diesem Buch eine Widmung „Meinen hochgeehrten Lehrern, den Herren Professoren der Universität zu Dorpat, C. Schmidt und A. von Oettingen als Zeichen meiner herzlichen Dankbarkeit vom Verfasser" vor. Es ist daraus zu ersehen, daß Ostwald seine Ausbildung in Dorpat und den Anfang seiner wissenschaftlichen Arbeit und seiner Tätigkeit als Unterrichtender an dieser Universität sehr hoch schätzte.

In Dorpat hat Ostwald nicht lange, nur 4 Jahre gearbeitet. Im Polytechnikum zu Riga wurde ein Platz für einen Professor, den Leiter des Lehrstuhls der allgemeinen Chemie, vakant, und C. Schmidt hat für diese Stelle Ostwald empfohlen. In seinem Brief an den Direktor des Rigaer Polytechnikums hat C. Schmidt seherische Worte geschrieben und zwar, daß Ostwald „zu einem Stern erster Ordnung im Grenzgebiet zwischen der Physik und der Chemie, auf dem Gebiet, das von ihm mit erstaunlicher Gründlichkeit und Fülle entwickelt wird und sich ausbilden wird" [2]. 1882 beginnt Ostwald seine Arbeit als Professor des Polytechnikums zu Riga. Seine Vorlesungen hatten einen großen Erfolg, die Zahl der Studenten nahm schnell zu. Der Unterricht wurde umgestaltet, die selbständige Arbeit der Studenten in Laboratorien wurde erweitert. 1884 spricht Ostwald die Frage über die Erweiterung des chemischen Labors an. Das neue Labor wurde in einem Jahr gestiftet. Ostwald setzt seine eigenen Untersuchungen voller Energie fort. Er veröffentlicht eine Reihe Arbeiten unter der Bezeichnung „Untersuchung der chemischen Dynamik". In den Vordergrund rückt er Probleme der chemischen Kinetik und Katalyse.

Zu Ostwald kamen aus verschiedenen Städten Rußlands Schüler zusammen, von denen viele in der weiteren Entwicklung zu prominenten Gelehrten wurden. Unter diesen ist P. I. Walden zu nennen, der später den Lehrstuhl von Ostwald im Polytechnikum zu Riga übernahm. Zu Ostwald kam S. Arrhenius aus Schweden und führte im Labor von Ostwald seine Experimentaluntersuchungen durch. Von dieser Zeit an begann die vieljährige Freundschaft dieser zwei hervorragenden Wissenschaftler. Sie begannen ihre gemeinsamen Arbeiten. Ostwald wurde in der wissenschaftlichen Welt über die Grenzen Rußlands hinaus bekannt. Er besprach seine Arbeiten in Uppsala, trat mit einem Bericht in Berlin auf. 1886—1887 begann Ostwald die Veröffentlichung der neuen Zeitschrift für physikalische Chemie vorzubereiten. Im Zusammenhang damit wandte er sich an die russischen Wissenschaftler D. I. Mendeleev, N. A. Menschutkin und viele andere mit der Bitte, ihm Artikel zuzusenden und bat um ihr Einverständnis, ihre Namen als Stifter der Zeitschrift nennen zu dürfen, Koredakteur der Zeitschrift für physikalische Chemie wurde van't Hoff. Ihr Einverständnis, an der Gestaltung der Zeitschrift mitzuarbeiten, gaben zahlreiche ausländische Wissenschaftler.

1887 wurde Ostwald eingeladen, den Lehrstuhl für Chemie an der Universität zu Leipzig zu übernehmen. Er nahm diese Einladung zögernd an. Riga war seine Heimatstadt. Hier lebten seine Eltern. Im Polytechnikum hatte er eine angesehene Stellung inne. In seinem Labor arbeiteten viele talentierte junge Wissenschaftler. Die Arbeit im Labor war gut organisiert, aber die von ihm vorgemerkten großen Pläne der Entwicklung einer neuen Richtung der Chemie konnten in Riga kaum verwirklicht werden.

In Leipzig boten sich viel bessere Perspektiven. Die Entscheidung wurde getroffen: Im August 1887 übersiedelte Ostwald mit seiner Familie nach Leipzig. Die Besichtigung der dunklen, schmutzigen Räume der chemischen Laboratorien der Universität war wahrscheinlich kein Vergnügen für Ostwald. Er erinnerte sich unwillkürlich an die hellen großen Räume des chemischen Labors am Rigaer Polytechnikum. Das physikalisch-chemische Labor wurde in Räumen untergebracht, wo sich früher ein landwirtschaftliches Labor befand, einige Zimmer, ohne spezielle Apparatur. OSTWALD mußte die Räume neu ausstatten, um diese für eine wissenschaftliche Arbeit anzupassen.

Sehr schnell aber, ungefähr in einem Jahr, war alles fertig. Der Name OSTWALD zog an das physikalisch-chemische Labor der Leipziger Universität neue Studenten und Praktikanten aus verschiedenen Ländern heran. Unter diesen waren auch zahlreiche Russen.

Bereits im Frühling 1889 erschien der erste russische Praktikant aus der Petersburger Universität — W. A. KISTJAKOVSKIJ. Er hat erst die Universität absolviert und eine Kandidatenarbeit (Diplomarbeit) zum Thema „Planck-Arrhenius-Hypothese" verteidigt. In seiner Arbeit hat W. A. KKISTJAKOVSKIJ die grundlegenden Arbeiten von OSTWALD, VAN'T HOFF, ARRHENIUS und PLANCK, die sich auf die Hypothese der Ionisierung von Elektrolyten in einer Lösung beziehen, analysiert. Er hat die in der Literatur vorhandenen Einwendungen gegen die ARRHENIUS-Theorie analysiert und einige seiner eigenen Ableitungen angeführt. Die wichtigste unter diesen war die Frage — woher kommt die zur Spaltung eines Elektrolytmoleküles in Ionen notwendige Energie? KISTJAKOVSKIJ äußerte eine Voraussetzung für die Möglichkeit einer Hydratisierung der Umwandlungsprodukte von im Wasser aufgelösten Stoffen. Leider wurde seine Arbeit nicht veröffentlicht [3].

Es muß gesagt werden, daß die physikalische (osmotische) VAN'T HOFFsche Theorie der Lösungen und die MENDELEEVsche Hydratationstheorie gleichzeitig im Jahre 1887 veröffentlicht wurden. Viele bedeutende russische Physiko-Chemiker — N. A. MENŠUTKIN, N. N. BEKETOV, M. D. L'vov und andere waren brennende Anhänger der Hydratationstheorie geworden. Trotzdem hatten MENŠUTKIN und L'vov beschlossen, den jungen begabten Chemiker W. A. KISTJAKOVSKIJ nach Leipzig zu schicken, damit er dort „die physikalisch-chemische Weisheit studierte" (Aus dem Brief von M. D. L'vov an I. A. KABLUKOV [4]).

Wie darüber KISTJAKOVSKIJ selbst schreibt ([4, 30]), ging er nach Leipzig mit dem heimlichen Ziel, die MENDELEVsche Hydrationstheorie mit der Theorie der elektrolytischen Dissoziation von ARRHENIUS in Übereinstimmung zu bringen.

Im Labor von OSTWALD lernte KISTJAKOVSKIJ ARRHENIUS kennen. Er hat mehrmals sowohl mit ARRHENIUS selbst, als auch mit OSTWALD über einige Thesen dieser Theorie gestritten. Er schreibt: „Ich erinnere mich ... ich sagte, daß es schwierig ist, das Vorhandensein von freien (nicht hydratisierten) Ionen im Wasser zu verstehen. Der beim Streit anwesende Ostwald bemerkte ironisch ‚Sie müssen ja zugeben, wenn es schwierig ist, das zu verstehen, wie schwierig es war, das zu entdecken'. Ich war bald von der Theorie von Arrhenius vollkommen hingerissen".

Im Labor von OSTWALD hat KISTJAKOVSKIJ eine Experimentaluntersuchung durchgeführt, gewidmet dem „elektrochemischen Zustand" der Doppelsalze. Es wurde die Zusammensetzung der Ionen untersucht, in welche die Doppelsalze Kupfer-Ammonium-Sulfat $(NH_4)_2$ $Cu(SO_4)_2$ und gewöhnlicher Alaun $KAL(SO_4)_2 \cdot 12H_2O$ in der Lösung gespaltet werden. Es hat sich erwiesen, daß dabei einfache Ionen entstehen. Das Salz der Zusammensetzung $Ag_3(Cr(C_2O_4)_3)$ hat sich als ein Komplexsalz erwiesen und ergab in der Lösung Ionen Ag^+ und $Cr(C_2O_4)^{3-}$. In hoch verdünnten Lösungen wird dieses Salz wie ein gewöhnliches Doppelsalz unter der Bildung von einfachen Ionen Ag^+, Cr^{3+} und $C_2O_4^{2-}$ dissoziert. Somit war der von OSTWALD im Jahre 1889 ausgesprochene Standpunkt auf Doppel- und Komplexsalze bestätigt, welcher ein Jahr später von KISTJAKOVSKIJ in russische Literatur eingeführt wurde.

In seinem Artikel [5], welcher den Ergebnissen der von ihm durchgeführten Arbeit gewidmet wurde, wird von KISTJAKOVSKIJ die Möglichkeit der Wechselwirkung zwischen den sich aus Elektrolyt bildenden Ionen mit Wassermolekülen untersucht. Eine kurze Darlegung der Arbeit wurde auch auf russisch veröffentlicht [6].

Aus Leipzig kehrte KISTJAKOVSKIJ als ein überzeugter Anhänger der Ionentheorie von ARRHENIUS zurück, aber nach wie vor hielt er es für möglich, diese mit der Hydratationstheorie von MENDELEEV zu vereinigen. Im weiteren wurde W. A. KISTJAKOVSKIJ zu einem hervorragenden Spezialisten auf dem Gebiet der Metallkorrosion und hat die sogenannte Filmtheorie der Korrosion entwickelt. Er wurde Professor und Akademiemitglied.

Im Sommersemester des Jahres 1889 hat im Labor von OSTWALD der andere Praktikant aus Rußland — Privat-Dozent der Moskauer Universität I. A. KABLUKOV — gearbeitet. Als er nach Leipzig kam, hatte er schon wesentliche Erfolge auf dem Gebiet der organischen Chemie. Die Dissertation zum Magister zum Thema „Glyzerine oder dreiwertige Alkohole“ wurde von ihm 1887 verteidigt. Im weiteren aber interessierte sich I. A. KABLUKOV für die Gesetzmäßigkeit der Reaktionen bei der Anlagerung von Atomen an organischen Verbindungen und die physikalischen Eigenschaften der Flüssigkeiten. Er konnte nicht umhin, an brennenden Problemen der damaligen Chemie — der Natur der Lösung vorbeizugehen. Im März 1889 schreibt er in seinem Notizbuch [7] „Ob es möglich ist, die elektrische Leitfähigkeit der im Äther und im Wasser löslichen Salze zu untersuchen und zu vergleichen. Die Auflösung im Ester, Wasser und Alkohol ist zu vergleichen“.

Als KABLUKOV im Mai 1889 nach Leipzig gekommen war, lernte er OSTWALD kennen und fing an, unter der Leitung von ARRHENIUS, der damals ein Assistent von OSTWALD war, die Methode zur Messung der elektrischen Leitfähigkeit zu beherrschen. KABLUKOV und ARRHENIUS arbeiteten in einem Zimmer mit einem Ausgang, der direkt in den Garten führte. I. A. KABLUKOV war in den zwanziger Jahren mein Lehrer in der Wissenschaft in der Moskauer Universität. Öfters erzählte er uns Studenten von seiner Arbeit an Leipzig und sagte, daß es eine der besten Perioden seiner wissenschaftlichen Jugend war. Die Atmosphäre im Labor war freundschaftlich und schöpferisch. Der persönliche Scharm von OSTWALD und ARRHENIUS, der wissenschaftliche Enthusiasmus, von dem die Mitarbeiter ergriffen wurden — dies alles begeisterte den jungen russischen Wissenschaftler. Zwischen KABLUKOV und ARRHENIUS bahnte sich eine feste persönliche Freundschaft für das ganze Leben an.

In wenigen Monaten führte I. A. KABLUKOV im Labor von OSTWALD eine interessante Untersuchung zur Messung der elektrischen Leitfähigkeit in Lösungen von Chlorwasserstoff in verschiedenen Alkoholen, Diäthylester und in ihren Gemischen mit Wasser [8] durch. Es hat sich erwiesen, daß die molekulare elektrische Leitfähigkeit des Chlorwasserstoffes von der Natur des Lösungsmittels stark abhängt: im Methanol ist diese verhältnismäßig hoch, im Äthanol im Vergleich zum Methanol um das Vierfache geringer, im Isobutylalkohol im Vergleich zum Äthanol um das Dreifache geringer. Die molekulare elektrische Leitfähigkeit des Chlorwasserstoffes nimmt im Äthanol mit der Verdünnung ab. Das letztere war für Ostwald überraschend, da es dem Gesetz der Verdünnung nicht entsprach. Für I. A. Kablukov war das eine Grundlage zur Äußerung seiner Meinung über den Einfluß der Natur des Lösungsmittels auf das Verhalten von Elektrolyten in Lösungen. In Notizen von I. A. Kablukov ist eine interessante Äußerung zu finden [7] (S. 62): „Ich erinnere mich daran, wie mir bereits in Leipzig, wo ich zusammen mit W. A. Kistjakowsky arbeitete, ein glänzender Gedanke über die Ionenhydratation während des Spazierganges eingefallen war".

Nachdem I. A. Kablukov an die Moskauer Universität zurückkehrte, setzte er im Labor von Professor A. P. Sabanejev die Untersuchungen zur elektrischen Leitfähigkeit von nichtwäßrigen Lösungen verschiedener Säuren in organischen Lösungsmitteln fort, verglich die Änderungen der elektrischen Leitfähigkeit von Alkohollösungen von HCL mit Daten über die Viskosität dieser Alkohole, maß den Dampfdruck der wäßrigen Alkoholsalzlösungen, führte den Begriff über die dissoziierende Kraft der Lösungsmittel ein. Alle diese Ergebnisse wurden von ihm in seiner Doktordissertation, die er als „Gegenwärtige Theorien der Lösungen (van't Hoff und Arrhenius) im Zusammenhang mit Lehren über das chemische Gleichgewicht" bezeichnet hat, zusammengefaßt.

Im Text der Dissertation äußerte I. A. Kablukov seinen höchst wichtigen Gedanken: „... wir möchten an dieser Stelle auf den geringen Unterschied hinweisen, welcher zwischen den Ansichten von Arrhenius und denen, die wir oben entwickelten, existiert. Nach unserer Meinung geht das Wasser, indem es Moleküle des aufgelösten Körpers aufschließt, in unechte Verbindungen, die sich im dissozierten Zustand befinden, ein, während nach Arrhenius Ionen sich frei, ähnlich, wie einzelne Atome, bewegen". Das war die erste in der wissenschaftlichen Literatur klare Formulierung der Bildung von Ionen aus Elektrolyten in der Lösung von Verbindungen mit einem Lösungsmittel, die im weiteren als Solvate bezeichnet wurden.

In seinem Vorwort zur Dissertation wies I. A. Kablukov darauf hin, daß diese Untersuchungen von ihm im Labor der Leipziger Universität bei Prof. W. Ostwald begonnen wurden und drückte ihm und Prof. S. Arrhenius seine Dankbarkeit aus.

Die Dissertation wurde im Jahre 1891 mit Erfolg verteidigt. Im weiteren widmete I. A. Kablukov neben anderen Themen seiner Arbeiten eine große Aufmerksamkeit auch stets der Theorie der Lösungen und propagierte die Theorie der elektrolytischen Dissoziation mit ihren physikalisch-chemischen Grundlagen.

I. A. Kablukov wurde Professor und Ehrenmitglied der Akademie der Wissenschaften der UdSSR.

Im Herbst 1890 kam in das Labor von Ostwald der Assistent an der Moskauer Universität A. V. Speranskij, er besuchte das Kolleg und schrieb in seinem Brief an Kablukov: „Ostwald gefällt mir ausgezeichnet" [1, S. 163].

Später kam in das Labor von Ostwald V. F. Timofejev aus der Universität zu Charkow und machte sich an die Arbeit an seiner Dissertation zum Magister. Er interessierte sich wie Kablukov für nichtwäßrige Lösungen.

In den letzten Jahren des XIX. Jahrhunderts zeigte Ostwald für die Probleme der Theorie der Katalyse ein immer größeres Interesse. Dementsprechend änderte sich auch die Thematik der Praktikanten.

1896 kam zu Ostwald der junge Assistent der Moskauer Universität N. A. Šilov. Er war Schüler des prominenten Wissenschaftlers auf dem Gebiet der organischen Chemie N. D. Zelinskij, befand sich aber auch unter dem wissenschaftlichen Einfluß von I. A. Kablukov. W. Ostwald empfahl ihm, sich mit Fragen der homogenen Katalyse zu befassen. Es wurde die Reaktion des Jodwasserstoffes mit Bromsäure gewählt und der Einfluß vom Zusatz von 95 anorganischen und 80 organischen Stoffen untersucht. Es wurde ebenfalls der Zusammenhang der Konzentration des Katalysators und seiner katalytischen Wirkung untersucht.

1901 kam Šilov zum zweiten Mal in das Labor von Ostwald und blieb dort über zwei Jahre lang. Er arbeitete an dem Problem der konjugierten Reaktionen, und zwar untersuchte er die Oxydation der Weinsäure mit der Chromsäure. Diese Reaktion geht nur dann, wenn gleichzeitig die Oxydation von $FeSO_4$, $SnCl_2$, As_2O_3 usw. erfolgt. Höchst interessant sind Briefe, die Šilov an Kablukov zu dieser Zeit schrieb: „Das Labor ist ein Reich der Katalyse. Ostwald selbst arbeitet fast nicht ... er dient aber dafür als Katalysator — die meisten Gedanken der Assistenten und Doktoranden werden dank seinen Ratschlägen angeregt ... Man redet, daß Ostwald überhaupt seine Professur verläßt [9, S. 320].

Und tatsächlich ging die Rolle der die praktische Arbeit betreuenden Leiter in die Hände der Mitarbeiter von Ostwald — Bredig, Bodenstein, Meyer, Nernst immer mehr über. Šilov schrieb an Kablukov — „im Labor arbeiten viele Russen". Dort arbeiteten Pissarževskij aus Odessa, Rakovskij aus Moskau, die im weiteren zu prominenten Wissenschaftlern, zu Professoren wurden. Zu dieser Zeit befaßte sich dagegen N. A. Šilov in Rußland mit einer anderen Thematik — er wurde zum Professor, einem prominenten Fachmann auf dem Gebiete der Adsorptionserscheinungen, schuf eine bedeutende wissenschaftliche Schule.

Die angeführten Beispiele zeigen die große positive Rolle, die Ostwald in der Vorbereitung einer Anzahl von jungen Wissenschaftlern, Physiko-Chemiker, für die russische Wissenschaft der Vorrevolutionsperiode spielte.

In der Sowjetunion haben wir Ostwald als einen hervorragenden Physiko-Chemiker in angenehmer Erinnerung. Im Polytechnischen Institut zu Riga wird das Arbeitszimmer von Ostwald auch heute in früherer Form zum Andenken an die Arbeit des hervorragenden Wissenschaftlers und Pädagogen beibehalten.

Wie bekannt, wurden die idealistischen philosophischen Gesichtspunkte Ostwalds von W. I. Lenin in seinem Buch „Materialismus und Empiriokrizismus" streng beurteilt, er schrieb von „... einem bedeutenden Chemiker und einem höchst verworrenen Philosophen — Wilhelm Ostwald" [10].

Es muß gesagt werden, daß Ostwalds „Energetismus" mit einer Verneinung der Existenz von Atomen und Molekülen verbunden war. Die meisten Wissenschaftler waren gegen Ostwalds Ansichten. In Rußland, wo die materialistischen Traditionen unter bedeutenden Naturwissenschaftlern sehr verbreitet waren, stieß der Energetismus auf einen starken Widerstand. D. I. Mendeleev, A. G. Stoletov, N. N. Beketov, D. P. Konovalov, N. A. Umov, I. A. Kablukov N. S. Kurnakov und weitere bekannte Wissenschaftler und Professoren an der Hochschule verteidigten die atomar-molekulare Lehre und traten gegen den Energetismus auf. Im Jahre 1908 hat, wie bekannt, Ostwald selbst öffentlich anerkannt, daß die neuesten Untersuchungen triftige Beweise zugunsten der Existenz von Atomen brachten.

Somit gingen die grundlegenden Thesen der idealistischen Philosophie des Energetismus zugrunde, aber die echten wissenschaftlichen Errungenschaften W. Ostwalds — wie die Entdeckung des Verdünnungsgesetzes, die Vertiefung der wissenschaftlichen Grundlagen der Theorie der elektrolytischen Dissoziation, die Entwicklung der neuen Abschnitte der chemischen Kinetik und Katalyse — dies alles gehört zum goldenen Schatz der gegenwärtigen Wissenschaft.

1909 wurde Ostwald mit dem Nobelpreis für Chemie für seine Arbeiten zur Katalyse ausgezeichnet. Um die hervorragenden Verdienste Wilhelm Ostwalds zu würdigen, wurde er von der Akademie zu Sankt-Petersburg am 7. Dezember 1896 zu ihrem korrespondierenden Mitglied gewählt.

Zum 125. Geburtstag Ostwalds können wir mit Genugtuung erwähnen, daß die vielseitige Tätigkeit dieses hervorragenden Wissenschaftlers und Menschen zu einer Festigung der gegenseitigen Verständigung und Freundschaft unter russischen und deutschen Wissenschaftlern stark beitrug.

Literatur

[1] Rodny, N. Y., Solowjew, T. u. I.: Wilhelm Ostwald (1853—1932), Verlag „Nauka" M. 1969.

[2] Zitiert Walden, P.: Wilhelm Ostwald. Leipzig, 1904, S. 12.

[3] Solowjew Ju. I.: Über die nicht veröffentlichte Arbeit von W. A. Kistjakowsky „Planck-Arrhenius-Hypothese" Zeitsch. f. phys. Chemie (russ.), 30, 1910 (1956).

[4] Figurwsky, N. A., Romanskow, Ju. I.: Wladimir Alexandrowitsch Kistkakowsky. 1865—1952. Verlag „Nauka" M. 1967, S. 26.

[5] Kistjakowsky, Wl.: Z. f. Phys. Chem., 6, 97 (1890).

[6] Kistjakowsky, Wl.: J. Russ. Phys.-Chem. Ges. T. Chemie 3, Abt. 1, 411 (1890).
[7] Solowjew, Ju. I., Kablukova M. I., Kolesnikow E. W., Iwan Alexejewitsch Kablukow, Verlag d. Akad. d. Wiss. d. UdSSR. 1957, S. 52.
[8] Kablukow, Iwan: Z. phys. Chem., 4, 429 (1889).
[9] Uschakowa, N. N.: Neue Materialien zur Biographie von N. A. Schilow, im Sammelbuch „Skizzen zur Geschichte der Chemie", Verlag d. Akad. d. Wiss. d. UdSSR, 1963, S. 313.
[10] Lenin W. I.: Sämtliche Werke 5. Auflage., 18, 173.

Der Verfasser äußert seinen Dank, E. S. Patšerskich für seine Hilfe bei der Auswahl des Literaturmaterials für diesen Artikel.

R. Zott

Zu W. Ostwalds und J. v. Liebigs Reflexionen über schöpferische Forscherpersönlichkeiten

Sowie Wissenschaftler ihre Interessen über die Probleme ihrer unmittelbaren Fachbereiche hinaus auf allgemeine Fragen der Wissensproduktion und der Regulierung des Wissenschaftsbetriebes richteten und diese reflektierten, wurden sie zu Vorläufern der Wissenschaftswissenschaft.

Solche fachübergreifenden Überlegungen datieren aus allen Entwicklungsetappen der Wissenschaftsgeschichte, weil philosophisch und erkenntnistheoretisch interessierte Forscher immer wieder versuchten, die eigentümlichen Erscheinungen des individuellen und gesellschaftlichen Erkenntnisprozesses zu beschreiben. Meist wurde auch versucht, dieses empirisch-analytische Vorgehen durch Ansätze zu bestimmten Systematisierungen zu ergänzen, die Vielfalt der Beobachtungen und Erscheinungsbilder übersichtlich zu ordnen. Daraus folgten zwangsläufig die verschiedensten Vorschläge für Typologien und Gruppierungen des Beobachteten. Im Grunde erklären sich diese Ansätze für Klassifizierungen aus dem Bestreben, im Prozeß der Erkenntnisgewinnung immanente Regel- und Gesetzmäßigkeiten zu entdecken [1], aus dem Bedürfnis, die Bedingtheit nicht nur natürlicher, sondern auch gesellschaftlicher Erscheinungen zu erkennen.

Auf Grund der raschen Entwicklung der Produktivkräfte im 19. Jahrhundert erwies es sich als immer dringlicher und notwendiger, die Prozesse des Erkenntnisgewinns besser als bisher zu beherrschen, sie zielstrebig und effektiv zu organisieren. Mit der Ausweitung der Wissenschaft, der Zunahme bestimmter Tendenzen ihrer Vergesellschaftung und ihrer immer engeren Verknüpfung mit der Industrie stieg die Zahl arbeitsteilig betriebener Forschungslabors, die es effektiv zu leiten galt. Daher und nicht zuletzt auch auf Grund der engen Verbindung der philosophischen Diskussion jener Zeit mit den Problemen des Wissenschaftsfortschritts wurden wissenschaftswissenschaftliche Überlegungen in zunehmendem Maße diskutiert. Sie stellen heute wertvolle Fundgruben für die Wissenschaftsgeschichte dar und bereichern die aktuellen Diskussionen dieser Probleme.

Auf dem Hintergrund jener so problem- und polemikträchtigen Zeit kann es nicht verwundern, wenn bestimmte erkenntnistheoretische oder wissenschaftsorganisatorische Fragen von verschiedenen Wissenschaftlern gleichzeitig oder in gegenseitiger Anregung erörtert wurden oder wenn jene sogar zu relativ ähnlichen Beobachtungen und Schlußfolgerungen gelangten.

Das bezieht sich auf eine Reihe von wissenschaftswissenschaftlichen Überlegungen von J. v. LIEBIG und W. OSTWALD, zwei Vertretern der gleichen Disziplin, aus unmittelbarer wissenschaftlicher Generationsfolge und mit ähnlicher Tätigkeitsstruktur in Forschung und Lehre. Beide äußerten sich engagiert zu forschungstheoretischen Problemen, zu Fragen der Leitung und Lehre an Hochschulen, bzw. Universitäten, zu Fragen des individuellen Forschungsprozesses, aber auch zu Möglichkeiten der Kennzeichnung, Beschreibung und Typologisierung von Forscherpersönlichkeiten. [2]

Die Bedeutsamkeit dieser Probleme liegt auf der Hand, und sie haben bis heute nichts an Aktualität eingebüßt. Möglichkeiten der Erfassung und Beschreibung von Eigenschaften und Verhaltensweisen, die einen erfolgreichen Wissenschaftler kennzeichnen, können einen Zugang zu einer Reihe damit zusammenhängender, komplizierter und sehr schwer zugänglicher Probleme schaffen, so beispielsweise der Zusammensetzung und Kommunikationsweise eines zeitweilig oder ständig arbeitsteilig forschenden Wissenschaftlerkollektivs. Hinweise auf bestimmte Persönlichkeitscharakteristika werden außerdem für Fragen der frühzeitigen Erkennung, Selektion und Förderung von Begabungen bedeutsam.

Sowohl LIEBIG als auch OSTWALD waren mit diesen Problemen praktisch konfrontiert. Da die Erfolge beider Gelehrten in Forschung wie in Lehre und Organisation für sich sprechen, sind ihre Reflexionen dazu von besonderem Interesse.

Die OSTWALDsche Wissenschaftler-Typologie wurde erstmals 1906 in einem Vortrag in New York vorgestellt und beruht auf den Erfahrungen seiner Tätigkeit als Professor in Riga und Leipzig. [3]

Sie besteht bekanntlich in der Unterscheidung des „Romantikers“ vom „Klassiker“ durch eine Reihe von Persönlichkeitseigenschaften und Verhaltensweisen. Hohe Kommunikations- und Assoziationsbereitschaft, pädagogische Ambitionen, die Fähigkeit, eine anregende Aura auszustrahlen, schnelles gedankliches Reagieren, Ideenreichtum und Improvisationsfreude kennzeichnen den — vom Temperamenttyp her meist sanguinischen oder cholerischen — Romantiker. Demgegenüber steht die mehr langsam und ruhig wirkende Persönlichkeit des Klassikers, von Temperament eher als ein Phlegmatiker oder Melancholiker bezeichnet —, der seine Forschungen langsamer, doch gründlicher betreibe, der persönlich unzugänglicher sei und meist auch allein arbeite. Der Ausprägungsgrad des jeweiligen Typs sei höchst unterschiedlich, und interessanterweise verband OSTWALD die Intensität der Typ-Ausprägung zudem mit einer bestimmten Wertschätzung der entsprechenden Persönlichkeit in ihrer Bedeutung als Wissenschaftler: „Die beiden ... Grundformen der Klassiker und der Romantiker der wissenschaftlichen Forschung finden sich im allgemeinen umso deutlicher ausgeprägt, je höher der Forscher selbst als solcher steht, und die schwierig zu klassifizierenden Zwischenformen gehören vorwiegend den geringer entwickelten Exemplaren an.“ ... schreibt OSTWALD. [4]

Die wissenschaftswissenschaftlichen Überlegungen LIEBIGS datieren aus der Zeit von etwa 1840—1860. Die Blütezeit seiner Schule in Gießen umfaßt den Zeitraum vom Beginn der dreißiger Jahre bis 1852, also bis zu seiner Berufung nach München; doch fügte er auch dort seinen Erfahrungen noch weitere Beobachtungen und Schlußfolgerungen hinzu, so aus dem Bereich der Landwirtschaftsausbildung und besonders auch aus dem Studium der Geschichte der Chemie und der Nationalökonomie.

Einer Typologie näherte sich Liebig folgendermaßen: das Auffinden neuer „Thatsachen oder Erscheinungen, welche unbekannten Gesetzen angehören", geschehe auf induktiven und deduktiven Wegen, welche einander ergänzen, gleich wichtig seien und — wie Liebig sagte —, „auf einer eigenthümlichen geistigen Arbeit" beruhen, ganz bestimmte „Geistesoperationen" erfordern. Infolgedessen unterscheidet er den induktiven und den deduktiven Forscher.

„Der deductive Forscher probirt und experimentirt, um die Wahrheit zu finden mit Verstandesbegriffen genau so wie der inductive mit sinnlichen, um das gesuchte Ding zu finden ... In der deductiven Forschung ist es die Ueberzeugung von der Richtigkeit einer (Schluss-)Idee, welche den Verstand des Forschers zu der ihm eigenen Thätigkeit anregt, und so ist denn bei dem Experimentirkünstler (also dem inductiv vorgehenden. — R. Z.) die Ueberzeugung von der Existenz eines Dinges das erste und wirksamste Erforderniss, um seine Einbildungskraft in Bewegung zu setzen ... die Deduction unter der Leitung des Verstandes analysirt und begrenzt, und ist bestimmt und maassvoll ... Die Induction unter der Leitung der Phantasie ist intuitiv und schöpferisch ... ähnlich wie der Verstand (also der deduktiv vorgehende. — R. Z.) die Begriffe prüft, ihren Inhalt gleichsam ausmisst und bestimmt und unveränderlich macht, so dass sie zu deductiven Operationen brauchbar werden", so sei das Charakteristische im Denken beim induktiv vorgehenden Forscher, daß er „in sinnlichen Erscheinungen denkt ... er umtastet die Erscheinungen mit allen seinen Sinnen" ... Diesen Vorgehensweisen entsprechend unterschied Liebig den „Mann der Wissenschaft" und den „Künstler", wobei er jedoch ausdrücklich betonte, daß mit letzterem kein Vertreter der „schönen Künste" gemeint sei, sondern der induktiv vorgehende, der „Experimentirkünstler" ... „Der Verstand gelangt durch die Combination von richtigen Begriffen zu Schlüssen, deren Wahrheit nur *geistig* erkennbar ist; die Gedanken-Combinationen des Künstlers hingegen sind *gestaltbar*, oder fähig, den Sinnen wahrnehmbar gemacht zu werden ..." Ziel der „*Kunst* ist die Aufsuchung oder Erfindung von Thatsachen, das der *Wissenschaft* ist die Erklärung derselben", die erstere findet die Tatsachen, die andere erklärt sie, die künstlerischen Ideen wurzeln in der Phantasie, die wissenschaftlichen im Verstande, doch fügte Liebig hinzu: „Verstand und Phantasie sind für unser Wissen gleich nothwendig und in der Wissenschaft gleich berechtigt." ... [5]

Diese beiden Wissenschaftlertypologien, die von Ostwald und die von Liebig, stehen in mehrfacher Beziehung zueinander, sie zeigen Gemeinsames und Gegensätzliches, sowohl im Herangehen als auch in den Schlußfolgerungen, d. h. in der konzeptionell-theoretischen Interpretation ihrer Beobachtungen.

Bereits die politisch-historischen Situationen, in denen die beiden Gelehrten jeweils wirksam wurden, sind — obwohl nur durch 40—50 Jahre zeitlich distanziert — sehr unterschiedlich. So erfolgten LIEBIGS forschungstheoretische und organisatorischen Aktivitäten in einer Zeit, da sich der Kapitalismus in Deutschland erst konstituierte. Vorausschauend erkannte LIEBIG die Bedeutung der Wissenschaft für ein ökonomisches Bestehen im sich gerade entfaltenden Konkurrenzkampf [6], da er u. a. auch die Industrieentwicklung in England aufmerksam verfolgt hatte. Doch oft genug geriet er ins Kreuzfeuer der Polemik, wenn er diese Erkenntnisse proklamierte und für die Einbeziehung wissenschaftlicher Einsichten in die Bereiche von Industrie, Landwirtschaft oder politischen Instanzen plädierte. — Dagegen war zur Zeit des OSTWALDschen Wirkens der Kapitalismus in Deutschland bereits zu voller Reife gelangt. Probleme der Leitung der Forschung, der rationellen Gestaltung des Forschungsprozesses und hoher Effektivität der Resultate der Forschung waren aktuell und auch als wichtig akzeptiert. Bei OSTWALD trafen also seine eigenen Ideeninitiativen und dringliche gesellschaftliche Erfordernisse, verdeutlicht beispielsweise durch offizielle Anfragen zur Regulierung des Wissenschaftsbetriebes aufeinander.

Da nun LIEBIG und OSTWALD als Leiter und Organisatoren arbeitsteiliger Forschungs- und Lehrinstitutionen offenbar einander im Gesamtverständnis ihrer Zeit sehr nahe kamen, interessieren heute ihre Meinungen zu bestimmten wissenschaftstheoretischen und -historischen Problemen in ganz besonderem Maße.

Damals wie heute geht es — bezogen auf diesen Problemkreis — einerseits um die Frage nach notwendigen Eigenschaften und Kennzeichen des Forschungsverhaltens, die ein guter Wissenschaftler aufweisen muß, um Forschung zu betreiben und insbesondere, wenn er im Kollektiv mit anderen Forschern zusammen arbeitet. Andererseits geht es um Ansichten über Möglichkeiten der Früherkennung und Förderung von Begabten, weiterhin — drittens — um Ansichten über vorteilhafte Teamzusammensetzung, denn Gruppenarbeit gilt seither auch in der Forschung als wichtige Bedingung für Leistungsvorteil. Viertens interessieren Meinungen darüber, inwiefern sich bestimmte Eigenschaften der Forscherpersönlichkeiten durch den wissenschaftlichen Arbeitsprozeß und im Verlauf der individuellen Forscherlaufbahn verändern [7] u. a.

Mit diesen so aktuellen Problemen beschäftigten sich offensichtlich sowohl LIEBIG als auch OSTWALD, doch vor allem OSTWALDS Überlegungen orientieren ausdrücklich und programmatisch auf rationelle Wissenschaftsforschung und -organisation.

LIEBIG ging nur auf bestimmte Fragen explizit ein, z. B. solche der Methodologie oder der pädagogischen Leitung im Labor, und häufig finden sich seine Hinweise dazu verstreut in den verschiedensten, auch fachspezifischen Schriften, während dagegen OSTWALD seine vielfältigen Reflexionen dazu meist summarisch zusammenfaßte.

Beide beschreiben empirisch-analytisch einen Merkmalskatalog des einzelnen Wissenschaftlertyps in besonders deutlicher Ausprägung. Aber während LIEBIG nach Korrelationen mit dem vom Forscher zu bearbeitenden Problem, also seinem Arbeitsgegenstand, suchte, nahm Ostwald eine gewisse Zuordnung der Persönlichkeitscharakteristika zur näheren sozialen Umwelt vor und erörterte die gegenseitige Vermittlung von Eigenschaften und Verhaltensweisen verschiedener Individuen. Das ist zwar eine notwendige, doch nicht ausreichende Betrachtungsweise, denn es kann für die Zusammensetzung eines Kollektivs kein Rezept geben, das auf der Kombination von Eigenarten oder Sympathien beruht, da eine Arbeitsgruppe nicht in erster Linie durch die Eigenschaften der Mitarbeiter zusammengeführt wird und zusammenhält, sondern in wesentlichem Maße doch durch das gemeinsame Problem und die zu seiner Lösung verwendeten Methoden und Konzepte. Und gerade deshalb mußte Ostwalds Ansatz in *dieser* Hinsicht weniger fruchtbar bleiben als das Liebigsche Konzept, welches den Zusammenhang von Wissenschaftlerpersönlichkeit, dessen Forschungproblem, der Problemstruktur sowie der Methodik zu erfassen suchte.

Es wird also deutlich, daß Liebig und Ostwald bei Betrachtung analoger Probleme von unterschiedlichen Ansätzen ausgingen, und zugleich eröffnen sich Möglichkeiten dafür, daß und in welcher Weise derartige verschiedene Konzepte miteinander in Beziehung gesetzt werden könnten.

Aus dem Fragenkomplex der Rekrutierung von Begabungen hob Ostwald ganz besonders die Möglichkeit und die Notwendigkeit hervor, den rationellen Einsatz von Forschungsmitteln und Methoden in weit stärkerem Maße als bisher bewußt zu machen, regelrecht zu lehren, und er leitete selbst pädagogische, wissenschaftspolitische und organisatorische Schlußfolgerungen und Empfehlungen ab. Liebig ging von vornherein von methodologischen Überlegungen aus, lenkte die Blickrichtung auf die Art der Begegnung des jungen Wissenschaftlers mit seiner Disziplin und seinem spezifischen Problemkreis. Deshalb gingen seine Äußerungen über Forscher und deren Vorgehensweisen sehr oft mit Reflexionen über Reformen in der Universitätsausbildung, aber auch über die Lenkung ihrer späteren Laufbahn konform. Die Fragen nach eventuellen Wandlungen und Veränderungen bestimmter Eigenschaften und Verhaltensweisen im Gesamtbild der typentsprechenden Persönlichkeitsmerkmale modifizierte Ostwald durch seine bereits angedeuteten Äußerungen über deren individuell unterschiedlichen Ausprägungsgrad und mit seiner These, wonach eine Forscherpersönlichkeit umso deutlicher die Merkmale eines bestimmten Typs aufweist, je erfolgreicher sie als Wissenschaftler überhaupt ist. Bei Liebig scheinen diese Probleme mit der entsprechenden Problemselektion durch den Forscher selbst verbunden zu sein.

Diese Beobachtungen zu den einzelnen Varianten des gesamten Fragenkreises lassen sich wahrscheinlich durchaus zu einigen fruchtbaren Ableitungen zusammenführen.

Insgesamt läßt sich über beide Ansätze folgendes feststellen: Ostwald deutete an, wie sich die, intuitiv-global erfaßten, Attribute auf den individuellen Forschungsprozeß auswirken, doch abstrahierte er weitgehend von Denkstil und Methodik, also den Elementen der Arbeitsmittel sowie auch vom Arbeitsresultat, vom Forschungsergebnis. Er orientierte somit auf einen Ansatz zur Beschreibung der Arbeitskraft, weniger auf deren Zusammenhang mit Mittel und Gegenstand. Der Ansatz blieb also einseitig, war aber ausbaufähig. Unglücklicherweise verwendete Ostwald eine mißverständliche Terminologie bei der Konfrontation von „Klassikern" und „Romantikern". [8]

Liebigs Ansatz ist ein methodologischer, und ihn verknüpfte er mit kreativitäts- und persönlichkeitstheoretischen Überlegungen und versuchte, die Beziehung von Problembearbeiter, Bearbeitungsmethode, — dies sogar entsprechend einer bestimmten „Classe von Untersuchungen" — zu erfassen. In gewisser Weise gelang es ihm, den Zusammenhang von Arbeitsmittel und Arbeitskraft darzustellen. Allerdings besteht seine Auslassung darin, in der Regel von Untersuchungsgegenstand und Forschungsresultat zu abstrahieren. Wie Ostwald verwendete auch er mehrfach belegbare, daher mißverstehbare Termini, wie z. B. des Begriffspaares von ‚Kunst' und ‚Wissenschaft'. Beide reflektierten ähnliche Probleme, näherten sich diesen aber auf unterschiedliche Weise.

Zweifellos wurde Ostwalds Konzept bekannter. Das spricht einerseits für die Vehemenz, mit der er sich für wissenschaftstheoretische Probleme engagierte, andererseits auch für das zu Beginn des 20. Jahrhunderts allgemein stark wachsende wissenschaftswissenschaftliche Interesse. Zugleich verdient aber auch die Fruchtbarkeit des Liebigschen Ansatzes Beachtung.

Es gibt in der Wissenschaftsgeschichte eine Vielzahl von Gruppierungskonzepten für Verhaltensweisen, Persönlichkeiten, Konstitutionen usw., die aus den verschiedensten Fachbereichen stammen. Häufig wurden diese Konzepte miteinander verknüpft, und das jedoch bedeutete die Überlagerung mehrerer disziplinärer Ansätze, so wie das auch Ostwald vollzog, als er die Typologie der vier Temperamente mit bestimmten selektierten Eigenschaftskomplexen wechselseitig kombinierte.

Auch die Bestimmung des jeweiligen Hauptkriteriums der Typologie und seine Zwecksetzung können sehr verschieden sein. Pascal beispielsweise unterschied Denkweisen, den „richtigen Verstand" und die „geometrische Denkweise" [9]. Der Medizinhistoriker Rothschuh wiederum gruppierte Wissenschaftler nach ihrem Anteil an bestimmten umfassenden Problemlösungen [10]. Andere Autoren dagegen abstrahierten von Persönlichkeitseigenschaften, Verhaltensarten und Untersuchungsgegenstand und gruppierten ausschließlich nach der gesellschaftlichen Wertung und dem wissenschaftlichen Echo der Forschungsresultate und leiteten daraus u. a. die Stellung und Rolle der entsprechenden Wissenschaftlerpersönlichkeit innerhalb der jeweiligen Disziplin ab.

Zweifellos läßt sich feststellen, daß jeder Versuch zur Merkmalsbeschreibung und Typologisierung *legitim* ist. Ob er nun von Teilaspekten abstrahiert oder ob er synthetisch Prozeß, Resultat und Habitus des Wissenschaftlers erfaßt, auf jeden Fall wird doch dadurch die Voraussetzung geboten, eine Vielzahl von Beobachtungen zur Kreativität von Forschern zusammenzufassen, und die Möglichkeiten zur umfassenden Beschreibung von Persönlichkeiten werden bereichert. Das schließt Überschneidungen oder zumindest scheinbare Analogien nicht aus [11].

Projiziert man aber Typologien zielstrebig übereinander, können Gemeinsamkeiten relativ direkt und außerdem die inhaltliche Reichweite der jeweils verwendeten Termini geprüft werden. Zweifellos ist auch das Übertragen von typologisierenden Begriffen für Persönlichkeiten aus naturwissenschaftlichen Tätigkeitsbereichen auf solche anderer Tätigkeitsbereiche legitim, beispielsweise der Produktion, der gesellschaftswissenschaftlichen Forschung, der Kunst usw., wo sie bisher nicht verwendet wurden, sozusagen als eine Art „terminologischer Verfremdung". [12]

Allen Typologien aber, auch denen von Liebig und Ostwald, ist gemeinsam, daß sie versuchen, wesentliche Merkmalsgruppen in möglichst eindrucksvoller, „reiner" Ausprägung zu erfassen. Sie versuchen, Typisches zu schildern, aber zugleich damit den Variantenreichtum freizugeben, mannigfaltige Erscheinungsformen anzudeuten, und sie weisen in der Regel darauf hin, daß die „idealen", die reinen Erscheinungsbilder im konkreten Einzelfall nicht zu erwarten sind.

Hervorzuheben ist vor allem aber, daß es sich interessanterweise fast stets um *duale* Typologien handelt. Sie gehen von einer Zweiteilung aus, von einer Entweder-Oder-Zuordnung. Diese Sichtweise erscheint meines Erachtens jedoch nur dann als sinnvoll, sofern diese Dichotomie als *dialektische* Dualität und nicht als konträre Polarität verstanden wird.

Einen Ansatz zur Begründung dieser Erscheinung sehe ich im naturgegebenen Zusammenhang von Individuum und Gesellschaft. Es bedarf eines kurzen Exkurses, um diesen Ansatz zu erläutern und den Zusammenhang von Typologie und Kreativität anzudeuten: Das Individuum konstituiert die Gesellschaft mit, wird andererseits aber durch sie geformt, d. h., es ist nur mit ihr und durch sie existent und zu begreifen. Die Art und der Ausprägungsgrad der schöpferischen Beziehungen des Individuums zur Gesellschaft, aber auch die individuell-psychologischen Merkmale des Einzelnen im sozialen Umfeld der Gesellschaft bedingen einander wechselseitig. Es entstehen vielfältige Persönlichkeitsbilder, die durch unterschiedlichste Ausprägungsgrade der individuellen Eigenschaften und Verhaltensweisen variieren, worauf bereits hingewiesen wurde. Diese Mannigfaltigkeit der Persönlichkeitscharakteristiken läßt sich m. E. jedoch grundsätzlich zwei Gruppierungen zuordnen und zwar je nachdem, was im konkreten individuellen Problemlösungsprozeß stärker zutage tritt: die Kooperation des Individuums mit der Gesellschaft oder seine individuelle Produktivität.

Daraus ableitend lassen sich m. E. *zwei Komponenten von Schöpfertum* unterscheiden, die aus der Qualität und der Intensität der unverzichtbaren Beziehungen von Individuum und Gesellschaft resultieren. Sie sind einander nicht konträr postiert, sondern zu bestimmtem Anteil beide in jedem Wissenschaftler vorhanden. Doch überwiegt, — trotz verschiedenster Ausprägungsgrade —, jeweils eine der beiden Komponenten. Beim Vertreter der einen Komponente überwiegt das Moment der *individuellen* Produktivität. Seine Wirksamkeit für die Gesellschaft muß häufig erst durch dritte, durch Vermittlerpersonen realisiert werden. Er kommuniziert selbstverständlich mit der Gesellschaft, d. h., nimmt Informationen auf, aber transformiert sie für sich. Er schafft neues Wissen, aber sorgt kaum für dessen Aneignung durch die Gesellschaft. Vertreter der anderen Komponente dagegen werden vor allem erst durch ihre *aktivierende schöpferische Kommunikation* mit der Gesellschaft produktiv. Sie produzieren auch Wissen, aber sind vor allem dadurch schöpferisch, daß sie andere anregen, daß sie lehrend und interpretierend andere zu schöpferischer Aktivität veranlassen.

Es handelt sich also um eine duale Gruppierung, bei der, ungeachtet der mannigfaltigen individuellen Untschiedlichkeiten, nach zwei Hauptvarianten schöpferischen Verhaltens sondiert wird.

An anderer Stelle wurde bereits ausgeführt, daß hier Schöpfertum des Produzierens und Schöpfertum des Reproduzierens als Komponenten einander gegenüberstehen, bzw. ergänzen. Dieses Gruppierungskonzept enthält noch eine weitere Schlußfolgerung: eben jene Wissenschaftler, die in besonders ausgewogenem Maße die Merkmale beider Komponenten aufweisen, die keiner der beiden Varianten schöpferischen Verhaltens eindeutig zuordenbar sind und dennoch wissenschaftlich hocheffektiv arbeiten, die also geradezu eine Zwischenstellung zwischen dem, der vorwiegend eigenständig und individuell neues Wissen produziert und dem, der produktiv andere zu Schöpfertum anregt, einnehmen, jene werden zu den Persönlichkeiten, die wir „Schulenbildner" in der Wissenschaft nennen. Sie können beides: sie sind hervorragende Wissenschaftler und produzieren neues Wissen, aber sie sind ebenso kommunikativ und organisatorisch begabt. sind imstande zu interpretieren und andere zu aktivieren; übrigens stellen gerade dafür Liebig als auch Ostwald treffende Beispiele dar. [13]

Zusammenfassend läßt sich sagen, daß es bei der weiteren Erforschung der Problematik von Typologien zunächst noch um ein genügend ausbaufähiges Raster, ein theoretisches Konzept gehen muß, dem historische u. a. Beobachtungen zugeordnet werden können und das gestattet, die Momente schöpferischen Produzierens im Zusammenhang mit anderen Einflußfaktoren zu betrachten, beispielsweise der Forschungssituation innerhalb des Fachgebietes oder des sozialökonomischen Umfeldes.

Dadurch wird es möglich, empirische Beobachtungen in Klassifizierungsversuchen zu erproben und außerdem, auch Zugänge zur Art der korrelativen Beziehungen innerhalb der beobachteten Merkmalsgruppen zu finden.

Im Rahmen dieser Überlegungen erlangen auch jene Einzeluntersuchungen besondere Bedeutung, die zeitweilig vom dialektischen Zusammenhang bestimmter Faktoren absehen, wie beispielsweise die klassifikatorischen oder auch die psychografischen Studien von W. Ostwald oder die methodologischen Überlegungen von J. v. Liebig.

Literatur

[1] Dieses Suchen nach prinzipiellen Gemeinsamkeiten im Erscheinungsbild der gesellschaftlichen Erkenntnistätigkeit ist insofern bemerkenswert, als Systematisierungs-

konzeptionen auch für ideelle Sachverhalte häufig sogar von solchen Gelehrten vorgelegt wurden, die sonst nicht geneigt waren, die Gesetzmäßigkeit und damit Erkennbarkeit von Erscheinungen in der Gesellschaft und deren Entwicklung zu akzeptieren; bei jenen verdeutlicht sich dabei der Widerspruch zwischen subjektiver, oft tradiert idealistischer Interpretation des wissenschaftlichen Arbeitens und ihres eigenen realen, objektiv materialistischen Vorgehens in der Forschung selbst.

[2] Umso erstaunlicher, daß Ostwald, ein mittelbarer Schüler von Liebig, sich zwar oft genug auf jenen bezieht, ihn gar als Beispiel für die von ihm vorgeschlagene Typologie analysiert, aber die seit 1874 gesammelt vorliegenden Liebigschen „Reden und Abhandlungen", vor allem den Aufsatz „Induction und Deduction" zumindest in diesem Zusammenhang nicht zitiert. Auch seine Überlegungen zur Rationalisierung des Forschungsprozesses, sein energischer Aufruf, der „energetische Imperativ", befinden sich stark in gedanklicher Nähe von Liebigs Rede von 1860 über „Die Ökonomie der menschlichen Kraft".
Vgl.: Liebig, J. v.: Reden und Abhandlungen. Leipzig und Heidelberg 1874. Darin: Induction und Deduction. Rede, gehalten in der Sitzung der k. Akademie der Wissenschaften zu München am 28. März 1865, S. 296 ff., und ebenda: Die Ökonomie der menschlichen Kraft. Akademische Rede am 28. März 1860, S. 172 ff.

[3] Ostwald, W.: Große Männer. 5. Auflage., Leipzig 1919. In diesem Werk faßte Ostwald viele der bisherigen wissenschaftstheoretischen Reflexionen zusammen.

[4] Ostwald, W.: Ebenda, S. 317.

[5] Liebig, J. v.: Induction und Deduction. In: Reden und Abhandlungen, a. a. O. S. 296 ff.

[6] Liebig, J. v.: Wissenschaft und Landwirtschaft. In: Reden und Abhandlungen, a. a. O. S. 200.

[7] Eine solche Interpretationsmöglichkeit bot H. Klare an, indem er feststellte: „Wie dem auch sei, letzten Endes hat wohl jeder Forscher eine romantische und eine klassische Periode in seinem Leben. Ich halte das für eine Frage des Alters, und Ostwalds Typisierung weist ebenso viele Unschärfen auf wie die Einteilung der menschlichen Temperamente." Vgl.: H. Klare: Jacobus Henricus van't Hoff und Emil Fischer — Bahnbrecher der chemischen Forschung. Spektrum **9** (1978) 4, S. 9.

[8] Da im heutigen Sprachgebrauch der Terminus „klassisch" nicht mehr allein den beispielgebenden vortrefflichen Schriftsteller der griechischen oder römischen Antike meint, sondern „mustergültig" schlechthin, schildert Ostwald demnach in Liebig einen ‚Klassiker' vom Typ des ‚Romantikers', in Faraday aber einen ‚Klassiker' vom Typ des ‚Klassikers' ...

[9] Vgl. N. I. Rodnyj: Probleme des wissenschaftlichen Schöpfertums und der Organisation der Wissenschaft in den Arbeiten von Naturwissenschaftlern. In: Wissenschaft. Studien zu ihrer Geschichte, Theorie und Organisation. (Hrsg. G. Kröber; H. Steiner) Berlin 1972, S. 113 f.

[10] Vgl. K. E. Rothschuh: Prinzipien der Medizin. München/Berlin 1965.

[11] So impliziert beispielsweise Th. S. Kuhns Unterscheidung zwischen „paradigmatischen" und „normalen" Phasen in der Wissenschaftsentwicklung eine Gruppierung der Wissenschaftler in „Revolutionäre" und in „Rätsellöser". Vgl. Th. S. Kuhn: Die Struktur wissenschaftlicher Revolutionen, Frankfurt/M. 1967, S. 59.
Geht Liebigs Vorstellung vom „Erfinder" und vom „Mann der Wissenschaft" dieser Vorstellung zur Seite? Oder seine Metapher vom Seefahrer, der in Unbekanntes

vorstößt, Land entdeckt — oder vom nachfolgenden „Kartenzeichner“, welcher anschließend vermißt, erschließt, urbar macht ...?

Vgl. LIEBIG, J. v. (J. L.): Antwort auf Herrn Robiquet's Bemerkungen. In: Annalen der Pharmacie, Heidelberg 1838, Band XXVII, S. 346.

[12] Zu diesem Zweck wäre so beispielsweise die Erprobung des Begriffspaares “expressiv“ und „impressiv“ denkbar. Es sind Termini, die Verhaltensarten und Resultate zu kennzeichnen vermögen, und sie sind in verschiedenen Bereichen schöpferischer Tätigkeit, also eventuell auch der Wissenschaft (oder der Kunst) anwendbar.

[13] ZOTT, R.: Zum Einfluß der Wissenschaftlerpersönlichkeit auf die Entwicklung einer Disziplin. In: Rostocker wissenschaftshistorische Manuskripte, H. 1978, S. 133—138.

G. Lotz

Wilhelm Ostwalds Aussagen zur wissenschaftlichen Arbeit und die Forschungstechnologie

Wilhelm Ostwalds Aussagen zur Wissenschaft sind in ihrer Vielzahl kaum überschaubar. Nahezu allen Seiten der wissenschaftlichen Arbeit hat er seine Aufmerksamkeit geschenkt: Der Heranbildung kreativer Forscher ebenso wie den inneren Mechanismen der Wissenschaft, dem Verhältnis von Wissenschaft und Technik, der Rolle des Erfinders, des Entdeckers und des Organisators, der Ethik in der Wissenschaft, nicht zuletzt der Lehre, der Bildung wissenschaftlicher Schulen.

Nie müde werdend, betonte Ostwald sein Bekenntnis zum sozialen Charakter der Wissenschaft, seine Überzeugung von der Pflicht der Wissenschaft, nützlich zu sein.

Eine Auswahl dieser Aussagen hat ein Bearbeiterkollektiv anläßlich des 125. Geburtstages Wilhelm Ostwalds mit dem Band „Forschen und Nutzen. Wilhelm Ostwald zur wissenschaftlichen Arbeit“ [1] vorgelegt.

Ostwalds Leistungen als Entdecker, Erfinder, Hochschullehrer, Organisator, Autor und Herausgeber sind unbestritten. Er war ein Mann der zweiten Hälfte des 19. Jahrhunderts, ein Mann des ersten Drittels unseres Jahrhunderts. Kann er uns, da die moderne naturwissenschaftliche Forschung heute gänzlich andere Dimensionen aufweist, andere Fragestellungen an den Makro- und Mikrokosmos richtet, andere Instrumentarien benutzt und gesellschaftlich geplant und geleitet wird, helfen, Rationalität in Fragestellungen zu Vorgehensweisen zu erleichtern, uns helfen, Frontprobleme zu meistern, Zugriffszeiten zu Geräten und Informationen zu verkürzen, rationellere Abläufe zu organisieren, kurz, Leistungsvermögen, Leistungsniveau und Wirkungsgrad unserer Forschung zu erhöhen? Kann er Antworten geben zu einem Gebiet wie dem der Forschungstechnologie[1], das in der Literatur der DDR 1969 erstmals von J. Bös [4] und unabhängig davon etwa zum gleichen Zeitpunkt von K. Lanius/C. Grote/J. Klugow/G. Peter [5] genannt wird?

Forschen ist nicht nur eine spezielle Tätigkeit, Forschen ist unter Beachtung gesellschaftlicher Verhältnisse und Bedürfnisse vor allem auch eine Sache der Haltung, des Charakters, der ideologischen Position des Forschers.

In diesem Sinne soll die vorstehend gestellte Frage beantwortet und die Thematik zugleich erweitert werden. Aussagen zu einer Sache können akademisch sein. Entscheidender ist die Haltung. Und hier gleich die Antwort: Ostwald hat sehr wohl etwas zu Aufgaben der Forschungstechnologie zu sagen.

Die Haltung Ostwalds zu zwei ausgewählten Komplexen, die mit der Lösung aktueller forschungstechnologischer Probleme Beziehung aufweisen, sollen dies verdeutlichen:

1. Ostwalds Haltung zur Experimentalmethodik und die Modernität von Forschungsgeräten,
2. Ostwalds Haltung zur Nutzung von Forschungsgeräten.

Zunächst jedoch sei betont, daß die Berechtigung, Ostwald im Zusammenhang mit Fragen der Forschungstechnologie zu behandeln, aus Aussagen in seinen Werken selbst hervorgeht. Zwei Belegstellen mögen dafür zeugen.

Die erste Aussage lautet: „. . . eine einzelne Wissenschaft besteht längst nicht mehr in *eines* Menschen Kopf, sondern in jenem merkwürdigen Organismus von Köpfen, Büchern, Apparaten usw., der zur Existenz einer jeden Wissenschaft gehört.“ [6]

Die zweite Aussage heißt: „. . . haben wir schon längst gelernt, etwa elektrische Zentralanlagen zu bauen, die ein weites Gebiet mit Energie versorgen, wobei bewußt die künftige Entwicklung in Rechnung gestellt wird, während uns der Gedanke, in demselben Sinne technisch vorausschauend eine Wissenschaft zu organisieren, vorläufig noch fremdartig, ja in gewissem Sinne pietätlos und unästhetisch erscheint. Überlegen wir uns aber, daß alle Wissenschaften ursprünglich Künste, ja mystische Geheimnisse waren, die von Mund zu Mund unter den größten Vorsichtsmaßregeln gegen Weiterverbreitung übertragen wurden, und daß, je reiner der Charakter der Wissenschaft sich entwickelt hat, um so reiner auch ihre *soziale* Beschaffenheit in den Vordergrund getreten ist, so werden wir auch in diesem Vorgange nur einen normalen Prozeß zu erblicken haben, in dem wir die uns zufallende Aufgabe mit dem Bewußtsein ihrer Wichtigkeit und der weitreichenden Beschaffenheit jeder versuchten Lösung übernehmen werden.“ [7]

Damit spricht Ostwald Komplexe an, die wesentlicher Bestandteil der Forschungstechnologie der Gegenwart sind. Handelt es sich doch hier um die Gesamtheit der experimentellen Methoden und den Umfang ihrer Beherrschung, Ausschöpfung und Anwendung; den Ausstattungsgrad, die Modernität und die Leistungsfähigkeit der gerätetechnischen Ausrüstungen, einschließlich EDVA, ihre Verknüpfung und optimale Nutzung; die Leistungsfähigkeit und die Flexibilität materiell-technischer Kapazitäten und ihre optimale Nutzung; die Organisationsabläufe bei der Koordinierung der Elemente arbeitsteiliger Forschungsprozesse und ihre optimale Gestaltung; die Erschließung nationaler und internationaler Ressourcen und ihre bestmögliche Nutzung, und eine Reihe weiterer Komplexe.

1. Ostwalds *Haltung zur Experimentalmethodik und die Modernität von Forschungsgeräten*

Ostwald war im Konstruieren, Entwickeln und Bauen von Geräten, Apparaten usw. ein Meister. Er war aber auch ein Meister in dem Sinne, daß er — wie

P. A. Thiessen in seinem Geleitwort zu dem eingangs erwähnten Buch „Forschen und Nutzen" betont [8] — die Geräte der Fragestellung an die Natur anzupassen vermochte. Bekannte Beispiele hierfür sind u. a. die Schaffung des Ostwald-Thermostaten und des Ostwaldschen Pyknometers 1882, des Ostwaldschen Viskosimeters 1885, des Ostwaldschen Polarisations-Farbenmischers und des Ostwaldschen Halbschattenphotometers 1914. Mehr noch. Ostwald nahm seine eigene Aussage über „das Organisieren der Wissenschaft technisch vorausschauend" ernst und verwirklichte sie. Eine wesentliche Voraussetzung hierfür war die Werkstatt seines Leipziger Instituts und deren ausgezeichnete Leitung durch eine Persönlichkeit, die fähig war, nach Angaben der Forscher vorzügliche Geräte zu bauen oder den Bau solcher Geräte zu organisieren und die somit aktiv half, für die laufenden Experimente die materiell-technische Basis zu schaffen. Da es sich bei den Ostwaldschen Forschungen stets um Frontprobleme der physikalisch-chemischen Forschung handelte, war ein Kauf der erforderlichen Experimentiermittel zu der damaligen Zeit sicher nur in den seltensten Fällen möglich.

Noch heute wird in der Sektion Chemie der Karl-Marx-Universität zu Leipzig mit großem Respekt von den fachlichen Leistungen des damaligen Universitätsmechanikers Fritz Köhler, eben jenes Werkstattleiters, gesprochen[2]. Seine Werkstatt, in der er für die zum Teil damals schon bekannten Schüler Ostwalds eigene Kurse abhielt (die Teilnehmerverzeichnisse sind erhalten), s. Abb. 1, dient der Sektion heute noch für gerätetechnische Zwecke. Als besondere Kostbarkeit wird das Buch „Fritz Köhler Apparate und Meß-Instrumente als wissenschaftliche Hilfsmittel für die Fortschritte der Physiko-Chemie-Forschung" [10], ein Sammelwerk[3] in der Ausgabe des Jahres 1927, aufbewahrt, s. Abb. 2—6. In diesem, mehrere hundert Seiten umfassenden Band führt Köhler, der neben seinem Universitätsamt auf eigene Rechnung fabrikationsmäßig Geräte bauen durfte, diverse Apparaturen und Geräte an, die alle Ostwalds Namen tragen.

Da finden sich von 1900 an

— einfacher Apparat zur Messung elektromotorischer Kräfte nach Ostwald, vervollkommneter Apparat nach Ostwald;
— Kapillarelektrometer mit horizontaler Kapillare nach Ostwald;
— Thermostate nach Ostwald;
— Kalomel-Normalelektrode nach Ostwald;
— Kapillarröhren nach Ostwald

und viele weitere Apparate und Gerätschaften, s. Abb. 7—11.

Ostwald bewirkte also, daß die erforderliche Proportionalität zwischen experimentalmethodischem Vorgehen, leistungsfähigem institutseigenem Gerätebau und gerätetechnischer Sicherung der Forschungen zeitökonomisch gewährleistet war. Er sorgte gleichzeitig dafür, daß die gerätetechnischen Leistungen seines Instituts für die industrielle Herstellung und somit für andere Forschungsinstitute verwertbar wurden. Die bereits erwähnten Dimensionen und historischen Beziehungen schmälern nicht Ostwalds Haltung und seinen klaren Blick für diese Zusammenhänge.

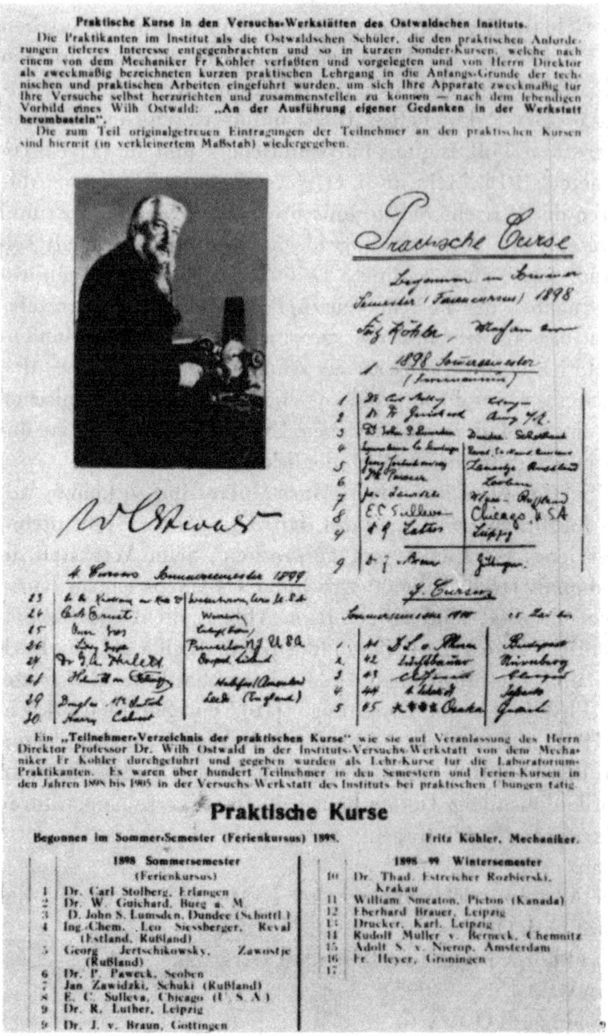

Praktische Kurse in den Versuchs-Werkstätten des Ostwaldschen Instituts.

Die Praktikanten im Institut als die Ostwaldschen Schüler, die den praktischen Anforderungen tieferes Interesse entgegenbrachten und so in kurzen Sonder-Kursen, welche nach einem von dem Mechaniker Fr Köhler verfaßten und vorgelegten und von Herrn Direktor als zweckmäßig bezeichneten kurzen praktischen Lehrgang in die Anfangs-Gründe der technischen und praktischen Arbeiten eingeführt wurden, um sich Ihre Apparate zweckmäßig für Ihre Versuche selbst herzurichten und zusammenstellen zu können — nach dem lebendigen Vorbild eines Wilh Ostwald: **„An der Ausführung eigener Gedanken in der Werkstatt herumbasteln".**

Die zum Teil originalgetreuen Eintragungen der Teilnehmer an den praktischen Kursen sind hiermit (in verkleinertem Maßstab) wiedergegeben.

Ein **„Teilnehmer-Verzeichnis der praktischen Kurse"** wie sie auf Veranlassung des Herrn Direktor Professor Dr. Wilh Ostwald in der Instituts-Versuchs-Werkstatt von dem Mechaniker Fr Köhler durchgeführt und gegeben wurden als Lehr-Kurse für die Laboratorium-Praktikanten. Es waren über hundert Teilnehmer in den Semestern und Ferien-Kursen in den Jahren 1898 bis 1905 in der Versuchs-Werkstatt des Instituts bei praktischen Übungen tätig.

Praktische Kurse

Begonnen im Sommer-Semester (Ferienkursus) 1898. **Fritz Köhler, Mechaniker.**

1898 Sommersemester (Ferienkursus)

1 Dr. Carl Stolberg, Erlangen
2 Dr. W. Guichard, Burg a. M.
3 D. John S. Lumsden, Dundee (Schottl.)
4 Ing.-Chem. Leo Siessberger, Reval (Estland, Rußland)
5 Georg Jertschikowsky, Zawostje (Rußland)
6 Dr. P. Paweck, Seoben
7 Jan Zawidzki, Schuki (Rußland)
8 E. C. Sulleva, Chicago (U. S. A.)
9 Dr. R. Luther, Leipzig
9 Dr. J. v. Braun, Göttingen

1898/99 Wintersemester

10 Dr. Thad. Estreicher Rozbierski, Krakau
11 William Smeaton, Picton (Kanada)
12 Eberhard Brauer, Leipzig
13 Drucker, Karl, Leipzig
14 Rudolf Müller v. Berneck, Chemnitz
15 Adolf S. v. Nierop, Amsterdam
16 Fr. Heyer, Groningen
17

Abb. 1 Teilnehmerverzeichnis der praktischen Kurse des Universitätsmechanikers Fritz Köhler in der Versuchswerkstatt des Instituts für physikalische Chemie der Universität Leipzig 1898—1899.

2. Ostwalds *Haltung zur Nutzung von Forschungsgeräten*

P. Walden, der erste Biograph Ostwalds, berichtet über dessen akademischen Unterricht. „In den Arbeitsräumen der Studenten", so schreibt er, „ging er schnell von Tisch zu Tisch, gab Anleitungen für den Aufbau erforderlicher Apparate, erklärte Analysen und Versuche, schlug neue Verfahren und Apparate vor. In sein

„Fritz Köhler

Apparate und Meß-Instrumente“

als

„wissenschaftliche Hilfsmittel
für die Fortschritte der
Physiko-Chemie-Forschung“

Ein Sammelwerk im Jahre 1927
mit der neuen
„Auflage X des Haupt-Kataloges 1927 28“
mit über dreitausendfünfhundert Abbildungen im Text.

72. Druck-Ausgabe
der Firma „Fritz Köhler Universitäts-Mechaniker a D Leipzig S3“
Inhaber Fr Köhler
und des Verlages: „Forscher- und Historische Bildnisse“
von Fr Köhler Leipzig S3

Ausgabe im Jahre 1928 29

Abb. 2 Titelblatt des Buches „Fritz Köhler Apparate und Meß-Instrumente“ als „wissenschaftliche Hilfsmittel für die Fortschritte der Physiko-Chemie-Forschung“. Ausgabe 1928/29.

Privatlaboratorium durfte jeder Assistent und Student eintreten, um sich mit ihm über chemische, oft auch über persönliche Fragen zu unterhalten“. [11] „Er war“, heißt es dann bei Walden weiter, „Mechaniker und Glasbläser in eigener Person und versah das ganze Laboratorium ... mit selbstgefertigten Büretten und Pipetten, besorgte für seine elektrischen und elektrochemischen Untersuchungen die Lie-

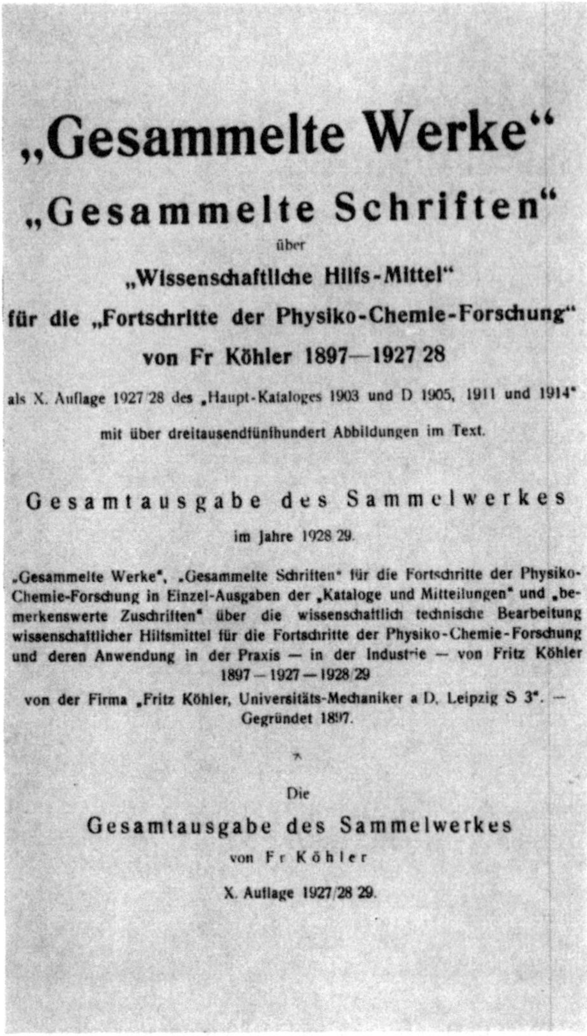

„Gesammelte Werke“

„Gesammelte Schriften“

über

„Wissenschaftliche Hilfs-Mittel“

für die „Fortschritte der Physiko-Chemie-Forschung“

von Fr Köhler 1897—1927 28

als X. Auflage 1927/28 des „Haupt-Kataloges 1903 und D 1905, 1911 und 1914“

mit über dreitausendfünfhundert Abbildungen im Text.

Gesamtausgabe des Sammelwerkes

im Jahre 1928 29.

„Gesammelte Werke“, „Gesammelte Schriften“ für die Fortschritte der Physiko-Chemie-Forschung in Einzel-Ausgaben der „Kataloge und Mitteilungen“ und „bemerkenswerte Zuschriften“ über die wissenschaftlich technische Bearbeitung wissenschaftlicher Hilfsmittel für die Fortschritte der Physiko-Chemie-Forschung und deren Anwendung in der Praxis — in der Industrie — von Fritz Köhler 1897 — 1927 — 1928/29

von der Firma „Fritz Köhler, Universitäts-Mechaniker a D, Leipzig S 3“. — Gegründet 1897.

*

Die

Gesamtausgabe des Sammelwerkes

von Fr Köhler

X. Auflage 1927/28 29.

Abb. 3 Übersichtsblatt aus dem Sammelwerk „Fritz Köhler Apparate und Meß-Instrumente“ als „wissenschaftliche Hilfsmittel für die Fortschritte der Physiko-Chemie-Forschung“. Ausgabe 1928/29.

ferung von Meßbrücken, Normalelementen, ... Thermostaten ... usw.“ [12] Ähnliche Schilderungen gaben neben anderen S. Arrhenius (aus dem Jahre 1888) und die ehemaligen Ostwald-Schüler E. P. Hillpern (1949) und G. Jaffé (1952) von der Atmosphäre im Leipziger Institut. [13, 14, 15]

Wie sehr diese Haltung Ostwalds bezüglich Nutzung von Forschungsgeräten

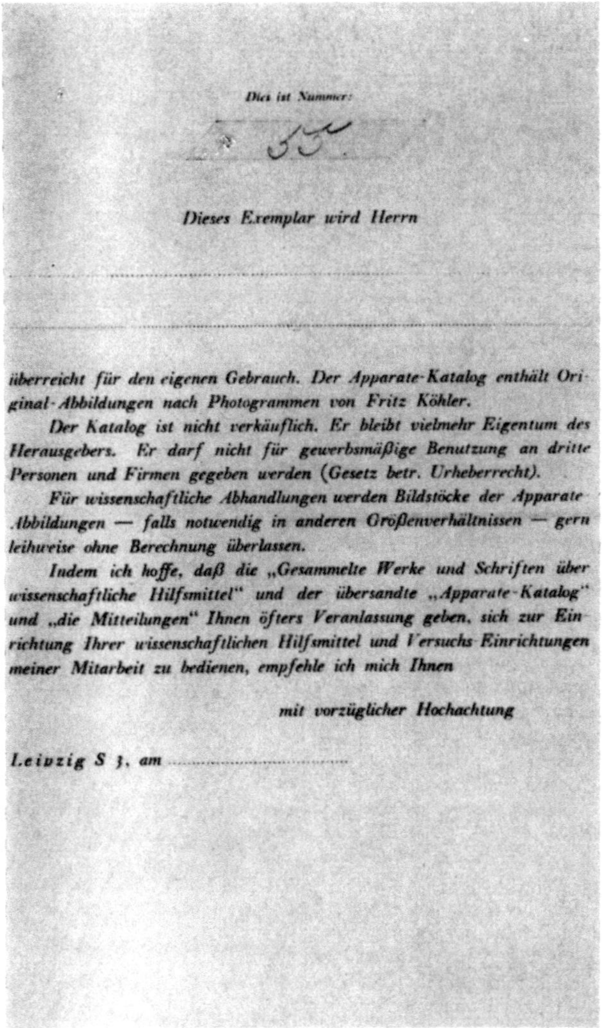

Dies ist Nummer: 55

Dieses Exemplar wird Herrn

....

....

überreicht für den eigenen Gebrauch. Der Apparate-Katalog enthält Original-Abbildungen nach Photogrammen von Fritz Köhler.

Der Katalog ist nicht verkäuflich. Er bleibt vielmehr Eigentum des Herausgebers. Er darf nicht für gewerbsmäßige Benutzung an dritte Personen und Firmen gegeben werden (Gesetz betr. Urheberrecht).

Für wissenschaftliche Abhandlungen werden Bildstöcke der Apparate-Abbildungen — falls notwendig in anderen Größenverhältnissen — gern leihweise ohne Berechnung überlassen.

Indem ich hoffe, daß die „Gesammelte Werke und Schriften über wissenschaftliche Hilfsmittel" und der übersandte „Apparate-Katalog" und „die Mitteilungen" Ihnen öfters Veranlassung geben, sich zur Einrichtung Ihrer wissenschaftlichen Hilfsmittel und Versuchs-Einrichtungen meiner Mitarbeit zu bedienen, empfehle ich mich Ihnen

mit vorzüglicher Hochachtung

Leipzig S 3, am ....

Abb. 4 Vermerk über Nichtverkäuflichkeit des Sammelwerks „Fritz Köhler Apparate und Meß-Instrumente" als „wissenschaftliche Hilfsmittel für die Fortschritte der Physiko-Chemie-Forschung". Ausgabe 1928/29.

ungewöhnlich und bewußt kreativitätsfördernd war, wird wohl am besten von seinem Zeitgenossen, dem spanischen Histologen und Nobelpreisträger des Jahres 1906, S. Ramón y Cajal verdeutlicht. Cajal berichtet von gänzlich anderen Verhaltensweisen leitender Wissenschaftler, die er „Organophile" nennt. Er schreibt: „Diese minder wichtige Abart der Unfruchtbaren ist sofort an der fetischistischen Anbetung der Beobachtungsinstrumente erkennbar. Vom Glanz des Metalls ge-

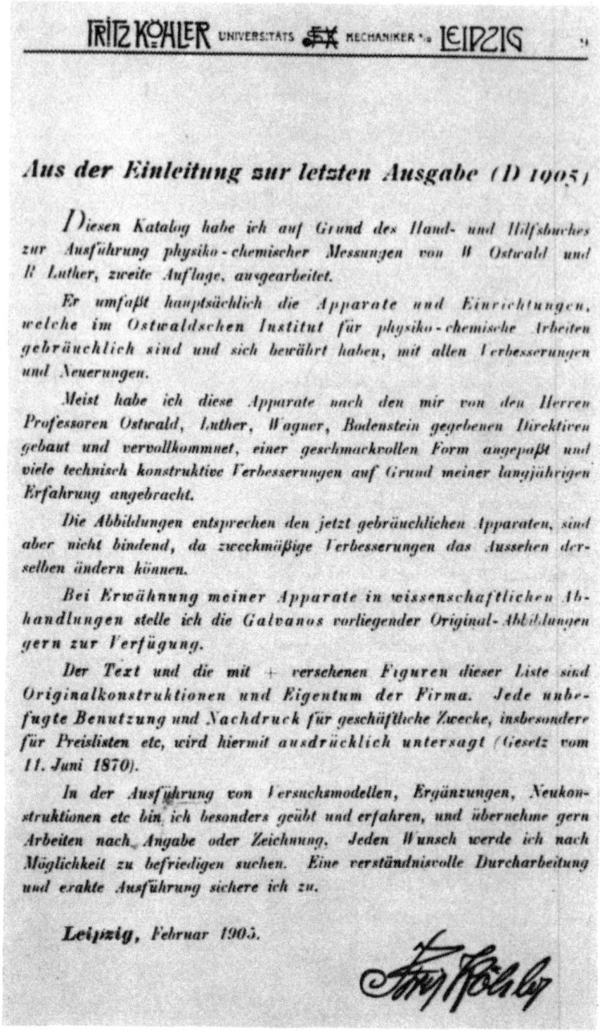

FRITZ KÖHLER UNIVERSITÄTS-MECHANIKER LEIPZIG

Aus der Einleitung zur letzten Ausgabe (D 1905)

Diesen Katalog habe ich auf Grund des Hand- und Hilfsbuches zur Ausführung physiko-chemischer Messungen von W. Ostwald und R. Luther, zweite Auflage, ausgearbeitet.

Er umfaßt hauptsächlich die Apparate und Einrichtungen, welche im Ostwaldschen Institut für physiko-chemische Arbeiten gebräuchlich sind und sich bewährt haben, mit allen Verbesserungen und Neuerungen.

Meist habe ich diese Apparate nach den mir von den Herren Professoren Ostwald, Luther, Wagner, Bodenstein gegebenen Direktiven gebaut und vervollkommnet, einer geschmackvollen Form angepaßt und viele technisch konstruktive Verbesserungen auf Grund meiner langjährigen Erfahrung angebracht.

Die Abbildungen entsprechen den jetzt gebräuchlichen Apparaten, sind aber nicht bindend, da zweckmäßige Verbesserungen das Aussehen derselben ändern können.

Bei Erwähnung meiner Apparate in wissenschaftlichen Abhandlungen stelle ich die Galvanos vorliegender Original-Abbildungen gern zur Verfügung.

Der Text und die mit + versehenen Figuren dieser Liste sind Originalkonstruktionen und Eigentum der Firma. Jede unbefugte Benutzung und Nachdruck für geschäftliche Zwecke, insbesondere für Preislisten etc, wird hiermit ausdrücklich untersagt (Gesetz vom 11. Juni 1870).

In der Ausführung von Versuchsmodellen, Ergänzungen, Neukonstruktionen etc bin ich besonders geübt und erfahren, und übernehme gern Arbeiten nach Angabe oder Zeichnung. Jeden Wunsch werde ich nach Möglichkeit zu befriedigen suchen. Eine verständnisvolle Durcharbeitung und exakte Ausführung sichere ich zu.

Leipzig, *Februar 1905.*

Fritz Köhler

Abb. 5 Wiedergabe des Textes „Aus der Einleitung“ Fritz Köhlers zur Ausgabe von 1905 seines Sammelwerks, enthalten in der Ausgabe von 1928/29.

blendet, gleich wie die Lerche vom Spiegel, pflegen sie liebevoll ihre Abgötter, welche sie in strahlendem und tadellosem Zustande in ihrer Sakristei aufbewahren. Klösterliche Stille und strenge Ordensregeln herrschen im Laboratorium, wo auch sonst alles peinlich rein und keinerlei Geräusch wahrnehmbar ist. In den weiten Taschen des Instrumentenanbeters klingen immerfort die Schlüssel. Es ist ausgeschlossen, daß der Assistent oder die Schüler in Abwesenheit des Meisters irgendeine unbedingt notwendige Abhandlung oder einen wichtigen Apparat be-

Abb. 6 Bildnis Fritz Köhlers.

kommen können. Die Mikroskope, Spektroskope, Präzisionswaagen, Reagenzien werden unter sieben Siegeln verschlossen aufbewahrt." [16]

Heute, da vielfach der Bedarf an Forschungsgeräten größer ist als dessen Deckung, da die Aufwendungen für Forschungsgeräte gegenüber denen der Ostwaldschen Zeit nicht mehr als vergleichbar bezeichnet werden können, ist die Frage der Nutzung und des forschungsgerechten Einsatzes von Forschungsgeräten eine Angelegenheit von gewichtiger gesellschaftlicher Bedeutung. Ostwalds Haltung gibt auch hier ein historisches Beispiel.

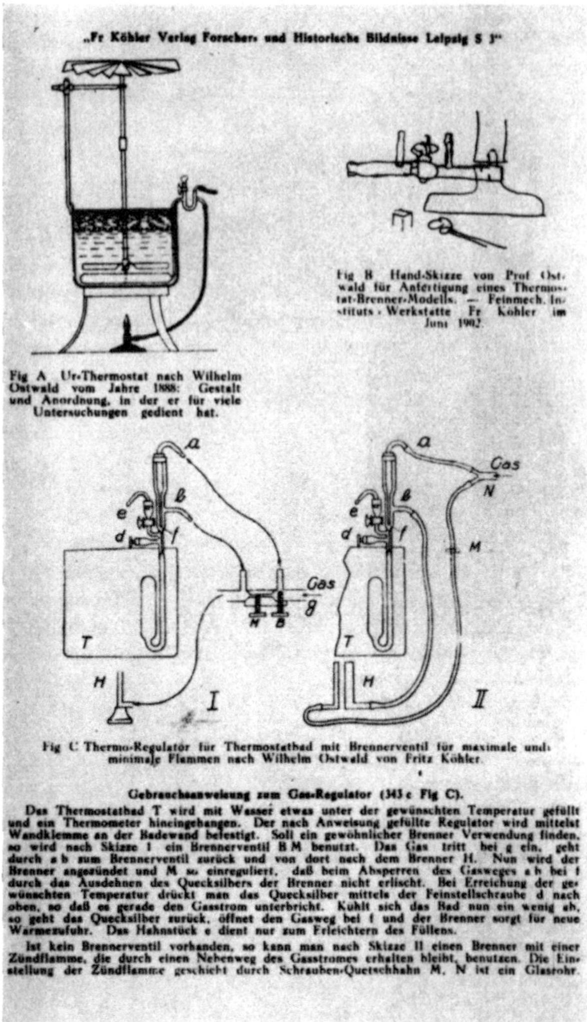

„Fr Köhler Verlag Forscher- und Historische Bildnisse Leipzig S 3"

Fig A Ur-Thermostat nach Wilhelm Ostwald vom Jahre 1888: Gestalt und Anordnung, in der er für viele Untersuchungen gedient hat.

Fig B Hand-Skizze von Prof Ostwald für Anfertigung eines Thermostat-Brenner-Modells. — Feinmech. Instituts - Werkstatte Fr Köhler im Juni 1902.

Fig C Thermo-Regulator für Thermostatbad mit Brennerventil für maximale und minimale Flammen nach Wilhelm Ostwald von Fritz Köhler.

Gebrauchsanweisung zum Gas-Regulator (343 c Fig C).

Das Thermostatbad T wird mit Wasser etwas unter der gewünschten Temperatur gefüllt und ein Thermometer hineingehangen. Der nach Anweisung gefüllte Regulator wird mittelst Wandklemme an der Badewand befestigt. Soll ein gewöhnlicher Brenner Verwendung finden, so wird nach Skizze I ein Brennerventil B M benutzt. Das Gas tritt bei g ein, geht durch a b zum Brennerventil zurück und von dort nach dem Brenner H. Nun wird der Brenner angezündet und M so einreguliert, daß beim Absperren des Gasweges a b bei f durch das Ausdehnen des Quecksilbers der Brenner nicht erlischt. Bei Erreichung der gewünschten Temperatur drückt man das Quecksilber mittels der Feinstellschraube d nach oben, so daß es gerade den Gasstrom unterbricht. Kühlt sich das Bad nun ein wenig ab, so geht das Quecksilber zurück, öffnet den Gasweg bei f und der Brenner sorgt für neue Wärmezufuhr. Das Hahnstück e dient nur zum Erleichtern des Füllens.

Ist kein Brennerventil vorhanden, so kann man nach Skizze II einen Brenner mit einer Zündflamme, die durch einen Nebenweg des Gasstromes erhalten bleibt, benutzen. Die Einstellung der Zündflamme geschieht durch Schrauben-Quetschhahn M. N ist ein Glasrohr.

Abb. 7 Geräteskizzen Wilhelm Ostwalds — darunter Ur-Thermostat aus dem Jahre 1888.

Noch ein Wort zur zeitlichen Durchsetzung neuer Begriffe. Ostwald gebrauchte häufig, wie heute zu sagen wäre, moderne Begriffe. [17] Was Fragen nach dem Zeitvolumen bei der Durchsetzung neuer Begriffe, zum Beispiel solcher wie „physikalische Chemie"[4] in der Vergangenheit oder „Forschungstechnologie" in der Gegenwart, angeht, so hält Ostwald hierzu gleichfalls Rat bereit. „Bei dem durchschnittlichen Fachmann beträgt dieser Abstand" — gemeint ist die Differenz zwischen dem Auftreten eines Geschehnisses und dem Augenblick, in dem es ein Beobachter wahrnimmt — „rund zehn Jahre, um so mehr, je bedeutender das Ereig-

12 FRITZ KÖHLER UNIVERSITÄTS- LEIPZIG MECHANIKER a/D

Zum Befestigen der Versuchsgefäße im Bade dienen 6 Probierröhrchenhalter *g* und 6 Stück verschiedene Gefäßhalter *h*, mittelst welchen Kochflaschen, Erlmayerkolben u a an beliebige Stelle des Bades gespannt werden können. Ferner 2 Belastungsplatten *k* nach Pfeffer (Seite 58) zum Einstellen der gleichen Gefäße in das Bad. Nach Fig 6 . . . . kg 14 Mk 144,—

6a ***Ostwald-Thermostat nach Pfeffer*** gleich 6 aber ohne die Halter für Versuchsgefäße . . . . kg 11,6 Mk 100,—

7 ***Ostwald-Thermostat auf hohem Fuß*** (Köhler Modell 6), Größe und Ausführung wie 8 mit Mikrobrenner *k* und Brennerventil *l* nach Fig 7 ohne Motor kg 7,95 Mk 66,50

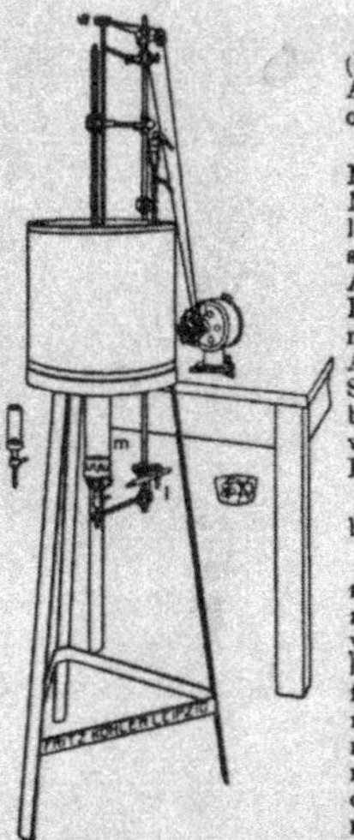

Fig 7/8 (KM 6 und 7)

8 ***Ostwald-Thermostat auf hohem Fuß*** (Köhler Modell 7) große Ausführung wie 5 mit Argandbrenner *m* und Brennerventil *l* nach Fig 8 ohne Motor . . . . kg 11 Mk 74,—

9 ***Ostwald-Thermostat auf Stativ*** (Köhler Modell 8). Als leicht transportabler Versuchs- und Nebenthermostat sehr brauchbar. Das Badniveau läßt sich von 45 cm bis 1 m über dem Tisch verstellen. Er enthält alle für die vorkommenden Arbeiten praktischen Einrichtungen: Energische Rührung mittelst Turbinenrührer *e*, Regulator *f* mit Temp-Einstellhahn und Schraube. Zu- und Abflußröhren *h k* für Flüssigkeitsströme (III 1 Seite 94) Konstantniveau *m*. Verstellbarer Siebboden *n*, verstellbarer Brenner *o* mit Brennerventil *p*. Schnurrollenübertragung *d* für den Rührer. Nach Fig 9 . . . . kg 21 Mk 115,—

Ergänzungen und Stativanordnungen können besonderen Versuchsverhältnissen angepaßt werden.

10 ***Ostwald-Thermostat geschlossen mit Doppel-Isoliermantel.*** Gamgee, Royal Society 1908 (Köhler Modell 9). Ein Gefäß von 24 l Inhalt ist mit einem zwei Centimeter starken Isoliermantel *a* umgeben, auf diesem befindet sich noch ein Filzisoliermantel und der Strahlungsmantel. Eine Brücke *b*, die sich durch Lösen der Schrauben *c* abnehmen läßt, trägt den Turbinenrührer *d*, einen Halter *e* für den elektrischen Kontakt-Regulator mit Doppelgefäß und das Thermometer *f*. In Fig 10 ist für das Versuchsgefäß eine Öffnung *g* vorgesehen. Andere Öffnungen können der Versuchsanordnung entsprechend ausgeführt werden. Die beiden Deckelhälften *h* sind ebenfalls isoliert und lassen sich am Isolierknopf leicht abheben. Ein vierfacher Mikrobrenner *k* dient als Wärmequelle, er ist zum Schutze gegen Wärmeverluste von einem Asbestmantel *m* mit Tür umgeben, letzterer ist außen mit Aluminium bekleidet. Das Ganze mit Brenner und Kontaktregulator nach Fig 10 ohne Thermometer . . . . kg 18 Mk 185,—

10a ***Ostwald-Thermostat*** gleich 10, aber mit einfacher Isolierung nach Fig Z Seite 10, ohne Deckel *h* und ohne Asbestmantel *m* . . . kg 12 Mk 150,—

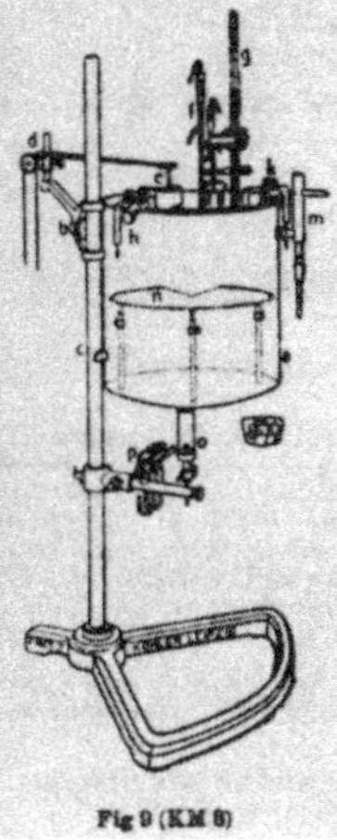

Fig 9 (KM 8)

Abb. 8 Ostwald — Thermostaten.

nis ist, d. h. je mehr es von dem Gewohnten abweicht. Unbedeutende Fortschritte werden in viel kürzerer Zeit geschluckt. Bei dem ‚eigentlichen' Fachmann dauert es aber noch viel länger, meist über die ganze Lebenszeit." [25]

An dieser Stelle sei auch Ostwalds Warnung vor „wilden Männern", die sich nach seiner Meinung bei werdenden Wissenschaften in großer Anzahl einzustellen pflegen, erwähnt. „Das sind", sagt er, „Leute, die zwar guten Willen, nicht aber gute Kenntnisse und gute Begabung für die Fortschrittsarbeit mitbringen, deren Notwendigkeit sie mehr mit dem Gefühl als mit dem Verstande zu empfinden pfle-

FRITZ KÖHLER UNIVERSITÄTS-MECHANIKER a/D LEIPZIG 13

11 ***Absperrventil*** nach Van't Hoff zu 10 oder 10a . . . kg 1,5 Mk 21,–
Andere Ventile Seite 54, Thermometer Seite 57.

Mit elektrischer Heizung nach Anfrage. (Besondere Wünsche und Stromquelle angeben.)

12 ***Ostwald-Thermostat für größere Anzahl Versuchsgefäße*** eingerichtet mit energischer Rührung (Köhler Modell 10). Die Badmischung erfolgt durch Turbinenrührer *a* (Seite 67). Mit Regulator *b*, großem Brennerventil, 2 Sternbrenner *f* und Thermometerhalter. 8 Gefäßlager *c* von Köhler in 2 Größen und 10 Stück Röhrenklemmen von Köhler für Probierröhren (Fig C unter 3 Seite 86) gehören dazu. Jedes einzelne Gefäß kann mit Wandklemme *d* an beliebige Stelle im Bade gebracht werden. Mit herausnehmbarem Siebboden wie z in Fig 2 zum Aufstellen von großen Gefäßen und mit Kühlschlange *e* für Wasserleitungsdurchfluß (III k Seite 91). Nach Fig 12 ohne Thermometer. Inhalt 28 l
kg 14,4 Mk 172,50

Ergänzung der Halter nach III *h* Seite 85.

Fig 10 (KM 9) Fig 12 (KM 10)

Ersatzteile:

13 ***Achatspitze*** (Ersatzspitze für die Achatlager) mit Messingfassung, passend in die Achsen der Thermostaten 1 + 9 und 15 + 17. Nach Fig *W* und Erklärung Seite 10. Das Stück
g 5 Mk 1,10

14 ***Strahlungsmantel*** aus glänzendem Aluminium, leicht umlegbar nach Fig *Z* und Erklärung Seite 10 für die Thermostaten 0 bis 3 7 und 9
g 80 Mk 2,50

14a ***Strahlungsmantel*** gleich 14 für die Thermostaten 5, 6, 8
kg 0,1 Mk 2,80

15 ***Ostwald-Thermostat für Leitf-Bestimmungen*** (Köhlers Modell 11) entspricht dem Modell 3, aber der Regulator *e* besitzt Temp-Einstellhahn, Schraube und Brennerventil *n*. Ferner einen überall im Bade verstellbaren Halter *g* für das Leitf-Gefäß. In der Fig 16 ist ein Leitf-Gefäß nach Ostwald gezeigt. Der Fuß *o* dient zum Halten des Gefäßes außerhalb des Bades resp zum Platinieren. Der Halter wird zu jedem angegebenen Leitf-Gefäß (Fritz Köhler Physico chem 1909 Seite 55 + 70) passend geliefert. Thermostat wie Fig 16 ohne Transmission *r s* mit Thermometer 0 + 60° in $^1/_{10}$ . . . . kg 6,92 Mk 66,50

16 ***Ostwald-Thermostat für Leitf-Bestimmungen*** gleich 15 mit Köhlers Labor-Transmission nach Fig 16 ohne Motor *r*. (Motoren Seite 78)
kg 23,92 Mk 100,–

17 ***Ostwald-Thermostat für physiologische elektrochemische Untersuchungen*** (Köhler Modell 12) Hambg Osmot II Tafel II. Entspricht Köhler

Abb. 9 Ostwald — Thermostat für spezielle Verwendungszwecke.

gen. Sie sind eines der stärksten Hindernisse für eben den Fortschritt, den sie anstreben, da sie ihn gerade bei solchen Leuten kompromittieren, deren Zustimmung besonders wertvoll wäre, nämlich den geistig und wissenschaftlich Hochstehenden.“ [26]

Betrachtungen über Ostwald und die Forschungstechnologie sollten die Gedanken und Überlegungen des Akademiemitgliedes J. Kuczynski über eine Wissenschaftstechnologie berücksichtigen. [27] Der Begriff Wissenschaftstechnologie wurde, soweit bekannt, in der Karl-Marx-Vorlesung unserer Akademie 1974 von

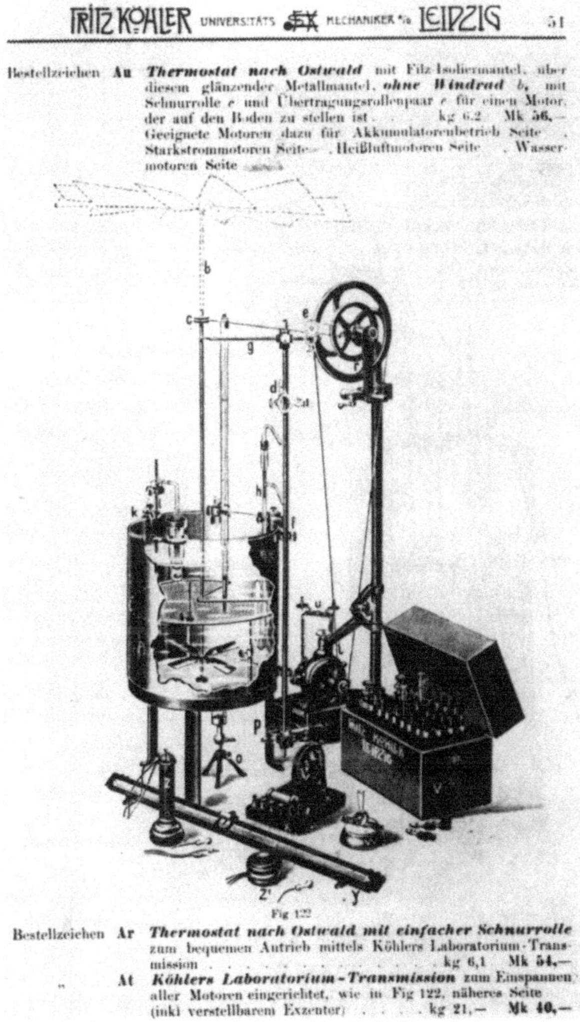

Abb. 10 Thermostat nach Ostwald mit Köhlers Laboratorium-Transmission.

ihm erstmals geprägt. „Unter dem Begriff der Wissenschaftstechnologie“, so führte KUCZYNSKI seinerzeit aus, „der sicherlich durch ein besseres Wort ersetzt werden kann, möchte ich all die Momente zusammenfassen, die das Arbeiten des Wissenschaftlers, seine schöpferische Tätigkeit, erleichtern.

Wenn ich nun als sechste und letzte grundlegende Aufgabe des Historikers der Wissenschaft stelle, daß er sich mit der Geschichte der Wissenschaftstechnologie beschäftigt, dann handelt es sich um eine Aufgabe auch von allergrößter aktueller Bedeutung.

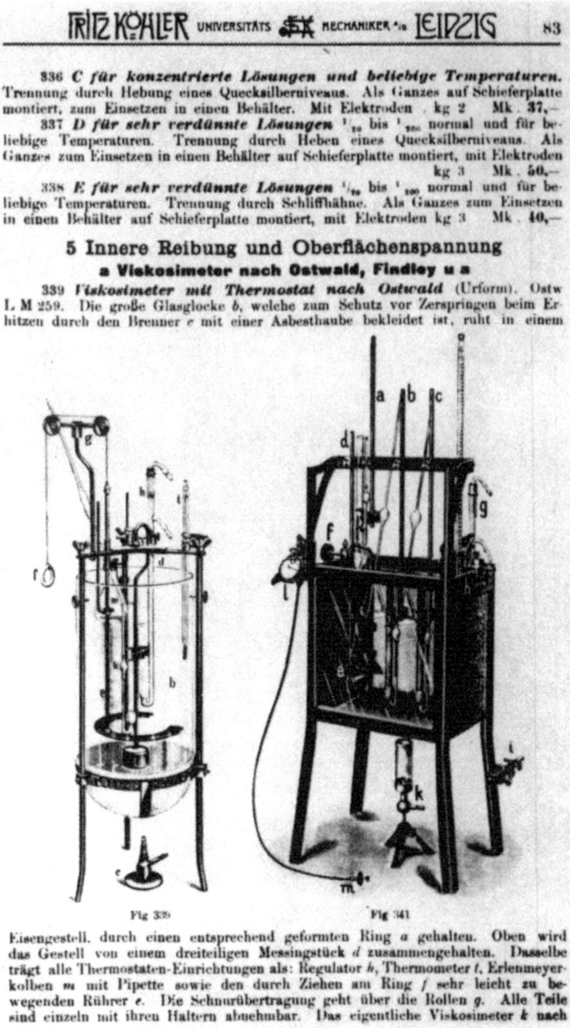

FRITZ KÖHLER UNIVERSITÄTS MECHANIKER i/S LEIPZIG 83

336 ***C für konzentrierte Lösungen und beliebige Temperaturen.*** Trennung durch Hebung eines Quecksilberniveaus. Als Ganzes auf Schieferplatte montiert, zum Einsetzen in einen Behälter. Mit Elektroden . kg 2 Mk. **37,–**

337 ***D für sehr verdünnte Lösungen*** 1/10 bis 1/100 normal und für beliebige Temperaturen. Trennung durch Heben eines Quecksilberniveaus. Als Ganzes zum Einsetzen in einen Behälter auf Schieferplatte montiert, mit Elektroden kg 3 Mk. **50,–**

338 ***E für sehr verdünnte Lösungen*** 1/10 bis 1/100 normal und für beliebige Temperaturen. Trennung durch Schliffhähne. Als Ganzes zum Einsetzen in einen Behälter auf Schieferplatte montiert, mit Elektroden kg 3 Mk. **40,–**

5 Innere Reibung und Oberflächenspannung

a Viskosimeter nach Ostwald, Findley u a

339 ***Viskosimeter mit Thermostat nach Ostwald*** (Urform). Ostw L. M 259. Die große Glasglocke *b*, welche zum Schutz vor Zerspringen beim Erhitzen durch den Brenner *c* mit einer Asbesthaube bekleidet ist, ruht in einem

Fig 339 Fig 341

Eisengestell, durch einen entsprechend geformten Ring *a* gehalten. Oben wird das Gestell von einem dreiteiligen Messingstück *d* zusammengehalten. Dasselbe trägt alle Thermostaten-Einrichtungen als: Regulator *h*, Thermometer *t*, Erlenmeyerkolben *m* mit Pipette sowie den durch Ziehen am Ring *f* sehr leicht zu bewegenden Rührer *e*. Die Schnurübertragung geht über die Rollen *g*. Alle Teile sind einzeln mit ihren Haltern abnehmbar. Das eigentliche Viskosimeter *k* nach

Abb. 11 Viskosimeter mit Thermostat nach Ostwald.

Von größter aktueller Bedeutung deswegen, weil wir in der Ausarbeitung und Praxis einer geeigneten Wissenschaftstechnologie noch so sehr weit zurück sind und das Studium der Geschichte, der Erfahrungen der Vergangenheit uns sicher weit schneller vorwärtsbringen kann, als wenn wir allein auf unser Nachdenken und unsere Erfahrungen angewiesen wären." [28]

Kuczynski schlägt dann vor, mehr als bisher die sokratischen Methoden und den Meinungsstreit zu pflegen, bessere Verbindungen von Forschung und Lehre herzustellen, dadurch, „daß der Universitätslehrer Zeit zum Forschen haben muß und daß der Akademieforscher auch lehren muß". [29] Ferner fordert er einen regeren schriftlichen Gedankenaustausch und geeignete Formen der gesellschaftlichen Zusammenkünfte. „All dies", so rundet er seine Gedanken ab, „sind nur einige Beispiele der Wissenschaftstechnologie vergangener Zeiten, die, in sozialistischer Form belebt, unsere wissenschaftliche Entwicklung sichtlich fördern, das wissenschaftliche Leben verschönern und so manche Begabung, sei es auch nur die des Reparties, wecken würde". [29]

Diese Mahnung Kuczynskis an die Historiker, sich auch der Geschichte der Wissenschaftstechnologie anzunehmen, kann dahingehend bestätigt werden, daß Ostwald ein nahezu ideales Studienobjekt wäre: Niedergelegter Meinungsstreit in immer noch schwer überschaubarem Umfange in gedruckter und ungedruckter Form, wofür nach wie vor ein Generalregister fehlt; niedergelegte Erfahrungen und überlieferte Berichte über Ostwalds Leistungen in Forschung und Lehre; ein hinterlassener Briefwechsel, den H.-G. Körber [30] 1961 mit etwa 10 000 empfangenen und etwa 10 000 geschriebenen Briefen angibt, mit über 4000 Korrespondenten[5], darunter den Nobelpreisträgern Arrhenius, v. Baeyer, Haber, Einstein, Nernst, Planck, Ramsay, Richards, Rutherford, van't Hoff, van der Waals, den Akademiemitgliedern Boltzmann, Beckmann, Hittorf, Klein, Kohlrausch, Landolt, Wiedemann, Wundt usw.; Überlieferungen über Begegnungen und Zusammenkünfte mit den Größten seines Fachs und anderer Disziplinen sowie hervorragenden Zeitgenossen; und vielfältig Nachgelassenes über von ihm geschaffene wissenschaftliche Organisationen als Begegnungsformen von Forschern.

Es darf also festgestellt werden: Ostwalds Werk und seine Haltung als Forscher bieten vielfältige Ansätze zur wissenschaftshistorischen Grundlegung nicht nur der Forschungstechnologie, sondern auch, wie letztere Bemerkungen zeigen dürften, der Wissenschaftstechnologie.

Eine Bemerkung von ihm über die Nützlichkeit menschlicher Taten soll die skizzierenden Betrachtungen abschließen. „Von den Erscheinungen des individuellen Lebens unabhängig", so schreibt Ostwald, „bleiben *die Taten* des Menschen bestehen. Wie lange, hängt ganz und gar von dem Grade ab, in welchem sie den Bedürfnissen des Menschengeschlechts entsprochen haben. Taten, die diesen Bedürfnissen zuwider waren, werden so schnell wie möglich ausgewischt werden, während nützliche Taten lebendig bleiben, solange ihr Nutzen dauert." [32]

Es ist eine Sache von uns Lebenden, das Werk Wilhelm Ostwalds besser noch als bisher zu erschließen, zu werten und zu nutzen. Dies dürfte mit Gewißheit in seinem Sinne sein.

Anmerkungen

1 Auf dem Gebiet der Forschungstechnologie wird in der Akademie der Wissenschaften der DDR seit langem systematisch gearbeitet, und zwar durch die „Ständige Expertenkommission Forschungstechnologie". Im Zuge der Tätigkeit dieser Kommission wurde

auch die Schriftenreihe „Beiträge zur Forschungstechnologie" begründet, als deren Sonderband 1 Wilhelm Ostwalds Aussagen zur wissenschaftlichen Arbeit [1] vorgelegt wurden.

Die „Ständige Expertenkommission Forschungstechnologie" (SEF) wurde durch Anweisung des Präsidenten der Akademie der Wissenschaften der DDR vom 25. September 1973 geschaffen [2]; sie ist ein „Organ des Vizepräsidenten für Forschung und Planung zur Beratung grundsätzlicher Fragen der Forschungstechnologie für den Bereich der naturwissenschaftlichen, technischen und medizinischen Forschung der AdW der DDR. Die SEF ist für die Ausarbeitung von Empfehlungen zur Entwicklung, Sicherung und Nutzung der materiell-technischen Basis der AdW der DDR zuständig." [2]

Über die Stellung und Zuständigkeit hat der Präsident der AdW der DDR u. a. (I, 4) verfügt: „Die SEF nimmt unter Beachtung beeinflussender Faktoren und Bedingungen über enge fachwissenschaftliche Gesichtspunkte hinaus insbesondere maßgeblichen Einfluß auf die Erhöhung der Effektivität der wissenschaftlichen Arbeit der AdW durch Beratungen über

- Grundsatzprobleme der Forschungstechnologie;
- den Umfang, die Entwicklung und das Niveau der Ausstattung der experimentell forschenden Einrichtungen mit Forschungsgeräten;
- Maßnahmen zur Sicherung eines aufgabengerechten Leistungsvermögens des gerätetechnischen Potentials der AdW der DDR;
- Maßnahmen bezüglich Erneuerungsraten und Modernität der experimentellen Basis;
- Maßnahmen zur multivalenten und rationellen Nutzung von Forschungsausrüstungen und -geräten;
- Maßnahmen zur Überleitung von Ergebnissen aus methodischen bzw. gerätetechnischen Entwicklungen von multivalentem Interesse;
- die Gestaltung und Entwicklung des akademie-internen Gerätebaus in Übereinstimmung mit der langfristigen Planung der Akademie;
- methodische Grundlagen der Leitung, Planung und Organisation auf ihrem Beratungsgebiet;
- innerstaatliche und internationale Kooperationsbeziehungen auf dem Gebiet der Forschungstechnologie." [2]

Zu den Aufgaben der Kommission ist u. a. (II, 2) bestimmt: „Die SEF beobachtet die innerstaatliche und internationale Entwicklung auf ihrem Beratungsgebiet und unterbreitet Vorschläge zur ständigen Beobachtung und Einschätzung der Probleme der Forschungstechnologie, der Experimentiertechnik, der Meßmethodik, der Trends auf dem Gebiet der Geräteentwicklung und spezieller technologischer Anforderungen an den akademie-internen Gerätebau, über die damit verbundenen Fragen und Probleme der Auswirkungen auf das Leistungsvermögen der AdW der DDR ...". [2]

Die Geschäftsführung der Ständigen Expertenkommission Forschungstechnologie wird durch die Zentrale Arbeitsgruppe Forschungstechnologie wahrgenommen. Die Tätigkeit dieser Organe wurde unlängst vom Vizepräsidenten für Forschung und Planung der AdW der DDR, Prof. Dr. U. Hofmann, gewertet. [3]

In der Schriftenreihe „Beiträge zur Forschungstechnologie", die ein Herausgeber- und Redaktionskollegium leitet, sind seit 1975 erschienen: Müller, G. O.: Stand und Trends der Experimentalmethodik in der Festkörperphysik, Heft 1; Schulze, W.: Wissenschaftliche Forschung und elektronische Rechentechnik, Heft 2; Etzold, G.: Aufgaben und Organisation eines methodischen Zentrums in der molekularbiologischen Forschung, Heft 3; Härtler, G.: Versuchsplanung und statistische Datenanalyse, Heft 4; Meiling, W.: Mikroprozessor — Mikrorechner. Funktion und Anwendung, Heft 5; Bonitz, M.: Wissenschaftliche Forschung und wissenschaftliche Information, Heft 6 (im Druck).

2 Der Ruf Fritz Köhlers und die Leistungen seiner Werkstatt müssen in ihrer Zeit außerordentlich gewesen sein. Noch nach über 50 Jahren schreibt Walter Ostwald, einer der drei Söhne Wilhelm Ostwalds, hierzu in seinen Erinnerungen: „Es war wundervoll für einen kleinen Jungen und später Jüngling, dann Studenten im Institut meines Vaters. Das Allerschönste aber für mich war die Studentenwerkstatt, in der ich arbeiten durfte. Nebenan war die Werkstatt des Institutsmechanikers Fritz Köhler, — ein Heiligtum, in dem ich oft sein und Vieles abgucken durfte. Aus der Studentenwerkstatt ist mir unvergeßlich das Tun des japanischen Professors Osaka. Er wollte mit einem Spiralbohrer ein Loch in ein Messingstück bohren, fand aber das Dreibackenfutter für die fussbetätigte Drehbank nicht. Da umwickelte er einfach den Spiralbohrer mit japanischem Papier und paßte ihn in die Bohrung der Leitspindel fest ein. Er brachte es tatsächlich fertig, daß der Spiralbohrer nicht nur fest saß, sondern auch genau lief, so daß er das gewünschte Loch auf diese Weise bohren konnte. Diese zielstrebige geduldige östliche Arbeit hat auf mich den tiefsten Eindruck gemacht". [9]

3 Köhlers Buch, auf das der Vortragende durch den Fotomeister der Sektion Chemie der Karl-Marx-Universität zu Leipzig, Herrn H. Kaluscha, hingewiesen wurde und das ihm der Werkstattleiter dieser Sektion, Herr Feinmechanikermeister H. Ehrhardt, freundlicherweise zeitweise zur Verfügung stellte, wofür beiden Herren gedankt sei, war käuflich nicht erwerbbar. Es wurde vielmehr von Köhler, wie Abb. 4 zeigt, Interessenten als numeriertes Exemplar übersandt. Aus diesem Grunde konnte auch in keiner Bibliothek der DDR ein Exemplar ermittelt werden. Einen etwas weniger umfangreichen Band als den hier angezogenen und in einer anderen Ausgabe besitzt noch die Wilhelm-Ostwald-Gedenkstätte der AdW der DDR in Großbothen. Beide Ausgaben stellen wissenschafts- und technikhistorisch gesehen Kostbarkeiten dar; sie dürften für die weitere Ostwald-Forschung, aber auch darüber hinaus, Bedeutung besitzen.

4 Die Herausbildung neuer Begriffe bzw. Gegenstandsbestimmungen in der Wissenschaft ist im allgemeinen ein Prozeß, der häufig über Jahrzehnte, ja sogar Jahrhunderte geht. So berichtet U. Wintermeyer [18], daß der Begriff „physikalische Chemie" in der Literatur erstmals im Jahre 1597 Erwähnung findet, die Bestimmung des Gegenstandes der physikalischen Chemie im heutigen Sinne jedoch erst im Jahre 1752 durch M. V. Lomonosov erfolgte. Die erste eigenständige Fachzeitschrift auf diesem Gebiet, die „Zeitschrift für physikalische Chemie", wurde sogar erst 1887 durch Ostwald geschaffen. Dieser Sachverhalt wurde auch von J. Stradins in seinem Vortrag auf der Festveranstaltung zu Ehren des 125. Geburtstages Wilhelm Ostwalds der Karl-Marx-Universität in Leipzig besonders hervorgehoben. [19]

Ein zeitlich und sachlich ähnlich komplizierter Herausbildungsprozeß ist in der Gegenwart für ein Gebiet zu beobachten, für das Ostwald 1903, 1917 und 1931 die Begriffe „Wissenschaft der Wissenschaften" bzw. „Wissenschaft von der Wissenschaft" gebrauchte [1, S. 225—228]. Während sich diese Begriffsverwendung, wie der Vortragende unlängst feststellen konnte, bis zum Jahre 1764 zurück nachweisen läßt [20], hat sich nach G. M. Dobrov [21] im deutschen Sprachgebrauch als Bezeichnung für die Wissenschaft, die die Wissenschaft selbst zum Forschungsgegenstand hat, nach Erscheinen (1969) seines Buches „Wissenschaftswissenschaft" [22] der Terminus „Wissenschaftswissenschaft" durchgesetzt. Die seinerzeit hierzu versuchte Klarstellung dieses

Terminus [23, 22, S. XVIII–XXIX] wurde bereits 1970 im Rahmen von Untersuchungen H. HEIKENROTHS [24] als richtig bestätigt.

5 H.-G. KÖRBER gibt im 2. Teil seiner Edition, die acht Jahre später erschien, 5500 Briefschreiber und einen Bestand von 60 000 Briefen und Briefkopien an. [31] Nach Angaben des Stellvertretenden Direktors des Zentralen Archivs der AdW der DDR, Herrn Dr. K. KLAUSS, vom September 1978 dürften diese Zahlenangaben zu hoch sein.

Literatur

[1] Forschen und Nutzen. Wilhelm Ostwald zur wissenschaftlichen Arbeit. Aus seinen Schriften ausgew., bearb. u. zusammengest. anläßl. seines 125. Geburtstages v. G. Lotz, L. Dunsch, U. Kring. Mit e. Geleitw. v. P. A. Thießen u. e. Einf. v. G. Lotz u. L. Dunsch. Berlin, Akad.-Verl. 1978. (Beiträge zur Forschungstechnologie. Sonderbd. 1.)

[2] Mitteilungen der Akademie der Wissenschaften der DDR Nr. 11 vom 3. Okt. 1973 und Nr. 4 vom 17. Mai 1974.

[3] HOFMANN, U.: Wissenschaftspolitik und Forschungstechnologie. In: Spektrum. **7** (1976) 6, 10–12.

[4] BÖS, J.: Durch moderne Forschungstechnologie zu höherer Effektivität. In: Spektrum. **15** (1969) 23.

[5] LANIUS, K., GROTE, C., KLUGOW, J., PETER, G.: Zur Verbesserung der Technologie der Forschung. In: Spektrum. **15** (1969) 189–191.

[6] OSTWALD, W.: Das System der Wissenschaften. In: Annalen der Naturphilosophie. **8** (1909) 272.

[7] OSTWALD, W.: Die chemische Literatur und die Organisation der Wissenschaft. Leipzig, Akad. Verlagsges. 1919, S. 86.

[8] THIESSEN, P. A.: Wilhelm Ostwald. Erinnerungen eines Adepten. In: [1].

[9] OSTWALD, WA.: Erinnerungen an Wilhelm Ostwald, meinen Vater. 1956, S. 3. Mschr. In Privatbesitz.

[10] Fritz Köhler Apparate und Meß-Instrumente als wissenschaftliche Hilfsmittel für die Fortschritte der Physiko-Chemie-Forschung. Ein Sammelwerk im Jahre 1927 mit d. neuen Aufl. X d. Haupt-Kataloges 1927/28 mit über 3500 Abb. im Text. 72. Druck-Ausgabe. Leipzig, Fritz Köhler, 1928/29.

[11] WALDEN, P.: Wege und Herbergen. Mein Leben. Hrsg. v. G. Kerstein, Wiesbaden, Steiner 1974, S. 16. (Beiträge zur Gesch. d. Wissenschaft u. d. Technik. H. 13.)

[12] Vgl. [11], S. 17.

[13] ARRHENIUS, S.: Aus meiner Jugendzeit. Seinem lieben Freunde Wilhelm Ostwald zu seinem 60. Geburtstag dargebracht. Leipzig, Akad. Verlagsges. 1913, S. 15–16.

[14] HILLPERN, E. P.: Some personal qualities of Wilhelm Ostwald recalled by a former assistent. In: Chymia **2** (1949) 57–64.

[15] JAFFÉ, G.: Recollections of three great laboratories. In: Journ. of chem. education. **29** (1952) 230–238.

[16] RAMÓN Y CAJAL, S.: Regeln und Ratschläge zur wissenschaftlichen Forschung. 4. Aufl. München, Basel, Reinhardt 1957, S. 76–77. (Übers. a. d. Span.)

[17] LOTZ, G. u. DUNSCH, L.: Wilhelm Ostwald — Chemiker und Hochschullehrer, Praktiker und Theoretiker der wissenschaftlichen Arbeit. Eine Einführung. In: [1].

[18] Wintermeyer, U.: Zur Geschichte der Entwicklung der physikalischen Chemie. Frankf./M., J. W. Goethe-Univ., Fachber. Physik, Diss., 1974.

[19] Stradins, J.: Wilhelm Ostwalds Riga-Jahre und die Entstehung der Physikalischen Chemie. Vortrag auf d. Festveranstaltung d. Karl-Marx-Universität Leipzig, Sektion Chemie, u. d. Chem. Ges. der DDR zu Ehren d. 125. Geb. v. Wilhelm Ostwald am 12. u. 13. Sept. 1978 in Leipzig (im Druck).

[20] Fournier, P. S.: Manuel Typographique. Tome 1. Paris, Barrou 1764.

[21] Dobrov, G. M.: Die Ausarbeitung der theoretischen Grundlagen für die Wissenschaftspolitik in der UdSSR. In: Leitung der Forschung. Probleme und Ergebnisse. Hrsg. v. G. M. Dobrov u. D. Wahl. Berlin, Akad.-Verl. 1976, S. 35. (Wissenschaft u. Gesellschaft. Bd. 7.)

[22] Dobrov, G. M.: Wissenschaftswissenschaft. Einführung in die Allgemeine Wissenschaftswissenschaft. Hrsg. u. m. e. Vorw. vers. v. G. Lotz. Berlin, Akad.-Verl. 1969.

[23] Lotz, G.: Zur begrifflichen und sprachlichen Begründung des Terminus „Wissenschaftswissenschaft". In: Spektrum **15** (1969), 102—108.

[24] Heikenroth, H.: Zu persönlichkeitsbildenden Funktionen der sozialistischen Gemeinschaftsarbeit und philosophisch-weltanschaulichen Problemen der Aus- und Weiterbildung von Hochschulabsolventen naturwissenschaftlicher Fachrichtungen. Berlin, Humboldt-Univ., Gesellschaftswiss. Fak. d. wiss. Rates, Diss., 1970.

[25] Ostwald, W.: Er und ich. Leipzig, Martin 1936, S. 109.

[26] Ostwald, W.: Okkultismus. Verurteilung des Spiritismus. In: Neue Freie Presse. Morgenblatt. Wien. 19. April 1925, Nr. 21 766, S. 7.

[27] Kuczynski, J.: Prolegomena zu einer Geschichte der Wissenschaft. Berlin, Akad.-Verl. 1974. Sitzungsberichte d. AdW der DDR. Jg. 1974, Nr. 5, S. 17—18.

[28] Vgl. [27], S. 17.

[29] Vgl. [27], S. 18.

[30] Körber, H.-G.: Einleitung zu: Aus dem wissenschaftlichen Briefwechsel Wilhelm Ostwalds. Hrsg. v. H.-G. Körber. Berlin, Akad.-Verl. Bd. 1, 1961, S. XIII.

[31] Körber, H.-G.: Vorwort zu: Aus dem wissenschaftlichen Briefwechsel Wilhelm Ostwalds. Hrsg. v. H.-G. Körber. Berlin, Akad.-Verl. Bd. 2, 1969, S. V.

[32] Ostwald, W.: Persönlichkeit und Unsterblichkeit. In: Die Forderung des Tages. 2. Aufl. Leipzig, Akad. Verlagsges. 1911, S. 260.

V. I. Kuznecov

Die Entwicklung der Auffassungen Wilhelm Ostwalds zum Problem der Dynamik chemischer Systeme

Das Problem der Dynamik chemischer Systeme stand in allen Etappen der wissenschaftlichen Tätigkeit Wilhelm Ostwalds im Zentrum seiner Aufmerksamkeit. Es läßt sich zeigen, daß seine Ansichten zu diesem Problem sowohl die Resultate seiner chemischen Forschungen als auch die von ihm formulierten philosophischen Aussagen bestimmt haben. Weil sich aber diese Ansichten im Laufe der Zeit unter dem Einfluß sowohl seiner eigenen wissenschaftlichen Ergebnisse als auch der Erfolge der Wissenschaft insgesamt wesentlich verändert haben, hat ihre Evolution in betächtlichem Maße die ganze Entwicklungsgeschichte seiner wissenschaftlichen und philosophischen Überzeugungen bestimmt.

Es ist mir hier nicht möglich, alle Entwicklungsstufen der Auffassungen Ostwalds zum Problem der Dynamik ausführlich zu analysieren. Deshalb werde ich nur drei Etappen seines wissenschaftlichen Schaffens herausgreifen, deren jede durch ein spezifisches Verhältnis zum genannten Problem gekennzeichnet ist.

Die *erste Etappe* umfaßt die Zeit vom Beginn der wissenschaftlichen Tätigkeit Ostwalds (1875) bis zu den Jahren 1893—1895. Bereits in dieser Etappe zeigt Ostwald besonderes Interesse an der Dynamik chemischer Systeme. Obwohl er die Möglichkeit gehabt hätte, auf dem Gebiet der organischen Synthesechemie zu arbeiten, verwirft er diesen Weg und wendet sich dem Studium des zentralen Problems der Chemie zu — der Erforschung der „chemischen Verwandtschaftskräfte“. Auf diesem neuen Weg begegnet er folgerichtig zwei Fragen:

1. Worin besteht das Wesen dieser Kräfte? Wodurch ist die chemische Wechselwirkung bedingt?
2. Verschiedene Stoffe weisen unterschiedliche Aktivität auf; wie kann man sie quantitativ abschätzen?

An diesen beiden Fragen war Ostwald interessiert. Aber in den Jahren von 1870—1880 verfügte die Chemie noch nicht über die Voraussetzungen, die erste Frage so zu beantworten, daß die Antwort experimentell bestätigt werden konnte. Was die zweite Frage betrifft, so waren die ersten Voraussetzungen zu ihrer Lösung bereits in den Arbeiten von M. Berthelot und später in den Untersuchungen von C. Guldberg und P. Waage enthalten. Ostwald hatte schon Ende der 70er

Jahre das Glück, einen zuverlässigen Weg zur quantitativen Abschätzung der Verwandtschaftskräfte zu finden. Wenn auch die von ihm gefundenen dynamischen Größen — die „Verwandtschaftskoeffizienten — noch keine vollkommen exakte Abschätzung der Aktivität bestimmter Stoffe und der Passivität anderer gestatteten, verstand Ostwald, daß sie für die Kennzeichnung der chemischen Verbindungen keine geringere Rolle spielten als Größen wie beispielsweise das Molekulargewicht, die die Masse des Stoffes bestimmen. Auf jeden Fall wurde Ostwald bereits durch seine ersten Arbeiten zu den folgenden Schlüssen geführt:

1. Es bestehen reale Möglichkeiten zur Bestimmung der dynamischen Charakteristika des Stoffes durch die Untersuchung von Prozessen seiner Umwandlung;
2. diese Charakteristika lassen sich durch Einführung des Zeitbegriffs in die Chemie gewinnen, das heißt, durch Messung der Reaktionsgeschwindigkeiten;
3. die Untersuchung der Dynamik der chemischen Systeme ist der Richtpunkt für die Erkenntnis des Wesens der chemischen Erscheinungen.

In den 1880er Jahren erzielte Ostwald beim Studium der relativen Aktivität der Verbindungen besonders große Erfolge. In zwei Serien seiner Arbeiten — „Studien zur chemischen Dynamik" (1884—1888) und „Elektrochemische Studien" (1884—1888) — fand er eine strenge quantitative Abhängigkeit der Aktivität der Säuren, die er nach der Reaktionsgeschwindigkeit der Säurehydrolyse abschätzte, von der Elektroleitfähigkeit der Lösungen der gleichen Säuren. Das gewonnene Tatsachenmaterial diente zur Grundlage für den Versuch, eine Antwort auf die erste der beiden oben formulierten Fragen zu finden: die Frage nach dem Wesen der Verwandtschaft. 1884 schrieb Ostwald: so hell und klar der Prozeß der Elektrolyse erscheint, so dunkel und geheimnisvoll bleibe die Ursache, die die unterschiedliche Reaktionsfähigkeit der Elektrolyse bedingt. [1] Nichtsdestoweniger versuchte er, eine Hypothese aufzustellen, die diese Ursache aufhellt. Dabei gelangte er zu einem Modell, das die gesamte Dynamik eines chemischen Systems auf die mechanische Oszillation der Atome zurückführt.

Wie Ostwald schrieb, könne die Fähigkeit der Säuren zu ihren spezifischen Reaktionen, das heißt, zum Austausch des Wasserstoffs gegen andere Elemente oder Radikale, nicht Konsequenz des statischen Zustandes allein sein. Sie müsse in hohem Maße davon abhängen, daß sich das Wasserstoffatom oft in einer „abtrennbaren" Stellung befindet. Nach Meinung Ostwalds existiert das mit dem übrigen Teil des Säuremoleküls verbundene Wasserstoffatom nicht im Ruhezustand, sondern im Zustand einer Schwingungsbewegung, wobei es sich dem Säurerest bald nähert und bald von ihm entfernt. Die Frequenz dieser Schwingung ist um so größer, je kleiner der Abstand $H - X$ zwischen Wasserstoffatom und Säurerest ist. Bei starken Säuren vom Typ der Salzsäure (HCl), die durch eine maximale Anziehung und einen minimalen Abstand von H und X gekennzeichnet sind, wird sich das Wasserstoffatom am häufigsten aus der Gleichgewichtslage entfernen; davon ist seine maximale Aktivität bedingt.

Diese scharfsinnige Hypothese wurde Jahre 1884 ausgesprochen. Aber im gleichen Jahr, als der Artikel mit dieser Hypothese bereits an das „Journal für praktische Chemie" abgeschickt war, wurde Ostwald mit der Theorie der elektrolytischen Dissoziation von S. Arrhenius bekannt, und er erkannte ohne Schwierigkeiten, wie gekünstelt seine eigene Erklärung war.

Das mechanische Modell der Molekularschwingungen wurde bald darauf verworfen. Aber wie zuvor blieb Ostwald Anhänger der atomistischen Theorie und stellte sich auf die Positionen der Theorie der elektrolytischen Dissoziation.

Es ist zu bemerken, daß sich in den 1870er—80er Jahren in der Chemie dynamische Ideen immer stärker bemerkbar machten. Aber die Dynamik wurde von verschiedenen Chemikern unterschiedlich verstanden. Eine Gruppe von Chemikern — beispielsweise M. Berthelot, N. A. Menšutkin und sogar D. I. Mendeleev — verzichtete auf statische Vorstellungen und konstruierte Planeten- und Oszillationsmodelle, die den Ideen der Strukturtheorie entgegengestellt wurden. Eine andere Gruppe von Chemikern — insbesondere A. M. Butlerov, V. V. Markovnikov, J. Thiele — entwickelte die Theorie der chemischen Struktur und erblickte das Wesen der Dynamik nicht in mechanischen Verschiebungen der Atome, sondern in einer bestimmten Ordnung der Verteilung der chemischen Bindungskräfte oder -energien.

Durch seinen Übergang auf die Positionen der Theorie der elektrolytischen Dissoziation schloß sich Ostwald in den Jahren 1884—1885 der zweiten Gruppe an.

Ostwald ging jedoch noch weiter. In den Jahren 1895—1907 begann die *zweite Etappe* der Evolution der Ansichten Ostwalds zum Problem der Dynamik der chemischen Systeme. Anlaß zu dieser „Reise in das Land des Energetismus" waren insbesondere seine bemerkenswerten Arbeiten auf dem Gebiet der Katalyse.

Im Prozeß der Forschungen auf dem Gebiet der Katalyse gelangte Ostwald zu folgenden Schlüssen:

1. bei der Untersuchung der Katalyse kommt den kinetischen Forschungen eine bestimmende Rolle zu;
2. die Katalyse ist organisch mit der chemischen Thermodynamik verbunden;
3. in beliebigen Reagenzien sind Beimengungen thermodynamisch unvermeidlich; diese Beimengungen können eine aktivierende Rolle spielen;
4. zwischen den Teilnehmern einer Reaktion besteht eine chemische Wechselwirkung mit einer von Null unterschiedlichen Reaktionsgeschwindigkeit unabhängig von der Katalyse, und die Katalysatoren wirken auf eine solche Reaktion beschleunigend ein.

Ostwalds Lehre von der Katalyse führte ihn zu philosophischen Überlegungen über die Natur der Zeit: die Katalyse betrachtete er als eine Bedingung des Maßes der Zeit, als eine „Verkürzung des Zeitmaßstabs". Davon ausgehend begann er, jeden Prozeß als Ausgleichung von Intensitäten (Temperaturen, Potentiale usw.) und die Ruhe als Gleichgewicht der Intensitäten zu betrachten. Davon ausgehend gelangte er zu Ideen vom biokatalytischen Charakter der lebenden Systeme und deutete damit anscheinend erstmalig die thermodynamischen Grundlagen der Biologie an.

So attraktiv OSTWALD früher, im Jahre 1884, das Modell der molekularen Oszillationen zur Erklärung der Aktivität der Säuren erschienen war, so scharf war seine zu Beginn des 20. Jahrhunderts an die Adresse LIEBIGS gerichtete Kritik, die sich auf ein von diesem bereits im Jahre 1839 zur Erklärung der Katalyse vorgeschlagenes ähnliches Modell — das „Modell der molekularen Stöße“ — bezog. Allerdings darf nicht behauptet werden, daß diese Zurückweisung der molekularen Modelle für OSTWALD der hauptsächliche Stimulus zur Ablehnung der Lehre von den Atomen und Molekülen überhaupt gewesen sei.

Sie war aber unzweifelhaft eine der Ursachen dafür, daß er die Atomistik verließ, denn mit seinem Anti-Atomismus artikulierte OSTWALD vor allem seine antimechanizistische Haltung.

Mit dem Jahre 1908 trat die *dritte Etappe* in der Evolution der Ansichten OSTWALDS zum Problem der Dynamik der chemischen Systeme ein. In dieser Periode revidierte OSTWALD sein Verhältnis zur Atomistik unter dem Einfluß ihrer glänzenden Erfolge sowohl in der Chemie als auch in den physikalischen Forschungen zum Atombau. Da er sich von den Ideen des Energetismus nicht trennen wollte, meinte er eine Synthese dieser Ideen mit den neuesten Errungenschaften auf dem Gebiet der molekularstatistischen Theorie der Wärme und der Quantentheorie des Lichtes zu erkennen. Er selbst beschäftigte sich in dieser Periode bekanntlich im Grunde mit der Farbenlehre und widmete deshalb dem Problem der Dynamik nicht mehr die frühere Aufmerksamkeit. Aber in seinen nach 1910 geschriebenen Übersichten bemerkte er, daß der Kampf, der sich am Ende des 19. und zu Beginn des 20. Jahrhunderts abgespielt hatte, durch die Vereinigung der Energetik mit der Atomistik abgeschlossen worden sei.

Freilich, eine solche Vereinigung der Philosophie des Energetismus mit dem naturwissenschaftlichen Materialismus, als dessen Träger die Atomistik fungierte, hat niemals wirklich stattgefunden. Versteht man aber unter der „Energetik“ nur ihren physikalischen Aspekt, das heißt, die Anwendung der Prinzipien der Thermodynamik auf die chemischen Objekte, dann kann man durchaus von einer Synthese mit der Atomistik sprechen. Diese Synthese setzte in dem Maße ein, wie die Naturwissenschaft mehr und mehr von den Ideen der materialistischen Dialektik durchdrungen wurde und die Naturforscher in ihren Forschungsobjekten nicht mehr fertige Gegenstände, sondern Prozesse zu sehen begannen, in denen die Gegenstände nur ein Detail darstellen.

Die erste in dieser Richtung festgestellte Tatsache war die exakte Fixierung der Schwingungsbewegung der Atome im Molekül längs der Achse der chemischen Bindung. Die Oszillation der Atome war spektralanalytisch feststellbar und konnte so quantitativ gemessen werden. Das aber bedeutete die Bestätigung jener Hypothese, die OSTWALD einmal aufgestellt und von der er sich vergeblich losgesagt hatte.

Die zweite Tatsache, die die Synthese von molekularer Statik und Dynamik bestätigt, war die Entdeckung der Doppelnatur der Elektronen als Wellen und Korpuskeln. Die chemische Bindung wird dabei mit Hilfe des Modells der Elektronenwolke interpretiert, die sowohl Gegenstand als auch Prozeß ist, denn faktisch ist sie eine besondere Art der Elektronenbewegung im Feld zweier oder mehrerer Kerne.

Es gibt noch weitere neue Tatsachen, die die Dialektik der chemischen Organisation des Stoffes bestätigen. Die interessanteste davon ist die Entdeckung der Valenzisomerisation vieler Moleküle. Ihr Wesen besteht darin, daß das einheitliche Molekül als wirklicher Prozeß — und zwar als *chemischer* Prozeß — erscheint. So existiert beispielsweise das Nullvalenzmolekül ($C_{10}H_{10}$) als Resonanzhybrid von 1 246 000 einzelnen Valenz- oder Elektronentautomeren, deren jedes unter Überwindung einer Potentialbarriere von 12 Kilokalorien pro Mol in die anderen übergeht.

Deshalb können wir als Chemiker in Anlehnung an ENGELS behaupten, daß die chemischen Systeme nicht so sehr Gegenstände als vielmehr Prozesse sind, denn sowohl ihre Struktur als auch ihre Organisation wird vor allem durch ihre Dynamik bestimmt, die in der ständigen Austauschwechselwirkung der Elektronen besteht.

Literatur

[1] J. prakt. Chemie, **30** (1884), S. 229—231.

D. Browarzik, G. Hoberg und M. T. Rätzsch

Einige Bemerkungen über Ostwalds Verhältnis zur Atomistik

Die Herausbildung des kapitalistischen Systems führte zu einer stürmischen Entwicklung auf naturwissenschaftlichem Gebiet und damit zu zwei fundamentalen Theorien, der Newtonschen Mechanik und der Maxwellschen Theorie der elektromagnetischen Erscheinungen. Es konnte damals leicht den Anschein haben, als seien damit alle grundsätzlichen Prinzipien der Naturwissenschaft entdeckt und man brauche auf deren Basis nur noch die offenstehenden Einzelerscheinungen zu erklären. Die Geschichte hat das Gegenteil erwiesen. Neue Entdeckungen, wie die der Radioaktivität und Untersuchungen, wie die der Strahlung glühender Körper, brachten das bestehende Weltbild ins Wanken. Der eintretenden „Krise" der Physik setzte die Entwicklung der statistischen Thermodynamik, der Quantentheorie und der Relativitätstheorie ein Ende. Eine der Voraussetzungen zur Lösung dieser schwierigen Situation stellte hierbei die Durchsetzung der Atomistik dar.

Ein Forscher, der das wissenschaftliche Gesicht seiner Zeit entscheidend mitgeprägt und in der Auseinandersetzung um die Atomistik eine bedeutende Rolle gespielt hat, ist Wilhelm Ostwald. Die Tatsache, daß Ostwald rund 10 Jahre als einer der glühendsten Verfechter und etwa die nächsten 20 Jahre als einer der härtesten Gegner der Atomtheorie auftrat, um hernach wieder auf den atomistischen Standpunkt zurückzukehren, macht dieses Thema ganz sicher zu einem der interessantesten wissenschaftshistorischen Probleme.

Die Atomistik läßt sich schlechthin als Lehre von der diskreten Struktur der Materie definieren. Erstes atomistisches Denken ist schon im Altertum, vor allem in Griechenland und etwas später in Rom zu finden. Die bedeutendsten Vertreter sind Leukipp, Demokrit, Epikur und Lukretius Carus gewesen. Im wesentlichen hatten die Atomisten des Altertums unter Atomen unteilbare Gebilde, die durch Größe, Gestalt und Schwere charakterisiert sind, verstanden. Die Notwendigkeit atomistischen Herangehens sahen sie in dem philosophischen Aspekt, den Widerspruch zwischen der Vielfalt des Seins einerseits und deren relativer Beständigkeit andererseits, zu lösen. Sie nutzten die atomistische Annahme auch zur Erklärung einfacher Naturbeobachtungen, konnten sie aber nicht auf naturwissenschaftlich gesicherten Boden stellen. So blieben die Atome in jener Zeit nur eine geniale Ahnung und die Anerkennung ihrer Realität erfolgte insbesondere durch die Kontraposition von Aristoteles nicht.

Die stark materialistisch eingestellte Lehre der antiken Atomisten paßte schlechter in die durch die Kirche gefesselte Wissenschaft des Mittelalters als das ARISTOTELESsche Weltbild, so daß erst am Ausgang des Mittelalters atomistische Konzepte aufgegriffen wurden.

Die folgende mechanistische Atomistik verbindet sich mit Namen wie GALILEI, GASSENDI, DESCARTES, NEWTON, BOYLE usw. Diese Periode ist vor allem durch den Versuch der atomistischen Erklärung vieler qualitativer Phänomene auf rein mechanischer Grundlage gekennzeichnet. Noch immer stößt man auf viele falsche oder zumindest wenig tiefschürfende bzw. unbefriedigende Erklärungen. So schreibt FRIEDRICH ENGELS kritisch: „Wenn ich von der Wärme weiter nichts zu sagen weiß, als daß sie eine gewisse Ortsveränderung der Moleküle ist, so schweige ich am besten still" (zit. n. [1, S. 29]).

Mit LOMONOSOV endet der mechanische und beginnt der chemische Atomismus. Bei ihm finden sich schon recht präzise Angaben, was ein Molekül ist, der wesentliche Gehalt der Gesetze der konstanten und multiplen Proportionen und erste Überlegungen zur chemischen Struktur von Molekülen. Die von LOMONOSOV angegebene Erklärung der Temperatur und des Wärmeflusses steht den heutigen Auffassungen aus prinzipieller Sicht nahe, wenn sie auch im Einzelnen falsch ist. Erstmals durch ihn kam es zu Voraussagen nachprüfbarer Erscheinungen. So sagte LOMONOSOV außer den stöchiometrischen Gesetzen noch die Existenz eines absoluten Nullpunktes der Temperatur und die durch das Eigenvolumen der Moleküle bedingten Abweichungen vom idealen Gasgesetz voraus. Die Naturwissenschaft war jedoch, vor allem wegen des Fehlens der quantitativen chemischen Analyse, damals noch nicht in der Lage, LOMONOSOVS Prognosen zu prüfen. Mit der Entdeckung des Gesetzes von der Erhaltung der Masse legte LOMONOSOV selbst noch den Grundstein für die Entwicklung der quantitativen chemischen Analyse, die durch LAVOISIER wenig später erfolgte.

Der Begriff der chemischen Atomistik verbindet sich mit Namen wie DALTON, PROUST, BERZELIUS, AVOGADRO, BUTLEROV, MENDELEEV, VAN'T HOFF usw. In dieser Periode wird die Atomistik zur wissenschaftlichen Hypothese erhoben, welche in der Folgezeit von immer mehr naturwissenschaftlichen Argumenten bestätigt werden sollte. Besonders hervorhebenswert ist die Auffindung und atomistische Erklärung der Gesetze der konstanten und multiplen Proportionen durch DALTON, die Bestimmung vieler relativer Atommassen durch BERZELIUS, die Lösung grundsätzlicher Widersprüche bei der Anwendung des Molekülbegriffs durch AVOGADRO, die Entwicklung der Theorie von der chemischen Struktur durch BUTLEROV, das Periodische Gesetz von MENDELEEV und die Erklärung der Isomerieerscheinung von VAN'T HOFF.

Auch in der Physik schritt die Entwicklung weiter. FARADAY gab die zwei wichtigsten quantitativen Gesetze der Elektrolyse an, welche den Gedanken der Ionen und einer damit verbundenen Elementarladung nahelegen. Mit BERNOULLI und CLAUSIUS beginnt die Entwicklung der kinetischen Gastheorie, die von MAXWELL und BOLTZMANN weitgehend vollendet wurde. Hier erfolgte nicht nur die Ableitung des idealen Gasgesetzes auf atomistische Weise, sondern auch die Aufklärung des molekularen Geschehens im idealen Gas. Experimentell bestätigbare Fakten werden vorhergesagt, so die bei konstanter Temperatur vorliegende Unabhängigkeit der Koeffizienten der Scherviskosität und Wärmeleitung von der Gasdichte. Mit der statistischen Begründung des zweiten Hauptsatzes der Thermodynamik durch Boltzmann, d. h. der Erklärung, warum makroskopische Prozesse irreversibel sind, obwohl es sich bei mikroskopischen um reversible handelt, erreichte die atomistische Erkenntnis vorläufig ihren Gipfel.

In dieser so charakterisierten wissenschaftlichen Situation begann Ostwald 1872 das Studium der Chemie an der Universität von Dorpat. Hier wurde der Grundstein auch für seine lange Zeit währende atomistische Haltung gelegt.

Durch seine Lehrer C. Schmidt, J. Lemberg und A. v. Oettingen erhielt er eine breite Ausbildung nicht nur auf chemischem, sondern auch auf physikalisch-mathematischem Gebiet, die für eine erfolgreiche Anwendung der atomistischen Ideen seiner Zeit zweifelsohne erforderlich waren. Die Aufgeschlossenheit seiner Lehrer gegenüber allen neuen wissenschaftlichen Entwicklungen übertrug sich auch auf Ostwald und hat sicher später begünstigt, daß er revolutionierende wissenschaftliche Gedanken verstanden hat. Schließlich kann man einen direkten Einfluß durch C. Schmidt vermuten, der Schüler eines überzeugten atomistisch denkenden Chemikers, nämlich Liebigs, war,

So bezieht Ostwald bereits in seiner Magisterdissertation einen atomistischen Standpunkt. Wichtiger in dieser Hinsicht sind jedoch seine folgenden Arbeiten, die auf der Arrheniusschen Theorie der elektrolytischen Dissoziation aufbauen. Diese sagt im wesentlichen aus, das ein in Wasser gelöster Elektrolyt in geladene Teilchen, die Ionen, aufgespalten ist. Die Zahl der entstehenden Ionen ist ausschlaggebend für viele quantitative Eigenschaften der verdünnten Lösungen, in denen die Ionen noch relativ unabhängig voneinander sind. Arrhenius selbst, van't Hoff und Ostwald untermauerten nun in den nächsten Jahren theoretisch und experimentell (vor allem durch Messungen der elektrischen Leitfähigkeit) die Richtigkeit der Theorie der elektrolytischen Dissoziation. Man muß feststellen, daß Ostwald schon vor Aufstellung der Arrheniusschen Theorie sich mit dem Problem der chemischen Verwandschaft von Säuren und Basen befaßt und die Arrheniussche Theorie dieses Problem in Übereinstimmung mit den entsprechenden Ostwaldschen Ergebnissen bereits weitgehend gelöst hatte. Dieser Fakt wirkte sich zweifelsohne sehr günstig auf die Herausbildung Ostwalds atomistischer Position aus.

Die nächsten Jahre sind für Ostwald gefüllt mit bedeutenden wissenschaftlichen Erfolgen. So leitete er 1888 aus der Verbindung des von Guldberg und Waage entdeckten Massenwirkungsgesetzes und der Theorie der elektrolytischen Dissoziation das später nach ihm benannte Verdünnungsgesetz ab. Durch dieses wird der Zusammenhang zwischen der Dissoziationskonstante schwacher Elektrolyte und deren elektrischer Leitfähigkeit hergestellt. Ostwald selbst hat diesen Zusammenhang an etwa 240 verdünnten organischen Säuren experimentell geprüft.

Weitere wichtige atomistische Leistungen Ostwalds sind seine Untersuchungen über die Farbe der Ionen und darauf aufbauend seine Säure-Base-Theorie, welche den Farbumschlag der Indikatoren bei Säure-Base-Titrationen erklärt und praktische Konsequenzen für die Durchführung von Titrationen ergibt.

Am 23. Juli 1891 schreibt Ostwald an Boltzmann: „Eine Folge der Dissoziationstheorie ist, daß alle farbigen Ionen sich in ihren Lösungen unabhängig von anderen Ionen zeigen müssen.

Darum sind alle Kupfersalze blau, alle Nickelsalze grün usw." [2]. Oder in seiner Arbeit „Über die Farbe der Ionen" finden wir: „Die Spektren der verdünnten Lösungen verschiedener Salze mit gleichen farbigen Ionen sind identisch" [3].

Diese Erkenntnisse sind auch heute noch gültig und werden in den Vorproben bei anorganischen Analysen angewendet.

Nicht nur Ostwalds eigene wissenschaftliche Arbeiten sind von Bedeutung, sondern auch sein Kampf für die Durchsetzung der Arrheniusschen Lehre, für die er in allen seinen damaligen Schriften und auf Vorträgen eintrat. Des weiteren hat er eine große wissenschaftliche Schule auf atomistischer Basis herangebildet und die Theorie der elektrolytischen Dissoziation zum Hauptarbeitsfeld seines physikalisch-chemischen Labors in Leipzig gemacht.

Welch kühnen Schritt er damit ausführte, sei an den Worten von Rodnyj und Solov'ev dargestellt: „W. Ostwald wußte, wie hart die Arrheniussche Theorie von vielen Autoritäten in der Chemie kritisiert wurde, und machte diese „windigen" Ideen trotzdem zur Hauptarbeitsrichtung seines physikalisch-chemischen Labors". Arrhenius begründete, warum selbst atomistische Chemiker sich gegen die Arrheniussche Theorie stellten, mit folgenden Worten: „... aber die Theorie der elektrolytischen Dissoziation, nach der die Moleküle der Salze, deren Teile durch die mächtigsten Kräfte nach alten Meinungen zusammengehalten wurden, in ihre Ionen in wäßriger Lösung zerlegt sind, sie müßte doch grundfalsch sein" [4, S. 91].

Noch 1888 bis 1890 schrieb Ostwald über die Atomhypothese: „Auf Grund dieser Hypothese hat sich eine Theorie von eminenter Fruchtbarkeit entwickeln lassen ... Die Frage nach der relativen Stellung (oder Bewegung) der Atome in der Molekel gehört zu den wissenschaftlich berechtigten, welche die Atomtheorie sich früher oder später stellen muß" (Zit. n. [4, S. 217]), bzw. den Studenten, die sein Lehrbuch lesen, sagt er: „In der Tat läßt sich die Gesamtheit der chemischen Erfahrungen mit der Atomhypothese in Einklang bringen und in ihrem Bilde darstellen. Wir werden uns daher in der Folge fortdauernd dieses Bildes bedienen" (Zit. n. [4, S. 217]).

Anfang der 90-er Jahre tauchen in Ostwalds Äußerungen die ersten Anzeichen seiner antiatomistischen Einstellung auf. Er vertrat für die Naturwissenschaft die Beschränkung auf phänomenologische Theorien; tiefer gehende Erklärungen über das Wesen der Materie, wie sie in der Atomtheorie gehandhabt werden, seien sinnlos, da man ihre Wahrheit nicht beweisen könne. Ostwalds folgende Arbeiten sind durch diese Auffassung gekennzeichnet. Er versucht nun, alle Erscheinungen ohne Zuhilfenahme der Atomhypothese zu beschreiben. Als wichtigste Aufgabe sieht er die „Befreiung der grundlegenden stöchiometrischen Gesetze aus der Fessel der Atomhypothese“ an. Seiner Auffassung nach würden die Atome bald „im Staub der Archive untergehen“.

Welche naturwissenschaftlichen und philosophischen Probleme beim Wandel der OSTWALDschen Einstellung zur Atomtheorie sicher eine entscheidende Rolle gespielt haben, sei jetzt dargelegt. Beide Arten von Problemen lassen sich allerdings nicht streng voneinander trennen.

Zunächst zu den naturwissenschaftlichen Aspekten. OSTWALD tritt gegen die Auffassung auf, man könne alle Erscheinungen auf der Basis der Mechanik erklären. Damit hat er zweifellos recht, jedoch stand dieses Problem zum Zeitpunkt der Lübecker Naturforscherversammlung im Jahre 1895, wo es von OSTWALD angeschnitten wurde, nicht mehr auf der Tagesordnung. BOLTZMANN bemerkt dazu, daß nach der Schaffung der MAXWELLschen Theorie der elektromagnetischen Erscheinungen kaum ein wesentlicher Naturwissenschaftler behaupte, daß alles sich rein mechanisch aufbauen lassen müsse.

Weiter stellt OSTWALD fest, daß in der Mechanik alle Prozesse umkehrbar sind, die makroskopischen Vorgänge jedoch unumkehrbar. Darin sah er einen Widerspruch. Seine Ausführungen zu diesem Punkt enden mit den Worten: „... damit ist das Urteil des wissenschaftlichen Materialismus gesprochen“ [5, S. 230]. OSTWALD nannte seinen Vortrag in Lübeck deshalb auch „Die Überwindung des wissenschaftlichen Materialismus“. Was er aber unter diesem Begriff wirklich versteht, ist nichts anderes als der mechanische Materialismus. Das Problem der Unumkehrbarkeit makroskopischer Prozesse wurde von OSTWALD zu einer Zeit angeschnitten, wo BOLTZMANN dieses Problem bereits gelöst hatte. BOLTZMANN zeigte daher auf, daß die Mechanik sehr wohl Platz für die statistische Methode hat, welche den zweiten Hauptsatz der Thermodynamik atomistisch zu begründen vermag. BOLTZMANN schreibt: „Dabei scheint mir übersehen zu werden, daß die mechanischen Vorgänge nicht bloß durch die Differentialgleichungen, sondern auch durch die Anfangsbedingungen bestimmt sind“ [6, S. 68]. Einen Widerspruch sah OSTWALD in der kinetischen Gastheorie insofern, als eine skalare Größe wie der Druck auf die gerichteten Stöße von Molekülen zurückgeführt wird. Er hat dabei offenbar das Wesen der statistischen Methode in der kinetischen Gastheorie, welche die Widerspruchsfreiheit der angeführten Tatsache zeigt, nicht verstanden. Wiederum in Lübeck bemerkt OSTWALD, daß die Eigenschaften der Elemente in ihren chemischen Verbindungen verschwinden. Hier wird die Annahme der Unveränderlichkeit der Atome angeschnitten, die tatsächlich bis zur Entdeckung der Radioaktivität noch weit verbreitet war. Damit kann allerdings nicht die Atomtheorie in ihrer Gesamtheit widerlegt, sondern nur eine ihrer übrigens ohnehin durch nichts belegten Annahmen kritisiert werden. OSTWALD konnte keine naturwissenschaftlichen Argumente gegen die Atomtheorie erbringen, die nicht schon damals widerlegbar waren.

Zum philosophischen Aspekt der OSWALDschen Antiatomistik. OSTWALD lehnte in der fraglichen Zeit jede Art von Hypothesen ab. Wann es sich um eine Hypothese handelt und wann nicht, beschreibt er wie folgt: „Wenn jede in der Formel auftretende Größe für sich meßbar ist, so handelt es sich um ein Naturgesetz; treten dagegen in der Formel Größen auf, welche nicht meßbar sind, so handelt es sich um eine Hypothese in mathematischer Gestalt, und in der Frucht sitzt der Wurm" [4, S. 204]. Als statthaft sieht er nur sogenannte Protothesen an, die vorläufige Annahmen darstellen, aber im Gegensatz zur Hypothese nicht über den nachweisbaren Tatbestand der darzustellenden Erscheinung hinausgehen. Seine Hypothesenauffassung drückt er in seinem Lübecker Vortrag mit den Worten aus: „Du sollst dir kein Bildnis oder Gleichnis machen!" (zit. n. [4, S. 232]). Man kann wohl OSTWALDS Hypothesenbild keinen besseren Satz als BOLTZMANN entgegenhalten: „Man darf nicht mit OSTWALD sagen, du sollst dir kein Bild machen, sondern nur, du sollst in dasselbe möglichst wenig Willkürliches aufnehmen" (Zit. n. [4, S. 232]). Geht man nicht über den zu beschreibenden Tatbestand hinaus, wird man auf der Stelle treten und sich der gewaltigen prophetischen Kraft berauben, die z. B. der Atomhypothese innewohnt. Die wahren Gründe für OSTWALDS Stellung zu Hypothesen lassen sich unseres Erachtens in drei Punkten zusammenfassen:

1. Dazu hören wir OSTWALD selbst: „Dagegen war eine oberflächliche Art, tatsächliche Aufgaben durch willkürliche Annahmen über Atomstellungen und -schwingungen mehr zuzudecken als zu fördern, sehr verbreitet ..." [7, S. 179]. So nahm LIEBIG z. B. an, daß ein Katalysator durch molekulare Stöße seine Schwingungen auf die reagierenden Stoffe übertrage und seine Wirkung daher käme. Richtig schreibt OSTWALD über solche Hypothesen: „Beschränkt sich das Bild auf die darzustellende Tatsache allein, so ist es ein leerer Name, der keinerlei Folgen hat" (zit. n. [4, S. 125]).

2. Die Atomistik hatte während der Zeit ihrer ersten naturwissenschaftlichen Sicherung schnelle Fortschritte gemacht, die auch für die Zukunft auf Ähnliches hoffen ließen. Doch dann ging es für kurze Zeit langsamer voran. Selbst bei überzeugten Atomisten traten Zweifel auf.

VAN'T HOFF schreibt an ARRHENIUS: „Sie schreiben über die antikinetischen Äußerungen OSTWALDS und auch ich muß sagen, daß bei dem ziemlich großen Aufwand an mathematischer Entwicklung die Theorie kaum die jetzt verlangten 4% Kapitalzinsen liefert, und ich meine, daß eben diese Theorie nach ihren Früchten gemessen werden muß; die Vorstellungen selbst, Atom, Molekül und deren Dimensionen vielleicht Form, haben doch im Grunde etwas Mißliches, sowie Tetraeder mitsamt; aber solange etwas Gutes daran zu haben ist, tröstet man sich und glaubt, es wird auch wohl etwas Gutes darin sein, aber hier gilt: Tugend muß sich zeigen ..." [8, S. 211].

3. Zweifellos ist OSTWALD, der persönlich mit MACH gut bekannt war, auch von der positivistischen Philosophie beeinflußt worden, die damals ebenfalls die Hypothese zur Weiterentwicklung der Naturwissenschaft ablehnte und im Zusammenhang damit die Rolle der Sinneswahrnehmungen maßlos überschätzte.

Schließlich muß man bemerken, daß in der Geschichte bereits eine Reihe von Hypothesen wie die Phlogistontheorie und die Theorie des Wärmestoffs gescheitert waren, was auf OSTWALD sicher nicht ohne Einfluß blieb.

OSTWALD konnte die Atomhypothese nicht auslöschen und verwendete sie in Vorlesungen über Isomerieerscheinungen usw. nach wie vor, weil er wußte, daß er sonst unverständlich geblieben wäre. Als subjektiver Aspekt ist interessant, daß OSTWALD den Begriff des Ions nicht völlig verdammte, sondern ihm wegen seiner Zweckmäßigkeit wenigstens als Rechenhilfsgröße für eine selbständig existierende Energieportion, wenn schon nicht als real existierendes geladenes Teilchen, einen Platz einräumte.

Waren die naturwissenschaftlichen Argumente, die für den Atomismus sprachen, jedes für sich genommen, nicht eindeutig und nur indirekte Beweise, so wirkten sie in ihrer Gesamtheit außerordentlich überzeugend. Sicher wären sie das auch für OSTWALD gewesen, hätte er nicht eine Alternative gesehen, die Energetik. OSTWALD definiert sie als: „Die Anwendung der gleichen Prinzipien, welche der Thermodynamik diese Vorzüge gegeben haben, auf die anderen Gebiete der Physik und der Chemie ... (zit. n. [4, S. 203]). Unter Vorzügen versteht er dabei Hypothesenfreiheit und Zuverlässigkeit. Die Energie sieht er als eine masselose Substanz an, welche die Fähigkeit zu verschiedenen Umwandlungen in sich trägt und quantitativ durch den Energieerhaltungssatz charakterisiert wird. Jede Energieform läßt sich als Produkt eines Intensitätsfaktors und eines Kapazitätsfaktors darstellen. So ist ersterer z. B. bei der sogenannten Volumenenergie der Druck und zweiterer ebenda das Volumen. Allgemeine Voraussetzung für das Ablaufen eines jeden natürlichen Prozesses ist das Vorhandensein von Intensitätsunterschieden. Gerade die letzten Gedanken drängen uns heute die Analogie zu den Darstellungen der irreversiblen Thermodynamik auf, in der die Entropieänderung als Summe von Produkten dargestellt wird, deren jedes die Form Kraft mal Fluß hat. Die Rolle des sogenannten Intensitätsunterschiedes übernimmt hier die Kraft. Aber es bleibt bei dieser Analogie; im Einzelnen sind OSTWALDS Überlegungen falsch.

In seiner Anfangsphase sind seine energetischen Bemühungen als positiv zu bewerten, da er die Aufmerksamkeit der Wissenschaftler auf die große Bedeutung des Energiebegriffs lenkte. So schätzt PLANCK ein, daß man in der Thermochemie anfangs immer bei Energiedifferenzen (nämlich Wärmetönungen) stehen blieb, bis W. OSTWALD darauf hinwies, daß es günstiger ist, anstelle mit den kalorimetrischen Zahlen mit den Energien selber zu rechnen. In dieser Phase bekundeten PLANCK und BOLTZMANN auch reges Interesse für die Entwicklung der Energetik, wie aus deren Briefwechsel mit OSTWALD ersichtlich wird.

Später jedoch faßte er die Energie nicht als Eigenschaft der Materie auf, sondern stellte sie gleichberechtigt neben diese. Doch der Parallelismus Materie-Energie erschien OSTWALD nach seinen eigenen Angaben so unmöglich, daß er den Gedanken hatte, daß nur der Energie reale Existenz zukäme. In einem Brief vom 11. 6. 1892 warnt BOLTZMANN OSTWALD vor derartigen Überspitzungen. OSTWALD überhört diese Warnung und schreibt wenig später: „Tatsächlich ist die Energie das einzig Reale in der Welt, und die Materie nicht etwa ein Träger, sondern nur eine Erscheinungsform derselben“ (zit. n. [4, S. 195]). So bleiben z. B. Masse und Volumen in kinetischer bzw. Volumenenergie nur als Kapazitätsfaktoren stehen.

Fragt man nach den Ursachen der Entstehung der Energetik bei OSTWALD, so sind vor allem vier zu nennen:

1. Es hatte sich als unmöglich erwiesen, sämtliche Naturerscheinungen einheitlich auf der Basis der Mechanik zu erklären, was den Stein des Anstoßes darstellte, eine umfassendere Beschreibungsweise zu suchen.

2. Das 19. Jahrhundert hatte große Erfolge für die phänomenologische Thermodynamik mit sich gebracht. Auch atomistisch gedachte Theorien, wie die Arbeiten von VAN'T HOFF zum osmotischen Druck, der Schmelzpunkterniedrigung oder Siedepunktserhöhung in Lösungen, ließen sich phänomenologisch ableiten. Die Thermodynamik versagte für keinen der drei Aggregatzustände, wohingegen die statistische Theorie damals nur für Gase brauchbare Ergebnisse lieferte, für Flüssigkeiten das bis heute meist noch nicht tut und für Festkörper damals noch nicht einmal klar war, wie die Atombewegungen dort aussehen sollen.

3. Eine philosophische Wurzel der Energetik ist der Dynamismus, der zum objektiven Idealismus gerechnet werden kann. Der Dynamismus ging von der Priorität der „Kräfte“ aus, deren Wirken alle beobachtbaren Erscheinungen hervorrufen soll. Der bedeutendste Vertreter dieser Richtung war KANT, dessen Werke durch OSTWALD einige Wertschätzung erfuhren.

4. Seine große Begeisterung für die ihm scheinende Möglichkeit, schnell zu einer einheitlichen und widerspruchsfreien Erklärung sämtlicher Erscheinungen auf energetischem Wege zu kommen, hat sicherlich seine Hinwendung zur Energetik gefördert.

Zu dem Versuch, die Energetik auf alle naturwissenschaftlichen Gebiete zu übertragen, schätzte OSTWALD später selbst ein: „Hiermit begab ich mich auf einen gefährlichen Boden, der mit Sicherheit eigentlich nur von Forschern betreten werden kann, die frei über die Arbeitsmittel der höheren und höchsten Mathematik verfügen. Ich war mir dessen bewußt, daß das bei mir keineswegs der Fall war ...“ [7, S. 171]. In der Tat erntete OSTWALD von PLANCK vor allem vom thermodynamischen Standpunkt aus und von dem Verteidiger der Atomistik BOLTZMANN prompt Kritik auf Fehler, die anfangen bei der Verletzung der Regeln der partiellen Differentiation und anderer mathematischer sowie einfacher thermodynamischer Gesetze. Der Gipfel der Auseinandersetzung wurde in Lübeck erreicht, wo die meisten der hier dargestellten Probleme zur Diskussion kamen, welche mit einer eindeutigen Niederlage des Energetikers OSTWALD endete. OSTWALDS Schüler und ihm sonst nahestehende Forscher wie ARRHENIUS und VAN'T HOFF usw. kritisieren ihn von atomistischen Positionen aus. Insgesamt schätzt PLANCK ein: „Darum halte ich es für meine Pflicht, mit allem Nachdruck Verwahrung einzulegen gegen den weiteren Ausbau der Energetik in der von ihr in neuerer Zeit eingeschlagenen Richtung, welche gegenüber den bisherigen Ergebnissen der theoretischen Forschung einen empfindlichen Rückschritt bedeutet und nur den einen Erfolg haben kann, die Jünger der Wissenschaft statt zu gründlicher Vertiefung in das Studium der vorliegenden Meisterwerke, zu dilettantenhaften Spekulationen zu ermuntern und dadurch ein weites und fruchtbares Gebiet der theoretischen Physik auf Jahre hinaus brach zu legen" [9, S. 77–78].

Wir hatten bereits erwähnt, daß Ostwald philosophisch bis auf subjektiv-idealistische Positionen gekommen ist. Dennoch bestreitet er die Erkennbarkeit der Welt nicht vollkommen und mißt auch der Energie reale Existenz zu, was beileibe nicht alle Energetiker taten. (Lenin schätzt ein, daß Ostwald unter Energie meistenteils materielle Bewegung versteht.) Diese unentschlossene Haltung brachte ihm Kritik sowohl von links als auch von rechts ein; niemand konnte ihn als echten Bundesgenossen auffassen. Am treffendsten ist wohl die Leninsche Einschätzung des Ostwaldschen Energetismus, die da lautet: „Ein verworrener Agnostizismus, der hier und dort in den Idealismus hineinstolpert" [10, S. 229].

Die mit der Entwicklung der Elektronentheorie zusammenhängenden Entdeckungen, das Auffinden der radioaktiven Strahlen und vor allem die Untersuchungen der Brownschen Bewegung, theoretisch von Einstein erbracht und praktisch durch eine eindrucksvolle experimentelle Meisterleistung von Perrin durchgeführt, mußten auch auf Ostwald starken Eindruck machen. 1909 schreibt er: „Ich habe mich überzeugt, daß wir seit kurzer Zeit in den Besitz der experimentellen Nachweise für die diskrete oder körnige Natur der Stoffe gelangt sind, welche die Atomhypothese seit Jahrhunderten, ja seit Jahrtausenden vergeblich gesucht hatte. Die Isolierung und Zählung der Gasionen einerseits ... und die Übereinstimmung der Brownschen Bewegung mit den Forderungen der kinetischen Hypothese andererseits ... berechtigen jetzt auch den vorsichtigen Wissenschaftler, von einem experimentellen Beweise der atomistischen Beschaffenheit der raumfüllenden Stoffe zu sprechen. Damit ist die bisherige atomistische Hypothese zum Range einer wissenschaftlich wohlbegründeten Theorie aufgestiegen" (zit. n. [4, S. 251]). Ostwalds Revision seiner Einstellung zur Atomistik war jedoch nicht vollständig. Die stöchiometrischen Gesetze wollte er nach wie vor rein phänomenologisch begründen; viele seiner Lehrbücher arbeitete er nicht mehr atomistisch um. Letzteres ist wahrscheinlich darauf zurückzuführen, daß Ostwald sich von der vordersten Front der Wissenschaft im Alter immer mehr zurückzog. Seine Energetik hat er nie mehr revidiert. Die Durchsetzung der Planckschen Quantenhypothese feierte er als Triumph der Energetik, was nach seinem Bekenntnis zur Atomistik im Zusammenhang mit den alten energetischen Ansichten folgerichtig war. Die Einsteinsche Beziehung $E = m c^2$ erschien Ostwald als Bestätigung dafür, daß nur der Energie Realität zukommt. Ostwald erkannte nicht mehr, was nun klar geworden war: Masse und Energie sind äquivalente Eigenschaften der Materie.

Insgesamt kann Ostwalds antiatomistische Periode nicht nur negativ eingeschätzt werden, denn sie regte die Auffindung weiterer theoretischer und experimenteller Atombeweise an und hat zumindest erheblich zur Klärung des Atombegriffs beigetragen, wenngleich Ostwald in diesem Prozeß auf der falschen Seite stand.

Die Realität der Atome ist heute unzweifelhaft bewiesen, doch die allgemeinere Frage nach der Existenz elementarster Bestandteile steht auf höherer Stufe wieder auf der Tagesordnung. Ihre richtige Beantwortung wird dem Naturwissenschaftler nur durch die Verknüpfung tiefgehender philosophischer und naturwissenschaftlicher Einsichten gelingen.

Literatur

[1] Kedrow, B. M.: Atomistik, Berlin 1954.
[2] Zentralarchiv der AdW der DDR, Berlin: Nachlaß und Briefwechsel Ostwalds.
[3] Ostwald, W.: Über die Farbe der Ionen, Z. phys. Chem., 9, 579 (1892).
[4] Rodnyj, N. I., Solowjew, Ju. I.: Wilhelm Ostwald, Leipzig 1977.
[5] Ostwald, W.: Abhandlungen und Vorträge von Wilhelm Ostwald, Leipzig 1916.
[6] Boltzmann, L.: Ein Wort der Mathematik an die Energetik, Wied. Ann., 57, 39 (1896).
[7] Ostwald, W.: Lebenslinien, Berlin 1926–1927.
[8] Melsen, A. G. M. van: Atom — Gestern und heute, Freiburg/München 1957.
[9] Planck, M.: Gegen die neuere Energetik, Wied. Ann. 57, 72 (1896).
[10] Lenin, W. I.: Materialismus und Empiriokritizismus, Berlin 1962.

L. Striebing

Die philosophische Konzeption Wilhelm Ostwalds [1]

Als Wilhelm Ostwald im Sommersemester 1901 eine Vorlesung über Naturphilosophie ankündigte und hielt, löste dies bei seinen engeren Fachkollegen Überraschung, bei den Fachphilosophen darüber hinaus noch Bestürzung aus. Die einen sahen in diesem Schritt Ostwalds den Beginn seines Ausscheidens aus der exakten Naturforschung, die anderen sahen darin ein unkollegiales Eindringen eines Nichtkompetenten in ihre Domäne. Der Zulauf, den die Vorlesung, die regelmäßig etwa 400 Hörer umfaßte, fand, zeigt, daß ein echtes Bedürfnis bei der heranwachsenden Naturwissenschaftlergeneration vorlag, die naturwissenschaftlichen Forschungen in einen größeren Zusammenhang gestellt zu sehen.

Das Scheitern der naturphilosophisch-spekulativen Systeme zu Beginn des 19. Jahrhunderts hatte eine doppelte Wirkung ausgelöst. Die Philosophen sahen in der Mehrzahl in der Philosophie der Natur ein „heißes Eisen", das man tunlicherweise unberührt läßt, und zogen sich zurück auf die Bearbeitung bestimmter Teilgebiete der Philosophie wie Erkenntnistheorie, Logik, Ethik und betrieben im übrigen umfangreiche Studien zur Geschichte der Philosophie. Die Naturforscher lehnten ihrerseits die naturphilosophischen Spekulationen fast einmütig ab, nachdem sie vorher für eine relativ kurze Zeit von ihnen tief beeindruckt gewesen waren. Unter ihnen herrschte Reserviertheit gegenüber der Philosophie, oftmals flacher Empirismus. Gleichzeitig lag ihrer naturwissenschaftlichen Arbeit im Prinzip eine unbewußte materialistische Haltung zugrunde.

Diese Situation, scheinbar ohne direkten Zusammenhang mit unserem Thema, mußte wenigstens skizziert werden, um den Punkt zu bezeichnen, an dem Wilhelm Ostwalds philosophisches Wirken einsetzt. Mit seiner ganzen Autorität, die er sich als hervorragender Vertreter seiner Fachdisziplin erworben hat, betont er, daß der „... Naturforscher beim Betrieb seiner Wissenschaft unwiderstehlich auf die gleichen Fragen geführt wird, welche der Philosoph bearbeitet". [2]

Hierin, daß heißt im vielfältigen Bemühen, die Unterschätzung philosophischer Fragen durch die Naturwissenschaftler zu überwinden, sehen wir vor allem einen progressiven Beitrag Ostwalds, der den Bedürfnissen der Naturwissenschaften seiner und unserer Zeit voll entspricht.

Natürlich konnte Ostwald das spekulative Verfahren der alten Naturphilosophie nicht rekultivieren, sondern sein Vorhaben konnte nur von den empirischen

Fundamenten der Naturwissenschaften ausgehend überhaupt Anerkennung finden. So schreibt OSTWALD selbst in richtiger Erkenntnis der Sachlage:

„Das war ja gerade der Fehler der Naturphilosophie, daß sie absolutes Wissen zu erlangen versuchte und daher einseitig den Weg vom Geiste zur Natur gehen wollte, während wir gesehen haben, daß nur eine stets wiederholte Anpassung des Geistes an die Natur zum Ziele führt.“ [3]

Wie bereits bemerkt, war der philosophische Gedanke bei OSTWALD das Resultat seiner naturwissenschaftlichen Arbeit. Deshalb war die Idee zu der genannten Vorlesungsreihe auch nicht plötzlich gekommen, sondern hatte sich allmählich herausgebildet. OSTWALD, der als Geburtshelfer einer neuen Fachdisziplin, der physikalischen Chemie, sich fast durchweg im wissenschaftlichen Neuland und in Grenzgebieten verschiedener naturwissenschaftlicher Zweige bewegte, spürte sehr wohl, daß der Übergang von der einzelwissenschaftlichen zur philosophischen Fragestellung einen natürlichen, notwendigen Schritt darstellt, wenn man im engeren Fachgebiet an vorgeschobener Front forschen will.

Da OSTWALD sein philosophisches Wirken nicht ohne jede Voraussetzung beginnen konnte, entsteht natürlicherweise die Frage, mit welcher Philosophie er in Berührung gekommen ist, welche Philosophien ihn beeinflußten, ehe er selbständig Gedanken entwickeln konnte. Nach eigenem Zeugnis wurde Philosophie nur in „wilden“ Studien betrieben, wobei sicher besonders die bekanntschaftlichen Beziehungen zu O. KÜLPE in der Jugendzeit wie auch persönliche Beziehungen zu W. WUNDT wenn auch nicht direkten Einfluß, so doch eine bestimmte Wirkung hinterlassen haben dürften. Wiederum nach eigener Darstellung ging der entscheidenste Einfluß aber von E. MACH aus, wozu sich später noch die Bekanntschaft mit vielen anderen Philosophen gesellte. Wir können uns nicht versagen, darauf hinzuweisen, daß es sich bei den genannten und auch ungenannten Philosophen, mit denen OSTWALD engeren Austausch pflegte, durchweg um Vertreter verschiedener idealistischer Varianten handelt, und es steht schon von dieser Seite zu befürchten, daß OSTWALDS unvoreingenommene Betrachtung der Welt als Naturwissenschaftler von hier aus nicht gefördert, sondern im Gegenteil, aufgehoben wird.

Zu den eigenen Voraussetzungen, mit denen OSTWALD in die philosophische Tätigkeit eintrat, kommt noch der Zeitpunkt, zu dem dies geschah. Es begann zur damaligen Zeit nicht weniger als eine Revolution in der Naturwissenschaft. Die neuesten Entdeckungen, besonders auf dem Gebiet der Physik, betrafen die elementrarsten und zugleich fundamentalsten physikalischen Grundlagen und führten zum Zusammenbruch der bisherigen methodologischen Basis der Naturwissenschaften. Der Kampf zwischen Materialisten und Idealismus, der sich mit dem zu jener Zeit vollziehenden Übergang der kapitalistischen Gesellschaft in die Phase des Imperialismus verschärfte, wurde mit besonderer Heftigkeit um die naturwissenschaftlichen Probleme ausgetragen. Der reaktionäre Idealismus versuchte mit allen Mitteln zu beweisen, daß durch die neuen Entdeckungen der Physik der philosophische Materialismus „widerlegt“ sei.

Von diesem Gesichtspunkt aus kam Naturforschern, die in die philosophische Diskussion eingriffen, eine besondere Verantwortung bei der Verteidigung der wissenschaftlichen Grundhaltung in ihrem Fachgebiet zu. OSTWALD hat, darüber darf man sich nicht hinwegtäuschen, diese größeren Zusammenhänge und politischen Hintergründe nicht gesehen. Er ging subjektiv von rein gedanklichen Erwägungen aus, wurde objektiv jedoch zum Mitspieler in der angegebenen Auseinandersetzung.

LENIN hob 1908 in seinem Werk „Materialismus und Empiriokritizismus" hervor, daß die umwälzenden Ergebnisse der Physik zu einem jähen Zusammenbruch der alten bis dahin feststehenden Begriffe, mit denen die Naturwissenschaftler operierten, führte. Demzufolge vermochten die Naturwissenschaftler ihre eigenen Entdeckungen nicht mehr in der bisherigen Vorstellungswelt zu erfassen und mußten Wege suchen, diesen Umbruch zu überwinden.

OSTWALD hat diesen Umstand wohl erkannt, mehr noch, er machte sich mit der ihm eigenen Kühnheit des Schließens daran, einen Versuch der Überwindung der erkenntnistheoretischen Krise zu unternehmen. OSTWALD beginnt mit der Aufdeckung der Grenzen des bisher in der Physik als Fundamentalbegriff gebrauchten Begriffs „Materie". Der mechanistisch verstandene Materiebegriff der klassischen Physik, der die wäg- und tastbare Stofflichkeit umfaßte, war zweifellos ebenso überlebt, wie der gesamte mechanische Materialismus, der sich auf ihn stützte. Die damals geläufigen grundlegenden Eigenschaften dieser stofflichen Materie, Menge bzw. Masse, Ausdehnung, Formgebung, Undurchdringlichkeit, Unwandelbarkeit, führten zu grundlegenden Schwierigkeiten und Widersprüchen bei der Erklärung solcher wichtigen Erscheinungen wie des Lichts und der Elektrizität, ganz zu schweigen von den damals gerade entdeckten Röntgenstrahlen und der Radioaktivität. OSTWALD sieht mit Recht in der Hypothese eines Weltäthers als stofflichen Träger dieser Erscheinungen von besonderer Art nur einen Ballast, den die Wissenschaft mitschleppt, weil man nichts Besseres an seine Stelle zu setzen weiß.

An diesem Punkt angelangt, begeht OSTWALD einen verhängnisvollen Fehler. Er schickt sich an, den Materiebegriff über Bord zu werfen, anstatt ihn den neuen Erkenntnissen entsprechend weiter zu entwickeln. Dies ist um so erstaunlicher, als er in seiner vierten Vorlesung über Naturphilosophie doch selbst die sehr einsichtige Darlegung gegeben hat,

„... daß die meisten Begriffe nicht einfacher Natur sind. Dies ging daraus hervor, daß zu einem gegebenem Begriff .... infolge der sich erweiternden Erfahrung neue Bestandteile hinzutreten können, von denen während der ersten Ausbildung nichts bekannt war. Diese konnten den bereits bekannten angereiht werden, ohne daß es nötig wurde, den Begriff .... zu verwerfen." [4]

OSTWALD geht, wie bemerkt, nicht diesen Schritt vorwärts, der ihn zu einem tiefen Verständnis der verschiedenen Bewegungsformen der Materie und ihrer Umwandelbarkeit geführt und damit dem dialektischen Materialismus genähert hätte, sondern verfällt in den gleichen Fehler, den ENGELS schon an L. FEUERBACH kritisiert hatte. ENGELS schrieb:

„Feuerbach (wir können hier auch sagen Ostwald — d. Verf.) wirft hier den Materialismus, der eine auf einer bestimmten Auffassung des Verhältnisses von Materie und Geist beruhende Weltanschauung ist, zusammen mit der besonderen Form (den mechanischen Materialismus — d. Verf.), worin diese Weltanschauung auf einer bestimmten geschichtlichen Stufe ... zum Ausdruck kam. Mit jeder epochemachenden Entdeckung schon auf naturwissenschaftlichem Gebiet muß er seine Form ändern. ..." [5]

Das heißt nichts anderes, als daß der Materiebegriff kein naturwissenschaftlicher, sondern ein weltanschaulicher, philosophischer Begriff ist. Der Materiebegriff bezeichnet eine bestimmte Haltung in der Auseinandersetzung zwischen Materialismus und Idealismus, und zwar diejenige, die die objektive Existenz der uns umgebenden Welt außerhalb und unabhängig vom Bewußtsein anerkennt. Die im mechanischen Materialismus herrschende Einzwängung des Materiebegriffs in das Prokrustesbett der naturwissenschaftlichen Fragestellung nach der Materie ließ seine Beziehung zur großen Grundfrage der Philosophie, der Frage nach dem Primat der Materie oder des Geistes, außer acht. Viele Naturforscher — unter ihnen Ostwald — begriffen deshalb den Kampf um den Materiebegriff nicht in erster Linie als Ausdruck des Kampfes zwischen den Weltanschauungen, sondern sahen darin mehr eine akademische Streitfrage nach der besseren Erklärungsmöglichkeit der neu entdeckten Erscheinungen.

Typisch dafür ist die Entstehungsgeschichte der von Ostwald entwickelten Energetik, wie er sie selbst beschreibt. J. R. Mayer, der Entdecker des Gesetzes von der Erhaltung der Energie, hatte die Energie als eine Realität neben der Materie angesehen.

Ostwald nannte seine Antrittsvorlesung in Leipzig 1887 „Die Energie und ihre Wandlungen" und verteidigte in ihr die objektive Realität der Energie und der wägbaren Materie. Für beide gilt, „daß realere Dinge nicht denkbar sind als solche, deren Existenz vom menschlichen Willen unabhängig ist." [6]

Dies ist um so bemerkenswerter, als durch die damals vorwiegend mathematische Entwicklung der Thermodynamik die Energie von vielen lediglich als eine mathematische Funktion betrachtet wurde. Ostwald stellt dem gegenüber, „daß nach 50 Jahren die Realität ... der Energie dem Gebildeten ebenso zum Bewußtsein gelangt sein wird, wie gegenwärtig die Realität der wägbaren Materie". [7]

Wie konnte es möglich sein, daß der gleiche Ostwald einige Jahre später den zweiten Schritt nicht Richtung der Unterordnung der Energie unter die Materie tat, sondern umgekehrt? Engels überwand den Parallelismus Materie — Energie, indem er den Materialismus bereicherte, Ostwald überwand ihn, indem er die Materie in Energie auflöste. Ostwald gab den Materiebegriff, den Materialismus, leichtfertig auf, weil er meinte, ein neuer Name, Energetik, könnte die terminologischen Schwierigkeiten lösen. In Wirklichkeit hat er damit die erkenntnistheoretische Fragestellung nicht aus der Welt geschafft, sondern nur verwirrt. Nach wie vor stand Ostwald immer wieder vor der Frage, ob er die Energie und ihre

Verwandlungen als objektiv realen Vorgang außerhalb unseres Bewußtseins, d. h. materialistisch, oder idealistisch als Symbol, mathematische Funktion usw. betrachtet. An vielen Stellen seiner Werke, sicher in der Mehrzahl der entsprechenden Fälle, beantwortet er dieses Problem materialistisch, versteht er die Energie als unabhängig vom Bewußtsein existierend.

Man muß bemerken, daß Ostwald nicht in den Chor derjenigen einstimmte, die die neuen Entdeckungen auslegten als „Verschwinden der Materie in Nichts“, die zu einem hemmungslosen Subjektivismus übergingen. Er sah die Überwindung der Materie in ihrer Auflösung in eine allgemeinere Eigenschaft der objektiven Realität, eben in die Energie.

Trotz aller Berechtigung der Kritik unter den genannten Aspekten an der Ersetzung der Grundkategorie Materie durch die Energie, liegt darin noch nicht der entscheidende Mangel, denn man könnte einwenden, Ostwald hat für das, was der dialektische Materialismus unter Materie versteht, letzten Endes nur eine neue Bezeichnung eingeführt, der aber der gleiche Inhalt zukommt. Solche Auslegungen würden den Tatsachen aber nicht gerecht.

Der Energetismus stellt nicht die Frage, ob die Energie objektiv real existiert in den Vordergrund, sondern er stellt die Frage nach einer allgemeinen, in allem Geschehen wirkenden Kraft. Im Grunde genommen trennt Ostwald — in seiner Polemik gegen den „Dualismus“ Stoff und Kraft wird das deutlich — die Frage der materiellen Existenz von der Frage der grundlegenden Daseinsweise, der Bewegung, die er als Grundkraft ansieht. Mit Fausts Worten gesprochen, hieße das: „Am Anfang war die Kraft.“ Sie bildet das wahre Wesen der Natur, das Urding, das im Wechsel der Dinge und Formen bestehen bleibt. Alle Eigenschaften der Dinge sind Erscheinungen, Verdichtungen dieser All-Energie. Wenn Kraft, Energie das Bewegende ist, dann wird die Frage, ob die Bewegung materiell verstanden wird oder nicht, nicht aufgehoben, sondern nur das Problem aus einer anderen Sicht gestellt. Lenin schrieb:

„Wenn die Energie Bewegung ist, so habt ihr nur die Schwierigkeit vom Subjekt auf das Prädikat verschoben, so habt ihr nur die Frage, ob die Materie sich bewegt, umgeändert in die Frage, ob die Energie materiell sei.“ [8]

Für den dialektischen Materialismus gibt es nur die Materie die sich bewegt, oder die sich bewegende Materie. Die Materie wird nicht losgelöst von ihrer grundlegenden Eigenschaft, ihrer Daseinsweise, und umgekehrt.

Die Verwirrung bei Ostwald besteht darin, daß er glaubt, den „Dualismus“ Materie — Bewegung zu überwinden, indem er nur nach der Bewegung fragt. In der Praxis wird auf Grund seines gesunden naturwissenschaftlichen Denkens die in seinen Augen nicht existierende Frage nach der Materie unbewußt bejahend beantwortet werden. Das ganze Problem bei der begrifflichen Erfassung der Welt besteht demzufolge nicht darin — wie Ostwald es sieht —, etwas Allgemeines aus den Dingen (Bewegung) formal-logisch abzuleiten und dafür einen Terminus zu finden, sondern es kommt darauf an, daß das Allgemeine zugleich das durch die Grundfrage der Philosophie bestimmte Wesentliche (objektiv reale Existenz unabhängig vom Bewußtsein) ist und seinerseits den ganzen Reichtum des Einzelnen (die sich in vielfältigen Formen vollziehende materielle Bewegung) voll enthält. Diesen richtigen Weg beschreitet LENIN mit der Darstellung des maxistischen Materiebegriffs.

Die Bindung der qualitativen Vielfältigkeit der Materie an das Wirken „reiner" Kräfte, der Energien, hat aber noch eine weitere schwache Seite. Die Energetik führt zur dynamistischen Anschauung einer nur kontinuierlichen Struktur, die die Diskontinuität, wie sie mit der Atomvorstellung verbunden ist, ausschließt. Deshalb ist es kein Zufall, daß viele Naturwissenschaftler an der ihrem Wesen nach materialistischen Atomstruktur der Welt festhielten und der Energetik OSTWALDS nicht zustimmten. OSTWALD kritisiert den mechanischen Materialismus wegen der Annahme unveränderlicher Atome, wegen der Verabsolutierung der Diskontinuität. Die Energetik selbst ist aber nur das andere Extrem, Verabsolutierung der Energie, der Kontinuität. In diesem Sinne bleibt sie auch bei der mechanistischen Auffassung eines Urelements, dessen Form letzten Endes gleichgültig ist, stehen. Im OSTWALDschen Weltbild wird jener Stand der Physik widergespiegelt, in dem die Atome bereits nicht mehr als letzte Bausteine angesehen werden, aber die Physik der Elementarteilchen noch nicht entwickelt ist. OSTWALD scheiterte beim Versuch, das Weltbild auf die Vorstellung einer kontinuierlichen Bewegung zurückzuführen, was durch die Entdeckung solcher Eigenschaften wie der Diskontinuität der elektrischen Ladung des Teilchens, der Diskontinuität der Wirkung (Plancksches Wirkungsquantum) ganz offensichtlich wurde. Es spricht für Ostwald, daß er trotz seiner früheren Ablehnung der Atomtheorie seinen Irrtum öffentlich zugab. Er schrieb 1908 im Vorbericht zum „Grundriß der allgemeinen Chemie":

„Ich habe mich überzeugt, daß wir seit kurzer Zeit in den Besitz der experimentellen Nachweise für die diskrete oder körnige Natur des Stoffes gelangt sind, welche die Atomhypothese seit Jahrhunderten, ja Jahrtausenden vergeblich gesucht hatte ... Damit ist die atomistische Hypothese zum Range einer wissenschaftlich wohlbegründeten Theorie aufgestiegen." [9] Die physikalischen Kenntnisse von der wirklichen Struktur der Materie wurden seitdem nicht nur durch die Entdeckung der Quanteneigenschaften des Feldes, sondern auch durch die Entdeckung der Welleneigenschaften der Korpuskel bereichert. Die dialektische Einheit von Diskontinuum und Kontinuum wird in der modernen Physik zu Grunde gelegt. Das Fehlen der bewußten Dialektik bei Naturwissenschaftlern führt zu solchen vereinseitigenden Einsichten, die durch die weitere Entwicklung der Wissenschaft unvermeidlich überwunden werden. OSTWALD hat eine Bresche in die alte mechanistische Vorstellung geschlagen, jedoch wurde seine Verabsolutierung der gegenseitigen Seite zum Hemmnis ließ die Energetik Raum sowohl für materialistische als auch idealistische Interpretationen.

Wie wenig eine neue Terminologie, wie sie OSTWALD durch den Energetismus einführt, die alten philosophischen Probleme aufzuheben vermag, sondern sie im Gegenteil nur verdeckt, wird in der Behandlung des Materie — Geist-Verhältnisses deutlich. OSTWALD bezeichnet von vornherein jede Philosophie, die Materie und Geist als wesentlich unterschiedlich anerkennt, als dualistisch. Das ist natürlich falsch, denn damit ist noch gar nicht gesagt, ob Materie und Geist einen absoluten, unüberbrückbaren Gegensatz bilden, oder nur einen relativen im Rahmen der erkenntnistheoretischen Fragestellung nach dem Verhältnis beider zueinander. OSTWALD macht diese notwendige Unterscheidung im Kampf gegen den Dualismus und für eine monistische Weltanschauung — der als solcher wohl begründet ist — nicht und wendet sich damit zu Recht gegen die erste These, die wirklich dualistisch ist und zu Unrecht gegen die zweite These, die dialektisch-materialistisch und zugleich monistisch ist. Die Einheit der Welt kann doch nicht darin bestehen, daß der Wesensunterschied von Physischem und Psychischem negiert wird, sondern nur darin, daß sie in ihren richtigen untrennbaren Beziehungen zueinander als zwei Seiten in der einheitlichen Welt verstanden werden.

OSTWALD macht im falsch verstandenen Monismus keinen Unterschied zwischen diesen beiden Seiten. Er schreibt zum Wesen der Energetik:

„Der Bleistift in meiner Hand, das Papier ..., alles das ist ... Wirklichkeit von derbster Beschaffenheit ... Das Licht ist doch nicht minder wirklich! ... Und sind die Gedanken, welche eben in meinem Gehirn entstehen ..., nicht auch wirklich?“ [10]

Alle diese Wirklichkeiten will OSTWALD unterschiedslos unter den Begriff Energie bringen und sieht darin einen Gewinn, der alle alten Probleme in der Fragestellung Geist — Materie aufhebt. In Worten ist damit der Gegensatz natürlich aufgehoben, aber der Glauben an Engel und Geister wird deshalb nicht weniger unsinnig, wenn man sie als wirklich bezeichnet, weil ja der Gedanke daran existiert. Richtig ist in den Ausführungen OSTWALDS soviel, daß sowohl die Materie als auch der Gedanke „wirklich“ sind, d. h. existieren. Ihre relative Gegensätzlichkeit unter dem Gesichtspunkt der Einheit der Welt und ihre absolute Gegensätzlichkeit in erkenntnistheoretischer Hinsicht deshalb aber zu leugnen, ist ein Schritt zur Vermengung von Materialismus und Idealismus, was auch nicht dadurch gemindert wird, daß man das Produkt als Energetik, also als etwas Darüberstehendes bezeichnet. Im übrigen kann OSTWALD diesen Gedanken gar nicht konsequent durchführen, weil er einräumen muß, daß die geistige Energie durchaus eine Sonderstellung unter den Energiearten (Bewegungs-, Wärme-, elektrische, chemische und andere Energien) einnimmt. Sie ist nicht nur die „höchste“ Energieart, sie ist auch durch keine mechanische Formel quantitativ bestimmbar. Die gedankliche Beseitigung des Unterschiedes zwischen der Materie und dem Gedanken, als dem Produkt spezifisch organisierter Materie, des Gehirns, führt schließlich bei OSTWALD stillschweigend dazu, daß der Gedanke, der Geist, zum Ursprünglichen wird. So heißt es in den Vorlesungen über Naturphilosophie:

„Daß nun alle äußeren Geschehnisse sich als Vorgänge zwischen Energien darstellen lassen, erfährt seine einfachste Deutung, *wenn eben unsere Bewußtseinsvorgänge selbst energetische sind und diese ihre Beschaffenheit allen äußeren Er-*

fahrungen aufprägen.“ (Hervorhebung durch OSTWALD) [11] Als Ergebnis der Verwischung der Grundfrage der Philosophie kommt OSTWALD entgegen vielen gegenteiligen Beweisen an anderen Stellen hier offen zum Idealismus. Die Außenwelt widerspiegelt die Beschaffenheit unseres Bewußtseins — dieser Gedanke ist Aufgabe des wissenschaftlichen Denkens und führt dazu, die natürliche, materielle Welt zu einem bloßen Bilde, zu einem Bewußtseinsphänomen zu verflüchtigen, oder mehr noch, die wirkliche materielle Welt als Ausgießung des Geistes entstehen zu lassen, um einen Ausdruck von OSTWALD, den er in anderem Zusammenhang gebraucht, zu benutzen. Der „energetische“ Monismus, die Einbeziehung des Psychischen in den Energiebegriff, wurde zu einem besonderen Ansatzpunkt für die idealistische Philosophie beim Mißbrauch des Energetismus für ihre Zwecke.

Wir konzentrieren uns in diesem Beitrag auf die Grundaussagen der OSTWALDschen philosophischen Konzeption. Sicher wäre es von großem Interesse, auch weitergehende Gedanken hier vorzutragen, in denen sich OSTWALD überzeugt von grenzenlosem Erkenntnisoptimismus darstellt und den Determinismus verteidigt, indem er die Gesetzmäßigkeiten und objektiven Kausalbeziehungen in der Welt anerkennt.

Der atheistische Charakter seines Denkens ist weithin bekannt. Welches Schicksal erlitt die OSTWALDsche philosophische Konzeption?

In der philosophisch-politischen Auseinandersetzung zwischen Materialismus und Idealismus gibt es zu verschiedenen Zeiten unterschiedliche Gruppenbildungen und auch zahlreiche Vertreter, die eine Zwischenstellung einnehmen. Idealisten machen Zugeständnisse an den Materialismus, andere, deren Philosophie starke materialistische Elemente zugrunde liegen, nutzen den Idealismus als Feigenblatt zur Verbrämung des Wesens ihrer Philosophie. Oftmals sind philosophische Elemente beider Richtungen eklektisch in einem System vermischt.

Von dieser tatsächlichen Position muß man ausgehen, wenn man den Platz der OSTWALDschen Philosophie im Parteikampf der philosophischen Strömungen richtig einschätzen will. OSTWALD trat zum ersten Mal mit seinen philosophischen Anschauungen 1895 auf der Naturforscherversammlung in Lübeck auf und nannte seinen Vortrag „Überwindung des wissenschaftlichen Materialismus“. Dabei verstand OSTWALD unter wissenschaftlichem Materialismus den mechanischen Materialismus. Ist der von OSTWALD vertretene Energetismus deshalb eine idealistische Philosophie? Nein, es wäre falsch, von dieser Äußerlichkeit ausgehend OSTWALD den Idealisten zuzuordnen. Ist deshalb der Energetismus eine materialistische Philosophie? Auch das entspricht nicht den Tatsachen, denn sie enthält starke idealistische Züge. Die Energetik stellt ein Zwittersystem dar. Ihr schneller Aufstieg und ihre ebenso schnelle Überwindung beruhen nicht zuletzt auf diesem Umstand. OSTWALD selbst schreibt:

„... nach Art der Bekehrten (lag mir) sehr viel daran, für meine neue Einsicht Anhänger zu gewinnen. Dies gelang mir (unter den Naturforschern — d. Verf.) nur in sehr geringem Maße.“ [12]

Die bei den Naturforschern herrschende Tradition des Materialismus und der Atomistik, wenn auch vorwiegend instinktiv, ließ die Energetik bei ihnen keinen Boden finden. Jodl schreibt anläßlich des 60. Geburtstages Ostwalds über den Eindruck des Vortrages in Lübeck auf die dort Versammelten:

„Daß ein angesehener Naturforscher sich vor einem Kreis von Fachgenossen in die Reihen der Bekämpfer des Materialismus stellte, ... war nicht viel anders, als wenn jemand auf einer Kirchenversammlung sich über die logische Denkunmöglichkeit und die historische Unglaubwürdigkeit der Glaubenssätze zu verbreiten unternommen hätte." [13]

Ostwald holte sich eine schwere Abfuhr, die schließlich nach dazu führte, daß Boltzmann und Planck in den „Annalen der Physik" eine öffentliche Absage an die Energetik publizierten.

Die idealistischen Philosophen allerdings, die den Versuch machten, ihre philosophischen Thesen naturwissenschaftlich zu begründen, wozu ihnen die Zeit geeignet erschien in Anbetracht des radikalen Umbruchs durch die neuen Entdeckungen der Physik, sahen in Ostwald einen Bundesgenossen aus den Reihen der Naturwissenschaftler im Kampf gegen den Materialismus, dessen Autorität sie mit allen Mitteln auszunutzen sich bemühten. Fast wäre er für den genannten Vortrag zum Ehrendoktor der Theologie ernannt worden, hätten die Wortführer des Idealismus nicht doch noch entdeckt, daß die Energetik objektiv eine starke materialistische Orientierung besitzt. Nichtsdestoweniger nutzten die Idealisten in ihrem Kampf gegen den Materialismus Ostwalds idealistische Verirrungen eine Zeitlang aus.

Sehr bald jedoch genügte ihnen die doppelgesichtige Energetik nicht mehr und selbst ehemalige Anhänger, die über die Energetik nun vollends in die Fänge des Subjektivismus geraten waren, begannen Ostwalds Philosophie zu kritisieren. Für die Idealisten war die Energetik nicht genügend geeignet, Instrument des Kampfes gegen den Materialismus zu sein. So schrieb der Amerikaner Carus: „Materialismus und Energetik gehören unbedingt ein und derselben Kategorie an", und Bogdanov schrieb 1906: „Die dem Atomismus feindliche, im übrigen aber dem alten Materialismus nahe verwandte ‚Energetik' Ostwalds." [14]

Die Idealisten begriffen, daß die Energetik nicht geeignet sei, den Materialismus zu überwinden und ließen sie darum fallen. Man darf jedoch nicht übersehen, daß in dieser oder jener Form Varianten der Energetik auch späterhin auftraten und gelegentlich von idealistischen Physikern noch heute vertreten werden.

Die marxistische Kritik an der Ostwaldschen Philosophie hat Lenin bereits 1908 in seinem Werk „Materialismus und Empiriokritizismus" gegeben. Prinzipiell, aber zugleich die historischen Hintergründe beachtend, machte Lenin deutlich, daß die Energetik den konfusen Versuch der Versöhnung von Materialismus und Idealismus darstellt. Er charakterisiert Ostwald, „der hier und dort in den Idealismus hineinstolpert" [15], als „Wirrkopf" [16], als „verworrenen Philosophen" [17].

Als Materialist übt Lenin an Ostwald Kritik, weil er die materialistische Auffassung der Energie, die er zuläßt und manchmal sogar selbst zugrunde legt, nicht konsequent durchführt. Die Energetik als Ausdruck der Wachtumsschwierigkeiten der modernen Physik betrachtet LENIN als Wachstumskrankheit mit dem Merkmal des Zugeständnisses an die reaktionäre Philosophie, jedoch gleichzeitig als eine Wachstumserscheinung, die überwunden wird, indem sich die materialistischen Traditionen durchsetzen, die aus der naturwissenschaftlichen Forschung heraus zum *dialektischen* Matrialismus durchbrechen werden.

Wenn LENIN an OSTWALDS Philosophie auch sachlich gerechtfertigte Kritik übte, wenn er nachwies, daß unwissenschaftliche Seiten dieser Philosophie bekämpft werden müssen, weil sie zum Werkzeug revisionistischer und reaktionärer Kräfte wurden, so sprach er doch ständig im gleichen Atemzug von OSTWALD als „einem sehr großen Chemiker". [18]

So ist OSTWALDS Philosophie historisch überlebt, seine wertvollen Arbeiten auf den Spezialgebieten der Naturwissenschaften jedoch werden bestehen bleiben.

Literatur

[1] Vortrag auf der Grundlage einer Veröffentlichung des Verfassers „Wilhelm Ostwald und das Philosophieren der Naturwissenschaftler". In: Beiträge zur Universitätsgeschichte, Band 1, Leipzig, Verlag Enzyklopädie 1959 S. 492 bis 504.
[2] OSTWALD, W.: Vorlesungen über Naturphilosophie, Leipzig 1902, S. 3.
[3] Ebenda, S. 12.
[4] Ebenda, S. 49.
[5] MEW: Ausgewählte Schriften in zwei Bänden, Berlin 1952, Band II, S. 347.
[6] OSTWALD, W.: Lebenslinien, Berlin 1926/27, Band II, S. 152.
[7] Ebenda, S. 152.
[8] LENIN, W. I.: Materialismus und Empiriokritizismus, Berlin 1956, S. 261.
[9] OSTWALD, W.: Grundriß der allgemeinen Chemie, Dresden/Leipzig 1917, S. III/IV.
[10] OSTWALD, W.: Lebenslinien, Berlin 1926/27, Band II, S. 168.
[11] OSTWALD, W.: Vorlesungen über Naturphilosophie, Leipzig 1902 S. 394.
[12] OSTWALD, W.: Lebenslinien, Berlin 1926/27, Band II, S. 179.
[13] Festschrift aus Anlaß des 60. Geburtstages Wilhelm Ostwalds. Herausgegeben vom Monistenbund in Österreich, Wien/Leipzig, 1913, S. 34.
[14] LENIN, W. J.: Materialismus und Empiriokritizismus, Berlin 1956, S. 262 f.
[15] LENIN, W. I.: Materialismus und Empiriokritizismus, Berlin 1956, S. 221.
[16] Ebenda, S. 39.
[17] Ebenda, S. 157.
[18] Ebenda, S. 157.

W. Girnus

Wilhelm Ostwalds wissenschaftshistorische Konzeption

„KARL SCHMIDTS Vorlesungen über Geschichte der Chemie", berichtete WILHELM OSTWALD 1909 rückschauend, „waren seinerzeit die einzige Vorlesung gewesen, die ich in meiner kurzen Studentenzeit überhaupt zu Ende gehört hatte ... Und das wesentliche, was ich dabei gelernt hatte, war, die Namen in der Wissenschaftsgeschichte nicht als abstrakte Titel für gewisse Tatsachensammlungen zu betrachten, sondern als Hinweis auf lebende Persönlichkeiten mit ‚den landesüblichen Rundungen vorn und hinten' ..." [1] Damit beschrieb OSTWALD selbst eine der entscheidenden Quellen, aus der er seine Neigung zu wissenschaftshistorischer Reflexion speiste. Wenig später fand er bei seinen ausgedehnten wissenschaftlich-historischen Vorstudien zu seinem ersten Vorlesungskurs (1877) und seinem „Lehrbuch der allgemeinen Chemie" [2]* KARL SCHMIDTS Darstellungen bestätigt. Beide Erlebnisse prägten OSTWALDS Verhältnis zur Geschichte der Wissenschaft nachhaltig. Geleitet von der Absicht, „... beim Studium der wissenschaftlichen Abhandlungen soviel als möglich von dem lebendigen Menschen zu erkennen, als sich durch diesen Schleier erblicken läßt" [3], steckte er damals dennoch, wie er später selbst einschätzte, widerspruchlos in der überkommenen Ehrfurcht vor allem Geschichtlichen, das durch die philologisch-scholastische Grundrichtung des höheren Schulwesens seiner Zeit zum Kennzeichen der „Kultur" erhoben wurde [4]. OSTWALDS Beschäftigung mit der Geschichte der Wissenschaft blieb in dieser Zeit auf Vollständigkeit orientierte, ihrem Wesen nach passive Rezeption des Vergangenen. Historische Beispiele dienten ihm als Beleg zur näheren Erläuterung seines fachlichen Anliegens, erfüllten also eine Illustrationsfunktion. Mit dieser Einstellung erarbeitete sich OSTWALD die großen Traditionen der von J. CHR. WIEGLEB, J. FR. GMELIN, J. B. TROMMSDORFF, H. KOPP und anderen geprägten Chemiegeschichtsschreibung in Deutschland.

Mit dem Entstehen der klassischen Naturwissenschaften in Europa, deren Prozeß der marxistische Wissenschaftshistoriker G. HARIG 1958 analysierte [5], entwickelte sich auch die Chemiegeschichtsschreibung als Kampfschrift und Chronologie gleichermaßen in bewußter Abgrenzung zur überlebten Esoterik mittelalterlich-scholastischer Universitätsgelehrsamkeit und ins Mystische gezerrten Alchemie. Die Werke von WIEGLEB und GMELIN sind dafür progressive Beispiele [6]. Ihre strenge und auf weitestgehende Vollständigkeit bedachte chronologische

Sammlung und Bewertung von Einzelereignissen schloß das chemische Gewerbe — eine entscheidende Existenzbedingung des aufstrebenden Bürgertums an der Schwelle zum 19. Jahrhundert — mit ein [7]. Diese Universalität verlor sich bei Trommsdorff, der bei notwendig werdender Beschränkung auf das Wesentliche versuchte, die Grundsätze der modernen Chemie durch die theoretische Behandlung ihrer Geschichte zu verteidigen [8]. Dabei pries er die Geschichte als die „glücklichste pragmatische Lehrerin“ und meinte: „Die Geschichte warnt vor dem Abwege, schreckt den Neuerungssüchtigen vor jedem übereilten Versuch zurück, und zeigt ihm die Bahn, die früher betreten zu unsterblichen Ruhme führte.“ [9]

Trommsdorff umriß seine Konzeption mit folgenden Worten: „Die Schicksale der Wissenschaften hängen von dem Geist der Zeiten ab. Die gemeinsame Geschichte der Gelehrsamkeit und wissenschaftlichen Kultur stellt diesen Geist im allgemeinen dar, und zieht daraus nur allgemeine Resultate. Jede Wissenschaft ging auch aus besonderen Ereignissen hervor; entstand, wuchs und verschwand, wie eben der Anstoß traf. Diese Ereignisse aufzufassen, aus dem verwandten Zeitgeiste den Standpunkt der Wissenschaft zu folgern, zu erläutern: dies bezweckt eine allgemeine Geschichte der Wissenschaft als Wissenschaft.“ [10] Trommsdorffs praktische Umsetzung seines Konzepts zeigte den Einfluß der jeweils herrschenden allgemeinen geistigen Richtungen auf die Ideenbildung in der Chemie. Er bahnte so ideengeschichtlichen Konzeptionen in der Chemiegeschichtsschreibung den Weg. Hier knüpfte 40 Jahre später H. Kopp an, der sich in gegenseitiger geistiger Befruchtung mit seinem Lehrer Justus von Liebig zum führenden Chemiehistoriker der zweiten Hälfte des 19. Jahrhunderts entwickelt hatte. Über Liebigs philosophischen Standort und seine Ansichten zur Wissenschaftsgeschichte hat R. Zott 1976 eine fundierte Analyse vorgelegt. Darin gelingt es ihr, den Nachweis zu führen, daß Liebig die historische Forschung als eine Art Naturforschung beziehungsweise mit dieser verwandt begriff [11] und seine Beschäftigung mit der Geschichte dem Bestreben entsprang, die für die Naturwissenschaften erkannten allgemeinen Zusammenhänge auch in anderen Bereichen und durch andere Bereiche bestätigt zu finden [12]. Trotz Liebigs Unterschätzung der Rolle der Produktionsverhältnisse im Verhältnis zur Funktion der Wissenschaft, vermittelte ihm die Wissenschaftsgeschichte weitgehende Einsichten in die Gesetzmäßigkeiten der Gesellschaftsentwicklung und das dialektische Wechselverhältnis von materiellen und geistigen Produktivkräften. So erkannte er, daß die Herausbildung der Wissenschaft erst auf der Grundlage eines real produzierten Mehrprodukts und verschiedener Arbeitsteilungen möglich ist, so daß „eine unermeßlich gesteigerte Produktion möglich“ gemacht und „infolge derselben eine Masse menschlicher Kräfte für die höhere Arbeit des Geistes zur Verfügung“ gestellt werden konnte [13]. Sein Schüler Kopp dagegen konnte nicht zu derart weitgreifenden gesellschaftstheoretischen Einsichten vordringen. Er zog sich auf eine „reine“ Chemiegeschichte zurück und war bestrebt, die Einzelereignisse aus den jeweils herrschenden Anschauungen abzuleiten, wobei er ein ideengeschichtliches Konzept zugrunde legte, das ihn als Vertreter der sogenannten „genetischen" Geschichtsschreibung kennzeichnet [14]. Kopps Konzeption war in ihrem Kern idealistisch. Die Einseitigkeit seiner ideengeschichtlichen Konzeption versperrte ihm den Blick für eine richtige Einordnung der Chemieentwicklung in den gesamtgesellschaftlichen Entwicklungsprozeß. Er erkannte nicht die mit der stürmischen Entwicklung des Kapitalismus wachsende Bedeutung der chemischen Produktion für den wissenschaftlichen Fortschritt und hielt nur ein evolutionäres und kein revolutionäres Fortschreiten der Wissenschaft für möglich. Damit hatte sich Kopp der allgemein-geschichtlichen Konzeption Leopold von Rankes angepaßt, deren Ziel es war, lediglich festzustellen, wie es eigentlich gewesen ist und durch die autonome Interpretation der Einzelerscheinungen letztlich zu einer ahistorischen Auffassung führte. Nach Ranke ist ein Fortschritt nur anzunehmen „in allem was sich sowohl auf die Erkenntnis als auf die Beherrschung der Natur bezieht". Indem er postuliert, daß es im gesellschaftlichen Bereich keinen Fortschritt gibt, schränkt er den Geltungsbereich weiter ein und verurteilt die Wissenschaft von vornherein dazu, sich damit zu begnügen, Fakten zu sammeln, sie aneinanderzufügen und die herrschenden Tendenzen in jedem Jahrhundert zu beschreiben. Wissenschaftlicher Relativismus, der Verzicht darauf, Lehren aus der Geschichte zu ziehen und richtungsweisend auf den Verlauf der Geschichte selbst einzuwirken, sind die natürliche Konsequenz [15].

Das war die Situation, in der Wilhelm Ostwald die Szene betrat und 1889 mit der Begründung und Herausgabe von „Ostwalds Klassiker der exacten Wissenschaften" erstmals als Wissenschaftshistoriker aktiv in Erscheinung trat. Motiviert mit dem „Fehlen des historischen Sinnes und (dem) Mangel an Kenntnis jener großen Arbeiten, auf welchen das Gebäude der Wissenschaft ruht" [16] und in diesem Sinne als Unterrichts- und Forschungsmittel gedacht, ging und geht die Bedeutung dieser Quellenedition bis heute weit über das geplante Ziel hinaus.

Zwar hatte Ostwald schon 1885 im ersten Band seines „Lehrbuches der allgemeinen Chemie" darauf hingewiesen, daß „in der allgemeinen Chemie die historische Entwicklung der Ideen mit der logischen vielfach zusammenfällt" [17], dennoch blieb er zu dieser Zeit noch in der Rankeschen Geschichtskonzeption verhaftet. Sieben Jahre später aber deutete sich in seiner Einleitung zur „Elektrochemie. Ihre Geschichte und Lehre" ein Wandel seiner Ansichten an. Vorsichtig formulierte er dort: „... es darf die Überzeugung ausgesprochen werden, daß, wenn irgendwo die vorbildlichen Fälle gefunden werden können, an welchen einfache und durchgreifende Gesetze des geschichtlichen Werdens nachweisbar sind, die Geschichte der Naturwissenschaften sie darbieten wird." [18] Geschichte als Wissenschaft hier noch akzeptierend, hat sich Ostwald mit seiner Analyse der Entwicklungsgeschichte der Elektrochemie tatsächlich die Aufgabe gestellt, zu prüfen, „ob es überhaupt möglich ist, für das geschichtliche Werden allgemeine Gesetze aufzustellen". [19] Allerdings wurde diese progressive Absicht schon im Keim dadurch eklektisch verwässert, daß er, offensichtlich den positivistischen

Einflüssen A. Comtes und E. Machs unterliegend, sich einen Gesetzesbegriff konstruierte, der sich ausdrücklich an J. R. Mayer [20] und G. Kirchhoff [21] anlehnte, von denen der eine behauptet: „Ist einmal eine Tatsache nach allen ihren Seiten hin bekannt, so ist sie eben damit erklärt, und die Aufgabe der Wissenschaft ist beendigt." [22] und der andere als Aufgabe der Wissenschaft angab, „daß es sich nur darum handeln soll, anzugeben, *welches* die Erscheinungen sind, die stattfinden, nicht darum, ihre *Ursachen* anzugeben". [23]

Ostwald versuchte den Lehrinhalt der Elektrochemie vermittels der historisch-genetischen Darstellung aus der Entwicklung heraus begreiflich zu machen. Dabei ging er über das Niveau einer einseitig ideengeschichtlichen Abhandlung, wie wir sie noch bei Kopp fanden, hinaus und realisierte ein theoriengeschichtliches Konzept, wie es kurz zuvor auch der auf dem Boden des mechanischen Materialismus stehende Chemiehistoriker Albert Ladenburg seinen Arbeiten zugrunde gelegt hatte.

1869 hatte Ladenburg in der „Ersten Vorlesung" seiner „Vorträge über die Entwicklungsgeschichte der Chemie von Lavoisier bis zur Gegenwart" in der Überzeugung vom unbestrittenen Wert historischer Darstellungen [24] die Forderung erhoben: „Wir müssen ... in der Entwickelung einen stetigen Fortschritt erkennen, die Geschichte ist nicht mehr die Nebeneinandersetzung einzelner Tatsachen, wie sie zufällig chronologisch aufeinander folgen, sondern sie enthält die Schule des menschlichen Geistes und seiner Civilisation; sie zeigt uns die Resultate des Einflusses, welchen die verschiedensten Naturen ausübten und wird uns vielleicht einst dazu führen, die Gesetze zu ermitteln, welche diese Entwicklungen beherrschen." [25] Während Ladenburg aber bei der Durchführung seines theoriengeschichtlichen Konzepts den Gesamtprozeß der Chemieentwicklung stets im Auge behielt, griff sich Ostwald aus dem Gesamtgeschehen nur jene Fakten heraus, die ihm für die Ausbildung der wichtigsten Begriffe wesentlich erschienen.

Ostwalds Ansichten über die Wissenschaftsgeschichte korrespondierten stets mit seinen philosophischen und wissenschaftswissenschaftlichen Anschauungen. Das wird schon hier, besonders aber in den Arbeiten der folgenden Jahre deutlich, in denen er seine energetische Philosophie entwickelte und sich mit wissenschaftspsychologischen und -theoretischen Fragen befaßte.

Die Beschäftigung mit wissenschaftswissenschaftlichen Problemen, beispielsweise mit der Kreativität, der Altersdynamik wissenschaftlicher Fähigkeiten, des rationellen Einsatzes von Forschungsmitteln und anderen mehr beschleunigten und vertieften den Wandel seines Verhältnisses zur Wissenschaftsgeschichte entscheidend. Umgekehrt bot ihm die Geschichte der Wissenschaft nun mehr als nur Verifikationsbelege zu bereits formulierten Erkenntnissen; sie führte ihn in demselben Maße zu neuen Fragestellungen und theoretischen Verallgemeinerungen. Wissenschaftsgeschichte diente Ostwald zunehmend als Erkenntnismittel und -gegenstand gleichermaßen. Das Loslösen von einer vorwiegend theorie- beziehungsweise begriffsgeschichtlichen Darstellungsweise und seine Hinwendung zu biographisch-psychologischen — den sogenannten „psychographischen" — Studien wird somit erklärbar.

Bereits im Ergebnis seiner Arbeiten am Buch „Elektrochemie. Ihre Geschichte und Lehre" war Ostwald zu der Erkenntnis gelangt, so berichtete er 1927 in seinen „Lebenslinien", „daß es eine Geschichte als Wissenschaft überhaupt nicht gibt, sondern nur eine Geschichte als Methode oder Hilfsmittel, um zu wissenschaftlichen Aufschlüssen über gegebene Fragen zu gelangen". [26]

Der Wandel von Ostwalds wissenschaftshistorischer Konzeption wird meines Erachtens besonders deutlich, wenn man den Standpunkt, mit dem die „Elektrochemie ..." von 1896 geschrieben wurde, den Anschauungen der „Elektrochemie", die er 1910 veröffentlichte, gegenübergestellt. Die Einleitung zu seinem Buch „Die Entwicklung der Elektrochemie in gemeinverständlicher Darstellung" gleicht einer programmatischen Erklärung und ist meines Erachtens für Ostwalds wissenschaftshistorische Konzeption, die er nun bis zu seinem Tode 1932 in ihrem Kern nicht mehr veränderte, repräsentativ. Er erklärte dort die Geschichte„ klipp und klar für nichts anderes als ein *Forschungsmittel*" [27], das „eine *Methode* zur Entdeckung der Wahrheit oder Vermehrung der Wissenschaft ,.. aber nicht *selbst* ein Gegenstand wissenschaftlicher Arbeit" ist [27]. Diese Ansicht entsprang keineswegs einer plötzlichen Geringschätzung gegenüber der Geschichte überhaupt, sondern bereitete im Gegenteil eine scharf vorgetragene Kritik und Absage an die bisherige und herrschende bürgerliche Geschichtsschreibung vor, die sich vor allem gegen Rankes reaktionär-idealistische Konzeption richtete, indem er sie als „Impotenzerklärung des Geschichtsschreibens" [28] und „mittelalterliche Reliquienmystik" [29] geißelte. Zu erforschen, „wie es eigentlich gewesen ist", war für Ostwald notwendige Voraussetzung und unentbehrliche Grundlage aller wissenschaftlichen Arbeit. Niemals dürfte es sich der Forscher gestatten, sie zu überspringen und niemals dürfe er sich begnügen, auf ihr stehen zu bleiben [30]. Ausdrücklich hob er hervor: „Wie ich seit langem immer wieder betont habe, liefert uns die Geschichte der Wissenschaften das beste und sicherste Material, an dem die Gesetzmäßigkeiten der Menschheitsentwicklung studiert werden können." [31] In dieser Überzeugung führte er aus: „So ist es wirklich keine Utopie, wenn die heutige Wissenschaft es unternimmt, die Gesetze des geistigen Ackerbaus festzustellen, um auf Grund dieser Gesetze ihre Ernten zu steigern. Hierzu aber ist die Geschichte zunächst bei weitem die wichtigste Unterlage, auf der erst nach entsprechendem Studium ein zweckmäßiger Experimentierplan wird aufgebaut werden können, der mit Aussicht auf Erfolg in die Praxis umgesetzt werden mag." [32] Das Wesen derartiger Gesetzeserkenntnis lag für Ostwald im Feststellen des *Allgemeinen*, das mit dem Wiederholbaren identisch sei und nur durch das tatsächliche Vorhandensein der Wiederholung erkennbar werde sowie des *Wesentlichen* — dem als wiederholt erkenn- und nachweisbaren [33]. In dieser Beziehung besteht nach Ostwald kein Unterschied zwischen naturwissenschaftlicher und historischer Forschung, und es wird auch einsichtig, weshalb er in seiner historischen Darstellungsweise das individuelle Detail für vernachlässigbar hielt [34]. Die kategorische Reduktion der Geschichte zum Forschungsmittel relativierte er später, indem er ihr zur Aufgabe machte, auf der Basis erkannter Entwicklungsgesetze der Geschichte aus der Gegenwart die Zukunft vorauszusagen und ausführte: „Die Geschichtswissenschaft in höherem Sinne und ganz besonders ihre oberste Schicht, die Wissenschaftsgeschichte ist durchaus eine *werdende* Wissenschaft.“ [35]

Verglichen mit den vorangegangenen Auffassungen stellt Wilhelm Ostwalds wissenschaftshistorische Konzeption in der deutschen Chemiegeschichtsschreibung einen zu einer neuen, höheren Qualität führenden Sprung dar. Noch nie hatte ein Chemiker so klar und entschieden im Rahmen wissenschaftswissenschaftlicher Problemstellungen Gesetzeserkenntnis und Prognostik der Wissenschaftsgeschichte zur Aufgabe gestellt. Das Ostwalds Konzeption trotz alledem in letzter Konsequenz zur Unfruchtbarkeit verurteilt bleiben mußte, liegt meines Erachtens darin begründet, daß er es auf Grund weltanschaulicher Erkenntnisgrenzen nicht vermochte, seine bürgerlichen Klassenschranken zu überwinden. So blieb ihm beispielsweise die Einsicht prinzipiell verwehrt, daß sich jede, die ökonomische und politische Macht ergreifende progressive Klasse, den ganzen überlieferten Schatz der Wissenschaft und Kultur aneignen wird, um ihn ihren Bedürfnissen und Interessen gemäß umzugestalten und dabei die notwendigen Voraussetzungen für ihren weiteren Fortschritt schafft. So wurde für Ostwald auch die Frage nach der gesetzmäßigen Entwicklung des Verhältnisses von Produktivkräften und Produktionsverhältnissen überhaupt nicht bewußt, wie es zum Beispiel bei Liebig der Fall gewesen ist. Ohne in den Marxismus vulgarisierenden Ökonomismus abzugleiten, kann man doch mit G. Harig sagen, „daß die Entwicklung neuer Bedürfnisse und neuer Produktivkräfte dann und nur dann zur Entstehung einer neuen Naturwissenschaft führt, wenn sie infolge der Herausbildung neuer Produktionsverhältnisse zu einer Verbindung der neuen Praxis mit der überlieferten Schulung im abstrakten Denken und den theoretischen Vorstellungsstoff ihrer Epoche führt.“ [36]

W. I. Lenins Forderung: „Die Fortführung des Werkes von Hegel und Marx muß in der *dialektischen* Bearbeitung der Geschichte des menschlichen Denkens, der Wissenschaft und der Technik bestehen“ [37], gibt uns den Schlüssel zur kritisch-offensiven Überwindung der Ostwaldschen wissenschaftshistorischen Konzeption und ihrer dialektischen Aufhebung in der Wissenschaftsgeschichtsschreibung der Gegenwart in die Hand.

Literatur

* Das „Lehrbuch der allgemeinen Chemie“ wurde später von Lehrenden und Lernenden landläufig als „Der Große Ostwald“ bezeichnet und war das erste, den Grundbestand der physikalisch-chemischen Forschung ordnende, systematisierende und bewertende Standardwerk der jungen physikalischen Chemie. An diesem Werk begann Ostwald 1880 zu arbeiten.

[1] Ostwald, W.: Große Männer. Leipzig 1909; zitiert nach der 5. Auflage, Leipzig 1919, S. 5 f.
[2] Ostwald, W.: Lehrbuch der allgemeinen Chemie. Band 1, Leipzig 1885. Band 2, Leipzig 1887.
[3] Ostwald, W.: Wilhelm Ostwald. Selbstdarstellung. In: Die Philosophie der Gegenwart in Selbstdarstellungen. Bd. 4, herausgegeben von R. Schmidt, Leipzig 1923, S. 138.
[4] Vergleiche: Ostwald, W.: Lebenslinien. Eine Selbstbiographie. Band 2. Berlin 1927, S. 57.
[5] Vergleiche: Harig, G.: Über die Entstehung der klassischen Naturwissenschaften in Europa. DZfPh, 6 (1958) 419.
[6] Vergleiche: Strube, W.: Die Chemie und ihre Geschichte. Berlin 1974, S. 8 ff.
[7] Vergleiche zum Beispiel: Wiegleb, J. Ch.: Historisch-kritische Untersuchung der Alchemie oder der eingebildeten Goldmacherkunst; von ihrem Ursprunge sowohl als Fortgange, und was nun von ihr zu halten sey. Weimar 1777; Nachdruck des Zentral-Antiquariats der DDR, Leipzig 1965. Wiegleb, J. Ch.: Geschichte des Wachstums und der Erfindungen in der Chemie in der neueren Zeit. Berlin/Stettin 1790. Gmelin, J. F.: Geschichte der Chemie. Göttingen 1797—1799. 3 Bände. Gmelin, J. F.: Grundsätze der technischen Chemie. Göttingen 1786, 2. Auflage 1795.
[8] Vergleiche: Trommsdorff, J. B.: Versuch einer allgemeinen Geschichte der Chemie. Taschenbuch für Ärzte usw. Erfurt 1803/05; zusammengefaßt in dem Buch „Versuch einer allgemeinen Geschichte der Chemie“. Erfurt 1806 (ohne Vorreden und Kupfer); Nachdruck des Zentral-Antiquariats der DDR und einer Vorbemerkung und den im Druck von 1806 fehlenden Teilen. Leipzig 1965.
[9] Ebenda, Teil III, S. 146.
[10] Ebenda: Vorbericht auf das Jahr 1803, S. II f.
[11] Zott, R.: Philosophische Reflexionen im Schaffen von Justus von Liebig. Dissertation. Humboldt-Universität zu Berlin. Gesellschaftswissenschaftliche Fakultät. Berlin 1976. Anhang, S. XXX.
[12] Ebenda, Anhang S. XXXII.
[13] Liebig, J. v.: Die Ökonomie der menschlichen Kraft. In: Reden und Abhandlungen. Herausgegeben von M. Carriere. Leipzig/Heidelberg 1874, S. 176.
[14] Vergleiche [6], S. 32.
[15] Vergleiche: Ranke, L. v.: Geschichte und Philosophie. 1830; Ranke, L. v.: Über die Epochen der neueren Geschichte. 1854; Ranke, L. v.: Zur Kritik neuerer Geschichtsschreiber. Leipzig/Berlin 1824.
[16] Engelmann, W.: Ankündigung zu Ostwald's Klassiker der exacten Wissenschaften. In: Ostwalds Klassiker der exacten Wissenschaften Nr. 1, Leipzig 1889, 1. Umschlagseite.
[17] Siehe [2], Band 1, S. VIII.
[18] Ostwald, W.: Elektrochemie. Ihre Geschichte und Lehre. Einleitung. Leipzig 1896, S. 3.
[19] Ebenda, Vorrede, S. VI f.
[20] Mayer, J. R.: Bemerkungen über das mechanische Äquivalent der Wärme. Heilbronn 1864.
[21] Kirchhoff, G.: Vorlesungen über mathematische Physik. Mechanik. Leipzig 1876.
[22] Zitiert nach [18], S. 4. Vgl. außerdem E. N. Hiebert u. H.-G. Fröber: Ostwald,

Friedrich Wilhelm. In: Dictionary of Scientific Biography. Bd. 15. Suppl. I, New York 1978, S. 455—469, insbes. S. 467—469.

[23] Ebenda.

[24] Ladenburg, A.: Vorträge über die Entwicklungsgeschichte der Chemie von Lavoisier bis zur Gegenwart. Heidelberg 1869. Zitiert nach der 4. Auflage. Braunschweig 1907, S. 1.

[25] Ebenda.

[26] Siehe [4], S. 58.

[27] Ostwald, W.: Die Entwicklung der Elektrochemie in gemeinverständlicher Darstellung. Leipzig 1910, S. 2.

[28] Ebenda, S. 3.

[29] Ostwald, W.: Erfinder und Entdecker. (Die Gesellschaft. Band 24, herausgegeben von M. Buber). Frankfurt a. M. 1908, S. 27.

[30] Vergleiche: Ostwald, W.: Geschichtswissenschaft und Wissenschaftsgeschichte. In: Archiv für Geschichte der Mathematik, der Naturwissenschaften und der Technik. Band 10 (Band 1 der neuen Folge), herausgegeben von J. Schuster, Berlin 1928, S. 3.

[31] Siehe [27], S. 17.

[32] Ebenda, S. 15 f.

[33] Siehe [29], S. 29.

[34] Siehe [29], S. 28.

[35] Siehe [30], S. 11.

[36] Siehe [5]; Zitiert nach: Dasselbe in: Geist und Zeit. Heft 5/1959, Düsseldorf 1959, S. 91.

[37] Lenin, W. I.: Konspekt zu Hegels „Wissenschaft der Logik“. Philosophische Hefte. Werke, Band 38, Berlin 1970, S. 137.

H.-G. Körber

Über Literaturstudien Wilhelm Ostwalds. Nach handschriftlichen Aufzeichnungen des Gelehrten

Bei seinen umfangreichen Arbeiten zur Geschichte der Chemie hat Wilhelm Ostwald eingehende Literaturstudien durchgeführt und diese in handschriftlichen Aufzeichnungen niedergelegt. Ein Konvolut mit diesen Ausarbeitungen Ostwalds befindet sich im Akademie-Archiv Berlin der Akademie der Wissenschaften der DDR, dem ich zu Dank verpflichtet bin, über diese Materialien Ostwalds berichten zu dürfen.

Bereits bei der Bearbeitung der wissenschaftlichen Korrespondenz Wilhelm Ostwalds [1] hatte ich Gelegenheit, mich mit diesem sehr umfangreichen Konvolut handschriftlicher Exzerpte vertraut zu machen. Da in diesen Materialien sich der weitgespannte Rahmen der chemiehistorischen Interessen Ostwalds widerspiegelt, darf dieser zunächst skizziert werden.

Die Geschichte der Chemie, speziell der physikalischen Chemie oder allgemeinen Chemie, wie Ostwald auch sagte, erfuhr in dem Werk Wilhelm Ostwalds eine besondere Beachtung. So berücksichtigte er in seinen Lehrbüchern, im sogenannten „großen Ostwald", d. h. dem „Lehrbuch der allgemeinen Chemie" (1. Auflage 1885—1887; 2. vermehrte Auflage 1891—1902), und im „kleinen Ostwald", dem „Grundriß der allgemeinen Chemie" (1. Auflage 1889) verstärkt die Darlegung des historischen Werdeganges der Physikochemie. Darüber hinaus hat Ostwald in verschiedenen Abhandlungen und Büchern die Entwicklung der allgemeinen Chemie behandelt. Das bedeutendste davon ist sein Werk „Die Elektrochemie. Ihre Geschichte und ihre Lehre" (1896), in dem er viele Texte aus wichtigen chemischen und physikalischen Arbeiten zitiert und in Zusammenfassungen die jeweiligen Entwicklungsetappen charakterisiert. Zu Ostwalds Bedauern fand dieses Buch im Gegensatz zu seinen anderen Büchern keine weitere Auflage, doch brachte er 1910 [2] „anstelle einer vollständigen Umarbeitung jenes ausgedehnten Werkes ... eine kurzgefaßte Übersicht der grundlegenden Tatsachen und wichtigsten Schlußfolgerungen" unter dem Titel „Die Entwicklung der Elektrochemie in gemeinverständlicher Darstellung" heraus. In diesen Kreis der wissenschaftshistorischen Arbeiten gehören auch Ostwalds Dekanatsrede von 1898 über die „Ältere Geschichte der Lehre von den Kontaktwirkungen" und sein Buch „Leitlinien der Chemie" (1906), das in der zweiten Auflage als „Der Werdegang einer Wissenschaft" 1908 erschien.

Einen weiteren wichtigen Teil im wissenschaftshistorischen Werk Ostwalds bilden die veröffentlichten biographischen oder psychographischen Studien, wie er sagte, über Humphrey Davy (1778—1829), Michael Faraday (1791—1867), Robert Julius Mayer (1814—1878), und Johann Wilhelm Ritter (1776—1810) oder die Nachrufe und Würdigungen von Eilhard Mitscherlich (1794—1863), Robert Bunsen (1811—1899), Gustav Wiedemann (1826—1899) und andere Forscher. Dabei interessierten Ostwald Probleme der Kreativität der jeweiligen Gelehrten ebenso wie ihre Rolle im Rahmen der Entwicklung ihrer Fachgebiete. Einige dieser Biographien hat er in seinem Werk „Große Männer" (Band 1, 1909) zusammengefaßt. Auch mit allgemeinen wissenschaftshistorischen Fragen befaßte sich Ostwald, wobei hier nur an seinen Beitrag „Geschichtswissenschaft und Wissenschaftsgeschichte" (1927/28) erinnert sei, ohne jedoch hier näher darauf eingehen zu wollen. (Vgl. dazu den Beitrag von W. Girnus.)

Als Editor hat sich Ostwald ebenso wie als Autor einen bleibenden Ruhm in der Entwicklung der Geschichte der Naturwissenschaften gesichert. Die nach ihm benannten und von ihm 1889 zuerst herausgegebenen „Ostwald's Klassiker der exakten Wissenschaften" erscheinen noch heute. Sie hatten nach Ostwald den Zweck, „die grundlegenden Abhandlungen der gesamten Wissenschaften den Kreisen der Lehrenden und Lernenden" zugänglich zu machen, und sollten sowohl Unterrichts- als auch Forschungsmittel sein; denn, wie Ostwald schrieb [3], „in jenen grundlegenden Schriften ruhten nicht nur die Keime, welche inzwischen sich entwickelt und Früchte getragen haben, sondern es ruhen in ihnen noch zahllose andere Keime, die noch der Entwicklung harren" und „eine unerschöpfliche Fundgrube von Anregungen und fördernden Gedanken" bieten.

Ostwald hat mit der ihm eigenen Aktivität von dieser Fundgrube den ausgiebigsten Gebrauch gemacht. Obgleich er einschränkend von der Geschichte seiner Fachdisziplin nur als „Arbeitshilfe" sprach, die nach seinen Worten [4] „im arbeitenden Kopfe des Forschers keinen Platz findet, solange er sie nicht als Werkzeug für seine Arbeit benutzen kann", hat er diese „Arbeitshilfe" virtuos zu handhaben gewußt. In mancherlei Hinsicht ist die von Ostwald durchgeführte Aufbereitung des wissenschaftshistorischen Quellenmaterials dafür ein Beispiel.

In seiner Selbstbiographie, den „Lebenslinien" (1927) gibt Ostwald Hinweise auf seine wissenschaftshistorischen Studien im Zusammenhang mit den Vorlesungen von Carl Schmidt (1822—1894) über Geschichte der Chemie, die einzigen übrigens, die der Student Ostwald regelmäßig besuchte [5]: „Dazu kam die praktische Arbeit in gleicher Richtung durch das massenhafte Studium älterer Schriften über Chemie und Physik. Ich hatte es nicht nur betrieben, um mir Kenntnisse über das ganze Gebiet der physikalischen Chemie aus den Quellen zu erwerben, sondern empfand dabei ein unmittelbares Wohlgefallen an der intimen Berührung mit den Großen und Kleinen der Wissenschaft. Zu dieser Liebhaberfreude an historischer Kleinarbeit gesellte sich die überkommene Ehrfurcht vor allem Geschichtlichen, . . ."

Die im Nachlaß von Wilhelm Ostwald befindlichen handschriftlichen Aufzeichnungen über die von ihm durchgeführten Literaturstudien zur Geschichte der Chemie in der ersten Hälfte des 19. Jahrhunderts bilden ein umfangreiches Konvolut von mehr als 600 handgeschriebenen Seiten, wobei schon allein die Verzeichnung dieser Quellen ein Manuskript von etwa 60 Schreibmaschinenseiten ergab.

Ostwald hat seine Aufzeichnungen in chronologischer Folge nach dem Erscheinungsjahr der betreffenden Arbeit angelegt und für die Zeit von 1799 bis 1843 rund 500 Quellen erfaßt und für einen kurzen Zeitraum von 1877—1880 weitere 20 Arbeiten eingesehen. Weitere Zeitabschnitte hat Ostwald nicht erfaßt. Ostwald zog für seine Literaturstudien die, wie wir heute sagen würden, Schlüsselzeitschriften der damaligen Chemie und Physik sowie die entsprechenden Schriftenreihen großer Akademien heran. Am meisten sind die „Annalen der Physik und Chemie“ mit ihren beiden Serien, den „Gilberts Annalen“ und den „Poggendorffs Annalen“, sowie „Liebigs Annalen der Chemie“ und andere bekannte Fachzeitschriften, wie die „Annales de Chimie et de Physique“ (Paris) und das „Philosophical Magazine“ (London) in seinen Literaturstudien vertreten.

Die schnelle Entwicklung der physikalischen Chemie in dem von Ostwald betrachteten Zeitraum (1799—1843) läßt sich bereits an den Zahlen der Arbeiten erkennen, die Ostwald für seine chemiehistorischen Untersuchungen ausgewählt hat. Obgleich darin ein durchaus subjektives Moment steckt und außerdem der Formalisierung von Informationsquellen u. ä. Grenzen durch die unterschiedliche Bedeutung der jeweiligen Arbeiten gesetzt sind, dürften die Angaben darüber doch von Interesse sein. So erfaßte Ostwald für die Zeit bis 1809 50 wissenschaftliche Arbeiten, für die Jahrzehnte bis 1819 123, bis 1829 108, bis 1839 141 und für die Jahre 1840—1843 80 Beiträge zur Physik und Chemie der damaligen Zeit.

Auch wird aus dieser zunehmenden Fülle der Literatur ein verstärktes Eindringen der Physik in die zeitgenössische Chemie wahrnehmbar, in dem sich in gewisser Weise die treffende Formulierung von Robert Bunsen widerspiegelt, in der es heißt [6]: „Ein Chemiker, der kein Physiker ist, ist gar nichts.“

Die Frage, wann Ostwald bei seinem sonstigen gewaltigen Lebenswerk die Zeit für diese beeindruckenden chemiehistorischen Quellenstudien gefunden hat, läßt sich nur in etwa beantworten. Vermutlich war es die bereits in dem angeführten Zitat Ostwalds aus den Lebenslinien genannte Periode, die Zeit als Assistent an der Universität in Dorpat (Tartu) 1875—1881, die Ostwald bei dem Physiker Arthur von Oettingen (1836—1920) und dem Chemiker Carl Schmidt verbrachte. Sie ließen Ostwald genügend Zeit für eigene Arbeiten und nach den Worten A. von Oettingens zu Ostwald hieß das [7]: Sie finden in ihrem ganzen Leben nicht wieder eine solche ungestörte Arbeitszeit“, was sicher bis zu Ostwalds freiwilliger Emeritierung im Jahre 1906 uneingeschränkt galt.

Die äußere Form der handschriftlichen Literaturstudien ist im Format A 5 in der üblichen Weise angelegt, wobei neben Verfasser, Titel und Quellennachweisen vor allem kürzere oder längere Literaturauszüge aus den jeweiligen Arbeiten gebracht werden. Auch hat Ostwald Schlagworte zur Inhaltscharakterisierung und zur Verwendung bei Sachregistern sowie sonstige Bemerkungen hinzugefügt.

Welche Arbeiten Ostwald unter anderem erfaßte, sei an wenigen Beispielen demonstriert: Für das Jahr 1799 hat Ostwald neben Beiträgen von Jean Henri Hassenfratz (1755—1827), Adam Wilhelm Hauch (1755—1838) u. a. die Abhandlung von Graf Rumford (Benjamin Thompson) (1753—1814) „Versuche und Beobachtungen über die Fortpflanzung der Wärme in Flüssigkeiten", Teil 2, Gilberts Annalen 2 (1799), S. 249 mit $1^1/_2$ Seiten Text ausgezogen und sich dazu die Schlagworte: Verwandtschaftslehre, Diffusion, Photochemie notiert. Für das Jahr 1803 wurden allein fünf Arbeiten von John Dalton (1766—1844) über die Ausdehnung der Gase u. ä. (Gilberts Annalen 12—15 (1803)) sowie Arbeiten von Humphry Davy (1778—1829) und Louis Joseph Gay-Lussac (1778—1850) über ähnliche Fragen exzerpiert. Auch die bekannte Arbeit von Gay-Lussac und A. von Humboldt (1769—1859) „Versuche über die eudiometrischen Mittel und über die Verhältnisse der Bestandteile der Atmosphäre (Gilberts Annalen 20 (1805), S. 38) hat Ostwald mit $1^1/_4$ Seiten Text bedacht. Schließlich seien aus der Fülle der Studien noch zwei kleine Beispiele wörtlich [8] angeführt:

„*Babinet* Ueber ein Mittel zur Messung mehrerer chemischer Actionen — Pog 12, 523 [1828] (Ann ch ph XXXVII 183)

Chem. Actionen, die von Gasentwicklungen begleitet sind, werden gehemmt, wenn man das Gas nicht entweichen läßt. Der erste Versuch 1818, Wasser Zink u Schwefels[äure]. blieben bei 33 Atm. stehn, wenn die Temp. 25 °C war. Bei 10 °C war der Stand 13 Atm. — *Experimentell zu verfolgen!*"

Jacques Babinet (1794—1872) wurde als Physiker und Mathematiker besonders durch seine Strahlungsforschungen — Polarisation des Himmels — bekannt.

Im „Lehrbuch der allgemeinen Chemie" und in seiner Geschichte der Elektrochemie hat Ostwald diese Untersuchung von Babinet nicht erwähnt.

Das andere wörtliche Beispiel lautet:

„*Kuhlmann* Ueber einige neue Reactionen welche durch Platinschwamm hervorgebracht werden — J. pr Ch 16, 480 C rend VII, 1107

N in irgend einer Verbindung mit Luft oder O bei 300° über Pt schwamm geleitet giebt Salpetersäure, mit H in Uberschuß Ammoniak. Ist C zugegen, so komt auch CN zu Stande

Alle vergasbaren Metalloide geben über
Pt schwamm mit H Verbindungen
Essigs. u H giebt Essigäther
Cit Magnus, SO_3-Bildung u Berzelius
Lehrb. II, 50"

Bei Charles Friedrich Kuhlmann (1803—1881) handelt es sich um einen französischen Chemiker und kapitalistischen Unternehmer, der die katalytische Wirkung von Platin bei der Salpetersäureherstellung untersuchte. Das Verfahren wurde später auch von W. Ostwald benutzt. (Vgl. auch den Beitrag von W. Schirmer.)

Natürlich wäre es nicht im Sinne von Wilhelm Ostwald, aus diesen nur für ihn bestimmten handschriftlichen Aufzeichnungen philologisch textkritische Betrachtungen zu entwickeln und Nachweise zu führen, wo diese Studien im Detail im gedruckten Werk Ostwalds wieder verwendet wurden. Dies würde letztlich nur die Gedanken bestätigen, die Ostwald in vielfacher Weise zur geschichtlichen Entwicklung der physikalischen Chemie in seinen Publikationen geäußert hat.

„Da nun", wie Ostwald im Vorwort seiner Geschichte der Elektrochemie schrieb [9], „der geschichtliche Entwickelungsgang eines Gebietes im allgemeinen stets mit dem logischen zusammenfällt, so ist der Weg des geschichtlichen Studiums zwar nicht eben der kürzeste, wohl aber der erfolgreichste und reizvollste zum Eindringen in die Wissenschaft." Diesen ein wenig bei Ostwald persönlich nachgespürt zu haben, ist der Zweck meiner Bemerkungen.

Literatur

[1] Ostwald, W.: Aus dem wissenschaftlichen Briefwechsel Wilhelm Ostwalds. Hrsg. von H.-G. Körber, T. 1—2, Berlin 1961 u. 1969.
[2] Ostwald, W.: Die Entwicklung der Elektrochemie, Leipzig 1910, S. 17.
[3] Ostwalds Klassiker der exakten Wissenschaften, Bd. 45 (H. Davy, Elektrochemische Untersuchungen), Leipzig 1893, Ankündigungstext.
[4] Vgl. [2], S. 2.
[5] Ostwald, W.: Lebenslinien, Bd. 2, Berlin 1927, S. 56—57.
[6] Zit. nach Walden, P.: Wilhelm Ostwald, Leipzig 1904, S. 30.
[7] Vgl. [6], S. 26.
[8] Akademie-Archiv Berlin, Nachlaß W. Ostwald, Konvolut „Literaturstudien W. Ostwalds", Literaturauszüge für 1828.
[9] Ostwald, W.: Die Elektrochemie. Ihre Geschichte und ihre Lehre. Leipzig 1896, S. VI.

F. Herneck

Wilhelm Ostwald und die Wissenschaftsforschung

Unter den deutschen Gelehrten, die die Wissenschaft selbst zum Gegenstand der wissenschaftlichen Forschung machten, steht WILHELM OSTWALD zeitlich an der ersten Stelle [1]. Zwar hatten vor ihm schon andere Forscher und Denker, insbesondere Philosophen, über die Wissenschaft als Kulturphänomen nachgedacht und über sie geschrieben; aber von einer Wissenschaftswissenschaft im heutigen Sinn konnte bei ihnen noch nicht die Rede sein, weder in Deutschland noch anderswo.

Dies gilt auch für den von OSTWALD hochverehrten österreichischen Experimentalphysiker und Erkenntnistheoretiker ERNST MACH, obwohl dieser Gelehrte in seinem Sammelwerk „Erkenntnis und Irrtum" wertvolle Beiträge zur Psychologie der Naturforschung geliefert hat, und für den französischen Mathematiker und theoretischen Physiker HENRI POINCARÉ, der mit einigen seiner Schriften, vor allem mit dem Buch „Der Wert der Wissenschaft", wichtige Teilaspekte dieser Thematik berührte.

Den Ausdruck „Wissenschaft der Wissenschaft" in der Bedeutung von „Science of science" prägte WILHELM OSTWALD im August 1903. In dem Vortrag „Biologie und Chemie", den er an der Kalifornischen Staatsuniversität in Berkeley bei der Eröffnung des von JACQUES LOEB errichteten Biologischen Laboratoriums hielt [2], sprach er von einer neuen, noch im Entstehen begriffenen „Wissenschaft der Wissenschaften". Ihre Aufgabe sei es, die Entwicklungsgesetze der einzelnen Wissenschaften, unabhängig von ihrem besonderen Gegenstand, zu untersuchen und aufzudecken. Eine derartige Wissenschaft — meinte OSTWALD — gäbe es „noch kaum". Bei ihrer Gestaltung müßten entwicklungsgeschichtliche Gesichtspunkte in den Vordergrund gestellt werden. Würden die Bemühungen in dieser Richtung vorangetrieben, werde es bald eine „Biologie der Wissenschaften" geben. Daß OSTWALDS Wissenschaftsauffassung von Anfang an biologisch ausgerichtet war, ist schon an diesem ersten Programm erkennbar.

Die Anregung, sich überhaupt mit Fragen der Wissenschaftswissenschaft, insbesondere der Psychologie der Forschung und der Forscher, zu beschäftigen, hatte OSTWALD als junger Student in seiner lettischen Heimat erhalten. Bei der Durchsicht der Schriften der Moskauer „Naturwissenschaftlichen Gesellschaft" stieß er auf eine Untersuchung über die individuellen psychologischen Voraussetzungen und Bedingungen der wissenschaftlichen Entdeckungen. Dieser Aufsatz beeindruckte ihn tief und nachhaltig. Ihm verdankte er — wie er 1923 in seiner „Selbstdarstellung“ hervorhob — das Bestreben, beim Studium wissenschaftlicher Abhandlungen von den Menschen, die sie verfaßt hatten, so viel zu erkennen, wie sich durch den Schleier der Publikationen nur irgend erblicken ließ [3].

Vor allem in seiner „philosophischen Periode“ von 1906—1914 verwendete Ostwald viel Zeit und Arbeitskraft auf die Erforschung der Gesetze der Wissenschaftsentwicklung und der psychischen Struktur der Forscherpersönlichkeiten. Das Studium von Biographien und Selbstbiographien sowie des Briefwechsels namhafter Wissenschaftler sollte ihm helfen, möglichst konkret den Mechanismus des Forschens zu verstehen, also das, was Helmholtz in seinem Vorwort zur Hertzschen „Mechanik“ als „die innere psychologische Geschichte der Wissenschaft“ bezeichnet hatte. Ostwald wollte — nach seinen eigenen Worten — herausfinden, „wie die genialen Leistungen der großen Forscher zustande kommen“ [4].

Eine erste zusammenfassende, wenn auch noch vorläufige Darstellung dieser Thematik gab er 1908 in dem Büchlein „Erfinder und Entdecker“. Die bekannteste und umfangreichste Schrift dieser Art war jedoch sein Buch „Große Männer“, das 1909 in Leipzig in einer Schriftenreihe mit dem Untertitel „Studien zur Biologie des Genies“ erschien. Auch dieser Untertitel zeigt, daß es Ostwald vorrangig auf eine biologische Betrachtung der führenden Forscher ankam: eine Einseitigkeit, die er erst in späteren Lebensjahren zu überwinden bestrebt war, ohne daß ihm dies ganz gelungen wäre.

In dem angeführten Werk versuchte Ostwald, durch die Erforschung und Darstellung der wissenschaftlichen Entwicklung eines Davy, Mayer, Faraday, Liebig, Helmholtz und anderer berühmter Naturwissenschaftler des 19. Jahrhunderts die Grundlinien des wissenschaftlichen Schöpfertums aufzuspüren und daraus allgemeine Schlußfolgerungen abzuleiten. Es handelte sich für ihn dabei aber nicht nur um eine Frage des Erkenntnisgewinns, sondern auch und vor allem um eine durchaus pragmatische, praxisverbundene Aufgabenstellung mit forschungsorganisatorischer und forschungspolitischer Zielsetzung.

Durch das Aufdecken der Gesetzmäßigkeiten der wissenschaftlichen Forschungstätigkeit wollte Ostwald Mittel und Wege ausfindig machen, die geeignet sind, den Wirkungsgrad der wissenschaftlichen Arbeit zu erhöhen. Insbesondere wollte er Kriterien erarbeiten, die es ermöglichen, wissenschaftlich ungewöhnlich begabte Menschen schon frühzeitig zu erkennen, damit sie dann so gefördert werden können, daß sich ihr spezifisches Talent zum Nutzen der Wissenschaft und der Gesellschaft in bestmöglicher Weise entfalten kann.

Es ging Ostwald also um die Gewinnung von Grundlagen für eine planmäßige Entwicklung hochqualifizierter naturwissenschaftlicher Nachwuchskader zur Erhöhung des nationalen Wissenschaftspotentials und zur Steigerung des nationalen Beitrags zur Weltwissenschaft. Die „Naturgesetze des Genies“ zu entdecken, um dann eine rationelle „Bewirtschaftung des Genies“ — das alles sind seine wörtlichen Formulierungen! — durchführen zu können, das war sein erklärtes Anliegen als Wissenschaftsforscher. Eine Wissenschaft um der Wissenschaft willen lag ihm fern. „Die Wissenschaft soll und muß nützlich sein" — dies war hier wie sonst OSTWALDS Leitsatz [5], den er freilich nicht in einem naiv-utilitaristischen Sinn aufgefaßt wissen wollte; die Entwicklung der Grundlagenforschung, der „reinen Wissenschaft", wie er im Sprachgebrauch der Zeit es nannte, war ihm die unabdingbare Voraussetzung für die Entwicklung der Technik und der Volkswirtschaft. Auch die Wissenschaftsgeschichte gehörte für ihn zu dem, was wir als „Produktivkraft Wissenschaft" bezeichnen.

Diese Probleme wurden von OSTWALD in verschiedenen Schriften dargestellt. So finden sich in dem Sammelband „Die Forderung des Tages" (1910) einige Abhandlungen zur Wissenschaftswissenschaft, die zum Teil schon früher als das vorhin genannte Hauptwerk verfaßt und veröffentlicht wurden. Unter ihnen sind die beiden Artikel „Zur Biologie des Forschers" hervorzuheben. Darin erläuterte OSTWALD seinen Versuch, eine Typologie der Gelehrten nach ihrem Forschungsverhalten, ihrem literarischen Arbeitsstil, ihrer Geschwindigkeit und ähnlichen psychologischen Merkmalen aufzubauen. Er unterschied bekanntlich zwei gegensätzliche Grundtypen von Forschern, die er als „Klassiker" und „Romantiker" bezeichnete, Ausdrücke, die der deutschen Literaturwissenschaft entlehnt sind [6].

Die von OSTWALD vorgeschlagene Einteilung blieb zwar nicht unwidersprochen, hat sich aber innerhalb der Grenzen, die jeder derartigen Klassifizierung gesetzt sind, praktisch gut bewährt, wenn auch gegen die Bezeichnungsweise mit Recht eingewendet werden konnte, daß der Ausdruck „Klassiker" schon in einem anderen Sinn benutzt wird und auch von OSTWALD selbst benutzt wurde: in der von ihm geschaffenen Reihe von Quellenschriften „Klassiker der exacten Wissenschaften". Doch diese terminologische Frage ist sachlich von untergeordneter Bedeutung. Jedenfalls ist die von OSTWALD vorgeschlagene Grobeinteilung wahrnehmungspsychologisch wohlbegründet, und sie kann durch beliebig viele Beispiele aus der Geschichte der einzelnen Wissenschaften belegt werden.

Weniger überzeugend sind dagegen OSTWALDS Anschauungen über das Generationsproblem in der Wissenschaft und die damit zusammenhängenden Fragen, weil sie den jeweiligen Stand der Wissenschaftsentwicklung und die konkret-historische Umwelt der Einzelforscher beim Zustandekommen ihrer bahnbrechenden Entdeckungen nicht berücksichtigen. Die Erfinder und Entdecker werden von OSTWALD aus dem „Ensemble der gesellschaftlichen Verhältnisse" herausgelöst und für sich, als isolierte Individuen, betrachtet. Es war jedoch verdienstvoll, daß WILHELM OSTWALD auch diese kaderpolitisch wichtige und noch immer aktuelle Problematik überhaupt aufgeworfen hat.

Aus OSTWALDS zahlreichen Abhandlungen zu wissenschaftswissenschaftlichen Problemen sei vor allem auf den Vortrag „Die Wissenschaft" hingewiesen, den er als Vorsitzender des „Deutschen Monistenbundes" im Herbst 1911 auf dem I. Internationalen Monistenkongreß in Hamburg gehalten hat und der 1912 in Leipzig als Broschüre erschienen ist. Darin wird die Wissenschaft verherrlicht als das höchste Gut der Menschheit, als „das allgewaltige Werkzeug, dem weder das Größte noch das Kleinste unzugänglich bleibt, dem die Gestirne ihre Geheimnisse nicht minder offenbaren müssen, wie die Keime des tierischen und pflanzlichen Lebens". OSTWALD meinte, daß die Wissenschaft eine Sonderstellung gegenüber allen übrigen geistigen Betätigungen der Menschheit einnähme, und erklärte, daß für die fortschrittlichen Menschen der Begriff der Wissenschaft unwiderstehlich an die Stelle getreten sei, „die für weniger entwickelte Geister der Gottesbegriff bisher eingenommen hatte". Er begründete dies mit den Worten: „Denn alles, was die Menschheit an Wünschen und Hoffnungen, an Zielen und Idealen in den Begriff Gott zusammengedrängt hatte, wird uns von der Wissenschaft erfüllt." An anderer Stelle bezeichnete er die Wissenschaft als „den Heiland, den Messias unserer Zukunft" [7], eine Vergöttlichung der Wissenschaft, die in dieser Form einmalig sein dürfte in der gesamten wissenschaftlichen Weltliteratur.

Seiner pragmatischen Grundhaltung entsprechend, wies OSTWALD auch in seinem Vortrag darauf hin, daß alle Wissenschaft aus der praktischen Erfahrung, aus der Technik entstanden sei und am meisten durch solche Forscher gefördert wurde, die eine enge Beziehung und genaue Bekanntschaft mit der Technik, mit dem tätigen Leben haben. Im Geiste seiner biologistischen Gesellschaftsauffassung betonte er nachdrücklich den biologischen Charakter der Wissenschaft. Die Wissenschaft — so sagte er — verhalte sich so, als ob sie „ein Wesen eignen Lebens mit eignen regulatorischen und assimilatorischen Fähigkeiten" wäre; wie ein Organismus steige sie in der richtigen Reihenfolge vom Einfachen zum Zusammengesetzteren auf. Dabei werde nur eine Wissenschaft, die in der Lage und gewillt ist, Voraussagen zu machen und der Menschheit die Gestaltung der Zukunft im Sinne einer Verbesserung und Veredlung zu ermöglichen, ihrer sozialen Aufgabe gerecht; nur eine solche Wissenschaft könne den Anspruch erheben, von der Gesellschaft gepflegt und gefördert zu werden. Auch bei anderen Gelegenheiten erhob OSTWALD die Forderung nach einer anwendungsorientierten Forschung. In Übereinstimmung mit COMTES Satz „Savoir pour prévoir" (= wissen, um vorauszusehen) erklärte er, daß jede Wissenschaft die Aufgabe habe, sachlich begründete Voraussagen zu machen; andernfalls sei sie nicht mehr als eine wertlose „Papierwissenschaft".

In dem 1912 erschienenen Sammelband „Der energetische Imperativ" findet sich der sehr Bemerkenswerte Beitrag „Persönlichkeitsforschung". OSTWALD kennzeichnete diese Disziplin, die er auch „Persönlichkeitswissenschaft" nannte, ebenfalls als eine „werdende Wissenschaft". Er glaubte zeigen zu können, daß sich ihre komplizierten Probleme auf die einfachen allgemeinen Gesetze alles physischen Geschehens zurückführen lassen, wenn sie dadurch natürlich auch nicht erschöpft würden. Ein anderer Artikel, „Die Züchtung des Genies", läßt schon im Titel das pädagogische und wissenschaftspolitische Hauptanliegen OSTWALDS sichtbar werden, der auch hierbei von biologistischen Erwägungen ausging, die im Darwinismus wurzelten.

Aus den späteren Arbeiten des Forschers zur Wissenschaftswissenschaft möchte ich den wenig bekannten, aber in gewisser Weise programmatischen Aufsatz „Geschichtswissenschaft und Wissenschaftsgeschichte“ [8] herausheben. Darin erklärt OSTWALD, daß es wichtig sei, „die Wissenschaft als eine soziale Erscheinung aufzufassen. Diese Forderung ging über sein anfängliches Programm hinaus. Er ergänzte damit seine ursprüngliche Wissenschaftskonzeption, in der die biologischen Aspekte überbetont wurden, durch den Hinweis auf die gesellschaftliche Seite der Wissenschaft, wenn ihm dabei auch versagt blieb, zu den Fragestellungen und Lösungsversuchen vorzudringen, wie sie später beispielsweise vor allem JOHN D. BERNAL vorgelegt hat [9].

OSTWALDS letztes größeres Werk zu Fragen der Wissenschaftswissenschaft ist die Schrift „Die Pyramide der Wissenschaften“ (1929). In diesem noch heute lesenswerten Buch gab der Gelehrte seinen wiederholten Versuchen, die Wissenschaften unter dem Gesichtspunkt der Einheit des Logischen und Historischen systematisch aufeinander aufzubauen und nach den Leitbegriffen Ordnung, Energie und Leben zu klassifizieren, eine abschließende Gestalt, wobei er seiner Klassifikation das formal-logische Gesetz des reziproken Verhältnisses von Umfang und Inhalt der Begriffe zugrundelegte.

Trotz gewisser Mängel, die sich letztlich aus der Klassenposition des Forschers und aus seiner verfehlten „energetischen“ Philosophie herleiten, die LENIN in „Materialismus und Empiriokritizismus“ (1909) kritisch bekämpft hat [10], sind OSTWALDS Arbeiten zur Wissenschaftswissenschaft und zur Persönlichkeitsforschung historisch bemerkenswerte und bedeutende Leistungen. Sie erweisen ihren Autor als einen der Begründer und Bahnbrecher der modernen Wissenschaft der Wissenschaft. OSTWALD eilte auf diesem Gebiet seinen Zeitgenossen — auch wissenschaftstheoretisch und wissenschaftshistorisch so interessierten Physikern wie PLANCK oder EINSTEIN — erheblich voraus. Mit seiner These von der Wissenschaft als eines sich selbst regulierenden Organismus nahm er die kybernetischen Wissenschaftsmodelle um fast ein halbes Jahrhundert im Prinzip vorweg. Auch mit anderen schöpferischen Gedanken wies er in die Zukunft, z. B. mit der Betonung der Rolle der Intuition, des „wissenschaftlichen Gefühls“, wie er es bezeichnete, für die Forschung: ein Problem, dem in der marxistischen Forschungspsychologie mehr und mehr Aufmerksamkeit geschenkt wird, weil man ohne seine Beachtung die Entwicklung der Wissenschaftsgeschichte nicht in der Tiefe begreifen kann.

WILHELM OSTWALDS Schriften zur Wissenschaftsforschung gehören zu den Quellenschriften der Wissenschaftswissenschaft, die von uns mehr als bisher genutzt werden sollten. Dabei wird auch hier wie in ähnlich gelagerten Fällen die Aufgabe der Marxisten darin bestehen, die untauglichen Tendenzen, wie sie sich insbesondere in dem „energetischen“ Beisatz und im Biologismus von OSTWALDS Wissenschaftsauffassung finden, im Sinne LENINS „wegzuschneiden“ und bei der Durchführung der eigenen Linie die vorhandenen reichen Ansätze zum Progressiven weiter auszubauen. Daß OSTWALDS Wissenschaftsforschung — vermutlich unter dem Einfluß seines Freundes und langjährigen Fakultätskollegen WILHELM

Wundt — stark psychologisch ausgerichtet war und er statt von Biographien lieber von „Psychographien" sprechen wollte, kann bei dem erfreulichen Aufschwung, den die Psychologie in der letzten Zeit bei uns genommen hat, dieses Vorhaben nur erleichtern. Das Jubiläum könnte ein äußerer Anlaß dazu sein, die hier anstehenden ebenso interessanten wie mannigfaltigen Aufgaben in Angriff zu nehmen.

Literatur

[1] Die erste ausführlichere wissenschaftliche Würdigung von Ostwalds Leben und Wirken aus marxistischer Sicht — unter besonderer Berücksichtigung seines Kampfes gegen Religion und politischen Klerikalismus — findet sich in der Einleitung zu dem Sammelband Wilhelm Ostwald: Wissenschaft contra Gottesglauben. Aus den atheistischen Schriften des großen Chemikers. Hrsg. v. F. Herneck, Leipzig/Jena 1960. Eine zusammenfassende Darstellung ist enthalten in: F. Herneck: Abenteuer der Erkenntnis — Fünf Naturforscher aus drei Epochen. Berlin 1973, S. 147—214.

[2] Abhandlungen und Vorträge allgemeinen Inhalts (1887—1903). Leipzig 1904, S. 286.

[3] Ostwald, W.: Selbstdarstellung. In: Die Philosophie der Gegenwart in Selbstdarstellungen, Bd. IV, Leipzig 1923, Sonderdruck, S. 12.

[4] Ostwald, W.: Lebenslinien, Bd. III, Berlin 1927, S. 114.

[5] Der energetische Imperativ, Leipzig 1912, S. 43.

[6] Ostwald, W.: Lebenslinien, a. a. O., S. 115.

[7] Religion und Monismus, Leipzig 1914, S. 70.

[8] Archiv f. Geschichte d. Mathematik, d. Naturwissenschaften u. d. Technik, Leipzig, Bd. 10 (1927), Sonderdruck S. 8.

[9] Bernal, J. D.: Die Wissenschaft in der Geschichte, Berlin 1967.

[10] Lenin, W. I.: Werke Bd. 14, Berlin 1962.

M. Bonitz

Gedanken Wilhelm Ostwalds zum Informationsproblem in der wissenschaftlichen Forschung

Der Begriff „wissenschaftliche Information" war zu Lebzeiten Wilhelm Ostwalds und noch lange danach unbekannt. Dieser Begriff, den Wilhelm Ostwald folglich niemals gebrauchte, fand erst in den sechziger, siebziger Jahren Eingang in den Sprachschatz vornehmlich der Wissenschaftswissenschaftler und Informatiker, vgl. [1].

Nichts wäre jedoch abwegiger, als aus dieser Tatsache zu schlußfolgern, Wilhelm Ostwald habe dem „Problem der wissenschaftlichen Information" nur gelegentlich, flüchtig, hier und da, Aufmerksamkeit geschenkt und manches wesentliche sei überhaupt erst in seinem Nachlaß entdeckt worden, vgl. [2, S. 63]. Das Gegenteil ist der Fall. Er, der zeit seines wissenschaftlichen Lebens immer Entdecker *und* Organisator gewesen ist, der wie kaum ein anderer nicht nur Konsument, sondern *vor allem* Produzent und Verbreiter wissenschaftlicher Information gewesen ist, erkannte frühzeitig und besser als die meisten seiner Zeitgenossen die Widersprüche, die sich der wissenschaftlichen Kommunikation im Wissenschaftsbetrieb auftun, suchte deren Ursachen zu ergründen, gelangte für alle wesentlichen Probleme zu Lösungsvorschlägen und begann für gewöhnlich umgehend mit der „Überführung" seiner Ergebnisse in die wissenschaftsorganisatorische Praxis.

Wahr ist allerdings auch, daß diese Seite des Wirkens von Wilhelm Ostwald ganz zu unrecht nicht oder zu wenig bekannt ist. Von einer systematischen Erforschung der Leistungen Ostwalds unter dem Aspekt des Informationsproblems, einer Erforschung, welche der Bedeutung dieser Seite seines Schaffens gerecht würde, kann noch nicht die Rede sein.

Auch dieser Vortrag bringt nur erste Erkundungen Ostwaldscher Gedanken, Vorschläge und Aktivitäten zum Informationsproblem. Der Haupteindruck aus diesen Erkundungen: Wer zu Ostwald in die Vergangenheit reist, kehrt aus der Zukunft in die Gegenwart zurück.

Noch heute ist es nützlich, die Meinung Ostwalds zu vielen Teilfragen der wissenschaftlichen Information einzuholen, er ist nach wie vor ein wichtiger „Diskussionspartner", denn das Informationsproblem (mit ihm beschäftigte sich im Jahre 1975 das Plenum der Akademie der Wissenschaften der DDR, vgl. [3]) ist bis heute ungelöst und die Wahrscheinlichkeit ist hoch, daß die Ostwaldschen

Überlegungen, die sich teilweise glänzend bewährt und bewahrheitet haben, auch mitbestimmend für die gegenwärtigen Bemühungen bleiben werden. Dies wenigstenz an Hand einiger Beispiele, wenn nicht zu beweisen, so doch plausibel zu machen, ist Anliegen meines Vortrages.

Die Lawine

Die Erscheinung der Informationslawine, die auch heute noch Ausgangspunkt der meisten Überlegungen zum Informationsproblem ist, war WILHELM OSTWALD wohlbekannt. Mit einfachen, treffenden Worten bezeichnet er sie als „das Problem, wie ein moderner Mensch überhaupt noch imstande sein soll, durch den Papierozean zu schwimmen, der sich täglich neu auftut" [4, S. 588]. Deutlicher: „Betrachtet man die Literatur neuer chemischer Publikationen, die ein einziges Jahr hervorbringt, so kommt man, wenn man die zugehörigen Drucksachen nebeneinander aufbaut, zu erschreckenden Dimensionen von zehn- bis hunderttausend Seiten" [5, S. 93].

Aber WILHELM OSTWALD bleibt nicht stehen bei der Feststellung, „daß die Aufbewahrung und Ordnung des in stürmischer Fülle hereinströmenden wissenschaftlichen Gutes sehr schwierig und täglich umso schwieriger wird, als die bisherigen Betriebsformen für derartige außergewöhnliche Verhältnisse nicht geschaffen worden sind, und sich ihnen auch noch nicht genügend angepaßt haben" [5, S. 7]. Er erkennt, daß sich hinter diesen äußeren Erscheinungen eine wissenschaftliche Problematik ganz neuer Art verbirgt, daß nämlich „gegenwärtig die *Produktion* neuer Wissenschaft die bereits geschilderten ungeheuren Dimensionen angenommen hat, während die zugehörige Ausbildung der *Assimilation* innerhalb der gesamten Angehörigen unserer Wissenschaft kaum bisher Gegenstand ernsthafter und methodischer Betrachtung gewesen ist. Daß hier ein Bedürfnis vorhanden ist, wird durch die allgemeine und unaufhörliche Klage jedes einzelnen unter uns über die Unmöglichkeit, den Strom der neuen Publikationen auch nur halbwegs zu bewältigen erläutert. Daß aber diese berechtigte Klage darauf beruht, daß eine notwendig organische Ausbildung unserer Wissenschaft bisher *versäumt* worden ist, scheinen sich auch solche noch nicht zum Bewußtsein gebracht zu haben, welche besonders schwer unter den vorhandenen Verhältnissen leiden" [5, S. 94].

In unserer Zeit beschäftigt sich mit diesen Fragen die selbständige Wissenschaftsdisziplin Informatik.

Der „Informatiker" OSTWALD beginnt, immer wieder, mit Akribie die bestehenden Kommunikationsformen, besonders die Publikationsformen zu untersuchen, um den grundlegenden Fehler zu entdecken, der nach seiner Auffassung dem System der wissenschaftlichen Kommunikation anhaften muß, um die Prinzipien herauszufinden, die einer modernen Gestaltung dieses Systems zugrundeliegen müßten. Er kommt zu einer Reihe von verblüffenden Resultaten, die er in zahlreichen Publikationen propagiert. Als die schönste und aussagestärkste empfinde ich die Arbeit „Die chemische Literatur und die Organisation der

Wissenschaft“, geschrieben im Jahre 1914. Sie ist zugleich — welche bewundernswerte Kühnheit! — der Einleitungsband zum „Handbuch der allgemeinen Chemie“ [5].

Das Prinzip der unabhängigen Handhabung des einzelnen Stückes

Wilhelm Ostwald kommt einem wichtigen Prinzip auf die Spur, das er beiläufig als „Prinzip der unabhängigen Handhabung des einzelnen Stückes“ bezeichnet [5, S. 96]. Dank seiner ausgeprägten Fähigkeit zum Denken in weiten Zusammenhängen, wir würden sagen zum Systemdenken, hatte Ostwald grundlegende Mängel bei allen bestehenden Publikationsformen, bei den wissenschaftlichen Zeitschriften, bei den Referatediensten, ja sogar beim wissenschaftlichen Buch, überall da also, wo durch den Buchbinder die wissenschaftlichen Stücke in eine starre äußere Form gepreßt worden sind, entdeckt, die er auf folgende Weise charakterisiert: „Eine jede organische Systematik darf nicht nur die gegenseitigen Beziehungen der geordneten Gegenstände als eindimensionale Reihe darstellen, sondern muß den vorhandenen netzartigen Komplex (indem nämlich die einzelne Tatsache nicht nur mit je *einer* vorangehenden und nachfolgenden in unmittelbaren Beziehung steht, sondern mit einer großen Anzahl anderweitiger Tatsachen) zum sachgemäßen Ausdruck bringen. Es ist aber grundsätzlich unmöglich, bei der eindimensionalen Reihenfolge der sprachlichen Darstellung in der Ordnung der Darstellung selbst diese tatsächlich vorhandenen Beziehungen erschöpfend wiederzugeben“ [5, S. 88]. Ostwald fordert nun, daß das in schriftlicher Form fixierte wissenschaftliche Wissen in solche kleinste „Stücke“ zerlegt werde und auch zerlegt bleibe, daß es jederzeit in beliebigen Kombinationen an die individuelle Bedürfnisse der Nutzer und dem wechselnden Lauf der Wissenschaften angepaßt werden könne.

Die zu Ostwalds Zeiten denkbare, vernünftigste kleinste Form, bis zu der herab die Darstellung eines wissenschaftlichen Sachverhaltes getrieben werden konnte, war das Einzelblatt, die Karteikarte. „Denkt man sich jedes einzelne Referat auf ein besonderes Blatt gedruckt und am Kopf mit einem leicht verständlichen Registervermerk (heutzutage beispielsweise Deskriptorenketten, M. B.) versehen, so kann man allwöchentlich die einlaufenden Einzelblätter zu einer gegebenen Zeit in seinen Sammelkasten einordnen, indem man nach Anleitung des Registriervermerks das Gleiche zum Gleichen bringt (eine gut ausgebildete Registratur ist so eindeutig und durchsichtig, daß man diese Ordnungsarbeit untergeordneten Kräften überlassen kann), so hat man offenbar die beiden Vorteile vereinigt, die hier anzustreben sind. Wie bei einem systematisch geordneten Handbuch steht das Gleiche beim Gleichen, denn es sind alle zusammengehörigen Arbeiten auch räumlich zusammengeordnet, und wie bei der Referierzeitschrift kann das Referat über die neuen Forschungen so bald gemacht werden, als die technische Herstellung einer solchen Ausarbeitung des Manuskriptes, Satz und Druck und Verteilung es nur irgend gestatten“ [5, S. 96]. Heute sind diese Ideen Ostwalds glänzend verwirklicht in einer Methode, auf die die Betreiber und Nutzer moderner rechnergestützter Informationssysteme besonders stolz sind, ich meine die Methode der „Selektiven Informationsvorbereitung“, engl. „Selective Dissemination of Information“, russ. „Izbiratel'noe Rasprostranenie Informacii“. Diese Methode gestattet tatsächlich eine, wie OSTWALD formuliert, „den mannigfaltigen Bedürfnissen sich überall anschmiegende individuelle Kombination unter jedem möglichen Gesichtspunkt“ [5, S. 97].

WILHELM OSTWALD liebte es, das, was wir gelegentlich den „Weltfundus des Wissens“ nennen, als „Handbuch der Wissenschaft“ zu bezeichnen. Er war überzeugt: Wenn es gelingt, eine Zerlegung der wissenschaftlichen Information in vernünftige kleinste Stücke zustandezubringen, dann „ergibt die systematische Ordnung dieser einzelnen Referate das allgemeine Handbuch der gesamten Wissenschaft ... Der einzelne wissenschaftliche Arbeiter ... wird sich sein persönliches Handbuch in dem Umfange anschaffen, wie es durch die Beschaffenheit seiner besonderen Arbeiten bedingt wird. ... indem er die einlaufenden neuen Auszüge in das Gesamtwerk an gegebener Stelle einordnet, hält er sein „Buch“ stets bis auf einige Wochen dem allerletzten Stande der Wissenschaft gemäß“ [5, S. 98].

Die Überlegungen zum Handbuch der Zukunft aber führen OSTWALD beinahe von selbst zu der Frage, „ob nicht auch noch ein letztes Ideal auf diesem Gebiete erreichbar sein sollte, nämlich das Handbuch, welches die Eigenschaft hätte *sich automatisch völlig modern zu halten*. Ein solches Werk müßte nicht nur den Tatbestand der Wissenschaft zum Ausdruck bringen, wie er vor einigen Jahren im Augenblick des Abschlusses des fraglichen Teils bestanden hat, sondern den Wissensstand immer wieder bis in die Gegenwart ergänzen“ [5, S. 92 f.].

Es ist bekannt, daß auch dieses Ideal bei den modernsten rechnergestützten Informationssystemen verwirklicht bzw. verwirklichbar ist. Die geniale Prophetie des großen Gelehrten, die auf einem beinahe unscheinbaren wissenschaftlichen Prinzip aufbaut, dem Prinzip der unabhängigen Handhabung des einzelnen Stückes, bedarf wohl kaum eines Kommentars!

Vielleicht dieses. WILHELM OSTWALD glaubte, daß mit der Verwirklichung des genannten Prinzips die konventionellen Kommunikationsformen der wissenschaftlichen Zeitschrift, des wissenschaftlichen Referatendienstes und des wissenschaftlichen Buches überflüssig und daher verschwinden würden. Obwohl in unserer Zeit nicht wenige computerbesessene Spezialisten ähnliche Auffassungen wie OSTWALD vertreten, haben sich derartige Voraussagen vorerst nicht bewahrheitet. So hat das wissenschaftliche Buch seine Existenz bewahrt und ist nicht in eine lose Sammlung von Abhandlungen aufgelöst worden, die großen Referierorgane liegen nicht nur auf Magnetband vor, sondern sie liegen auch in gedruckter Form gut in der Hand, und die wissenschaftlichen Zeitschriften haben nicht ihr Dasein zugunsten einzeln vertriebener Artikel aufgegeben. Unsere Erfahrungen besagen vielmehr, daß die Vielfalt der Kommunikationsformen zunimmt, wobei die neuentstandenen die alten nicht verdrängen. Aber der Gerechtigkeit zuliebe muß doch bemerkt werden, daß OSTWALDS Ideen der „Sammelschrift“

in moderner Form in der Diskussion um die sog. „user journals", vgl. [6], weiterleben, und daß OSTWALD die wachsende Verbreitung der Separata und damit implizit der modernen Reportliteratur, vgl. [7], vorausgesehen hat.

Der internationale Charakter der wissenschaftlichen Information

Die vielfältigen Bemühungen WILHELM OSTWALDS um Ordnung und Sprache, es sei erinnert an seine Klassifikation der Wissenschaften und an sein aktives Eintreten für die Schaffung einer internationalen Hilfssprache, gehören selbstverständlich gleichfalls zum Problemkreis der wissenschaftlichen Information. Sie sollten hier nur erwähnt sein, eine Erörterung verbietet sich aus Zeitgründen.

Ihre Aufmerksamkeit sei vielmehr noch auf ein weiteres Prinzip gelenkt, von dem sich WILHELM OSTWALD in seinem Bestreben, „die wissenschaftliche Ernte zu organisieren" [8, S. 126] leiten ließ und das er vielleicht das Prinzip vom internationalen Charakter der wissenschaftlichen Information genannt hätte, wäre ihm der heutige Informationsbegriff geläufig gewesen. Tatsächlich sprach OSTWALD von „dem allgemeinen Prinzip, daß jede Art der Arbeit, die einmal zur Genüge ausgeführt worden ist, als für die Gesamtheit der Wissenschaft getan angesehen werden muß und daß deshalb solche vorhandene Arbeit für alle noch vorkommenden Zwecke der Wissenschaft in Bereitschaft gehalten wird" [9, S. 24 f.]. Von hier bis zu der Erkenntnis, daß die wissenschaftliche Arbeit und insbesondere die wissenschaftliche Informationsarbeit international organisiert werden müsse, war es nur ein Schritt, und OSTWALD tut diesen Schritt mit erstaunlicher Konsequenz. Er leitet die Gründung des ersten internationalen Instituts für Chemie in die Wege, das, wäre seine Entstehung durch den ersten Weltkrieg nicht zunichte gemacht worden, den Charakter eines internationalen Informationszentrums für Chemie gehabt hätte. Denn OSTWALD sah es „als erste und dringendsten Aufgabe" an, zu einer „vollständigen Ausschöpfung und Bereithaltung des sehr ausgedehnten chemischen Schriftwesens" zu gelangen. „Nach den Grundgedanken, welche in der „Brücke" entwickelt waren, plante ich eine große chemische Kartei, welche unter methodisch geordneten Stichworten alles enthielt, was über einen bestimmten Stoff, Vorgang, Begriff veröffentlicht war und so das vollständige Handbuch unserer Wissenschaft darstellte. Durch ein wohlfeiles Vervielfältigungsverfahren sollte jedem Nachsuchenden ein Abdruck jedes gewünschten Bruchteils aus dem Handbuch zugänglich gemacht werden" [8, S. 283 f.]. Wie aber sollte diese Arbeit organisiert werden? OSTWALD entwickelt die fruchtbare Idee von der zentralen Sammlung und Bereithaltung bei einer dezentralen Aufbereitung der chemischen Information. Es herrschte ja der für OSTWALD sinnlose Zustand vor, daß die nationalen chemischen Gesellschaften „fast überall einen mehr oder weniger umfassenden Referierdienst eingerichtet haben, um ihren Mitgliedern Auskunft über anderweit veröffentlichte wissenschaftliche und technische Arbeit zu liefern. Dadurch kommt es, daß eine jede chemische Arbeit in deutscher Sprache mindestens dreimal, in englischer Sprache ebenso häufig in den anderen Sprachen je einmal referiert wird, und zwar jedesmal durch einen neuen zuständigen Referenten. Es wird mit anderen Worten die Arbeit, welche nur einmal getan zu werden brauchte, mindestens zehnmal getan. Sie könnte deshalb mit einem Bruchteil der gegenwärtig aufgewendeten Arbeit und Mittel erheblich besser getan werden". Ostwald schlägt ein präzendenzloses Verfahren als Abhilfe vor: „Wenn beispielsweise die chemischen Gesellschaften der beteiligten Länder, vor allen Dingen Deutschland, Amerika, England, Frankreich, Holland, Italien und Rußland, die Herstellung der Referate solcher Arbeiten übernähmen, die in ihrem eigenen Lande ausgeführt worden sind und diese Referate in eine allgemein benutzte internationale Hilfssprache übersetzt würden, so würde dadurch die Berichterstattung über die neuen Fortschritte der Wissenschaft gleichzeitig schneller und besser durgeführt werden können" [5, S. 118].

55 Jahre, nachdem Wilhelm Ostwald diese Worte niedergeschrieben hatte, wurde das erste internationale Informationssystem konzipiert, bei dem die Ostwaldsche Idee der zentralen Sammlung und dezentralen Aufbereitung verwirklicht ist. Alle bedeutenden Länder und Organisationen der Welt nehmen an dem System teil. Eine internationale Hilfssprache ist vorhanden. Die DDR bereitet einen Informationsanteil von einem Prozent auf, 99% stehen ihr bereits in aufbereiteter Form zur Verfügung. Das System ist INIS, das International Nuclear Information System. Es funktioniert seit vielen Jahren ausgezeichnet, die Kernwissenschaftler in aller Welt können sich ihre Arbeit ohne dieses System bereits nicht mehr vorstellen. Sie wissen nicht, ja nicht einmal die Schöpfer dieses Systems wußten es, daß einer der geistigen Väter der Chemiker Wilhelm Ostwald ist. INIS ist zum Vorbild für ähnliche Systeme auf anderen Wissenschaftsgebieten geworden. Dazu gehört nicht die Chemie. Für diese bleiben die Worte Ostwalds weiter aktuell: „Ich verkenne nicht, daß es bis zu einer derartigen Zentralisierung des gesamten Referierwesens noch einige Zeit dauern wird, da die vorhandenen Institutionen nicht ohne weiteres verschwinden werden. Aber auch diejenigen, welche Bedenken gegen eine solche Zentralisation hegen, werden nicht verkennen können, daß bei dem rapiden Anwachsen der chemischen Literatur die alten Organisationen über kurz oder lang versagen werden und eine Zentralorganisation eine Notwendigkeit wird. Es ist immer besser, solche Notwendigkeiten so früh wie möglich zu erkennen, weil die zugehörige neue Organisationsarbeit an einem noch nicht gar zu überwältigend großen Material sich sicherlich leichter und besser ausführen läßt, als wenn uns die Wasser der chemischen Literatur bereits über den Kopf gestiegen sein werden" [9, S. 20].

Rückblickend auf die Geschichte der Chemie hat Ostwald im Jahre 1908 einen bewundernden Artikel über J. J. Berzelius verfaßt, welcher im Jahre 1820 den ersten Jahresbericht der Chemie geschrieben und diese verdienstvolle Arbeit ein Vierteljahrhundert lang auf sich genommen hatte [4].

Er beendete diesen Artikel, der in dem Ostwald-Auswahlband [10] ungekürzt wiederabgedruckt worden ist, mit den Worten: „Dies wird, wie ich hoffe, manchen Leser anregen, sich einmal die alten Bände von Berzelius' Jahresbericht genauer anzusehen. Es steht noch sehr viel mehr Interessantes darin!"

Lassen Sie mich, in voller Verantwortung für die Zukunft der wissenschaftlichen Information, in ähnlicher Weise schließen. Ich hoffe, manchen Zuhörer anzuregen, sich einmal die alten Schriften Ostwalds über die wissenschaftlichen Information genauer anzusehen. Es steht noch sehr viel mehr Interessantes darin!

Für die Anregung zu diesem Vortrag danke ich G. Lotz.

Literatur

[1] Bonitz, M.: Wissenschaftliche Forschung und wissenschaftliche Information. Akademie-Verlag, Berlin 1979 (Beiträge zur Forschungstechnologie Heft 6.)

[2] Rodnyj, N. I., Solowjew, Ju. I.: Wilhelm Ostwald, BSB B. G. Teubner Verlagsges., Leipzig 1977 (Übers. a. d. Russ.).

[3] Schwabe, K.: Information über den Wissensstand als Voraussetzung für die Forschung, Spektrum 7 (1976) 2, S. 4—7.

[4] Ostwald, W.: Berzelius' Jahresbericht und die Organisation der Chemiker, in: Die Forderung des Tages, Akad. Verlagsges., Leipzig 1910, S. 586—594.

[5] Ostwald, W.: Die chemische Literatur und die Organisation der Wissenschaft. Bd. 1. von: Handbuch der allgemeinen Chemie, hrsg. v. W. Ostwald und C. Drucker, Akad. Verlagsges., Leipzig 1919.

[6] Koch, H. W.: The role of the primary journals in physics, in: Handling of Nuclear Information, Proceedings of the Symposium on the Handling of Nuclear Information. International Atomic Energy Agency, Vienna 1970, p. 321—332.

[7] Bonitz, M., Schmidt, P.: The Growing Importance of R & D Reports as Shown by Nuclear Science Reports, Int. Forum Inf. Doc. 3 (1978) 1, p. 8—12 und J. Radioanal. Chem. 57 (1980) 1, p. 7—16; Bonic, M., Šmidt, P., Vozrastajuščee značenie naučnych otčetov na primere otčetov v oblasti jadernoj fiziki, Meždunar. forum inform. dok. 3 (1978) 1, c. 8—12.

[8] Ostwald, W.: Lebenslinien, Teil III, Klasing & Co., Berlin 1927.

[9] Ostwald, W.: Denkschrift über die Gründung eines internationalen Instituts für Chemie, Akad. Verlagsges., Leipzig 1912.

[10] Forschen und Nutzen, Wilhelm Ostwald zur wissenschaftlichen Arbeit. Ein Auswahlband zum 125. Geburtstag. Als Sonderband 1 der Beiträge zur Forschungstechnologie hrsg. v. G. Lotz, L. Dunsch, U. Kring. Mit einem Geleitwort von P. A. Thiessen und einer Einführung von G. Lotz und L. Dunsch, Akademie-Verlag, Berlin 1978.

P. Lewandrowski

Der Kampf Wilhelm Ostwalds um die Schaffung eines einheitlichen Informations- und Dokumentationssystems der Wissenschaft — „Die Brücke"

Ein großes Verdienst W. Ostwalds ist es, daß er Entwicklungsprobleme der Wissenschaft, die zu seiner Zeit nur im Ansatz vorhanden waren, heute aber von brennender Aktualität sind, als einer der ersten erkannte und zu lösen versucht hat.

Zur Frage der berufsmäßigen Wissenschaftsorganisatoren schrieb er 1912: „So ist die Zeit gekommen, wo Organisation und Wissenschaft in ein näheres Verhältnis treten müssen, als das bisher geschehen war." [1] Dieses nähere Verhältnis sollte in Form eines Instituts hergestellt werden, dem die führenden Wissenschaftler und Organisatoren angehörten.

Ein solches Institut entstand in Form der „Brücke" 1911. Die „Brücke" war W. Ostwalds liebstes Kind. An ihrem Beispiel wird sein Einsatz für einmal als richtig erkannte Gedanken besonders deutlich.

Die Geschichte der „Brücke" sei im folgenden dargelegt. Gedanken über eine zentrale Einrichtung der Wissenschaftsorganisatoren, die Nachweise über alle wissenschaftlichen Einrichtungen führt und die Formate vereinheitlicht, hatte W. Ostwald schon lange. Der Anstoß, diesem Gedanken die Tat folgen zu lassen, kam aber aus einer anderen Richtung.

In München tauchte um 1909 ein Schweizer auf, der sich rasch einen Namen machte. Der spätere Schriftführer der „Brücke", A. Saager, berichtete darüber: „Bevor ich ihn kennenlernte, war mir bereits vom Auftauchen eines originellen Kauzes erzählt worden, der von neuen Ideen zum Überlaufen vollstecke und die Welt von einem Zipfel aus reformieren wolle, den vor ihm überhaupt noch kein Mensch auch nur gesehen hatte — vom Drucksachenformat aus." [2] Es war Karl Wilhelm Bührer, der in der Schweiz als Verleger vermutlich konkurs ging und sich nun in Deutschland nach neuer Betätigung umsah. Wenig erfolgreich, aber dafür mit um so mehr Eifer, versuchte er, ein sogenanntes „Monoformat" zu propagieren. Alle Drucksachen sollten im Format 11,5 × 16,5 cm erscheinen bzw. durch Falzen diese Größe ergeben. Bührer hatte zunächst durchaus nicht die Organisation des wissenschaftlichen Druckwesens im Auge. Wie aus seinem Flugblatt „Mono, sein Wesen und Zweck" [3] hervorgeht, strebte er die Vereinheitlichung von Wirtschaftsdrucksachen an. Diese sollten nicht nur im „Monoformat" erscheinen, sondern auf ihrer Rückseite mit Schmuck versehen werden, „damit man auch Lust hat, sie aufzubewahren". [4] Später, vermutlich 1910, baute BÜHRER die Gedanken zum System aus. Er wandte sich mit seinen organisatorischen Gedanken nun der Wissenschaft zu. Die stets wiederkehrenden mechanischen Bestandteile der wissenschaftlichen Arbeit sollten „einmal ganz liebevoll besorgt werden, so daß später nie mehr daran gedacht zu werden braucht." [5]

So wurde bald, nachdem A. SAAGER, ein Münchener Journalist, zur Mitarbeit gewonnen werden konnte, ein vorbereitender Ausschuß für ein unabhängiges Institut gegründet. Im Gründungsprotokoll hieß es: „Die Unterzeichnenden haben heute den Grundstein zu einem Unternehmen gelegt, das unter der Firma „Die Brücke" bezweckt: die geistige Arbeit im weitesten Sinne des Wortes zu organisieren." [6] Allerdings handelte es sich um einen bescheidenen Anfang; es gab drei Mitglieder und ein Vermögen von drei Mark. BÜHRER und SAAGER waren sich klar, daß sie ihre Pläne nur durch die Unterstützung durch eine bedeutende Persönlichkeit verwirklichen konnten. BÜHRER schrieb darüber, „... daß viel mehr die Durchführung meines Programms davon abhängen werde, ob sich eine überragende Persönlichkeit finden würde, die folgende Eigenschaft besitzt: internationale wissenschaftliche Größe, geistige Unabhängigkeit, vollständige wirtschaftliche Unabhängigkeit, weitblickend, sozialdenkend, in jeder Hinsicht Gentleman. Als mir dann der Zufall eine Broschüre Ostwalds in die Hände spielte, sagte ich mir: Entweder dieser oder keiner ..."[7]

BÜHRER und SAAGER wurden auf W. OSTWALD aufmerksam, weil dieser bereits in den „Energetischen Grundlagen der Kulturwissenschaft", Leipzig 1909, auf die Wichtigkeit der Organisation der geistigen Arbeit hingewiesen und das Fehlen einer einschlägigen Anstalt beklagt hatte. Um W. OSTWALD für die „Brücke" zu gewinnen, schrieb SAAGER nach BÜHRERS Gedanken ein Buch mit dem Titel „Die Organisierung der geistigen Arbeit durch die ‚Brücke' ", Ansbach 1911. Diese Abhandlung enthält die Begründung für die Notwendigkeit der Organisation der wissenschaftlichen Arbeit und Wege zur Wissenschaftsorganisation. Der durchgängige Gedanke war, die schon existierenden Ansätze zur Wissenschaftsorganisation zu verbinden und in ein System zu bringen. Es heißt dort: „Die Aufgabe ... ist, die Inseln, auf denen heute noch die einzelnen Organisationsansätze und auch die überhaupt noch nicht organisierten Teile der geistigen Arbeit sich befinden, alle untereinander durch Brücken zu verbinden." [8]

Als Wege zur Organisation werden vorgeschlagen:

- Die Vereinheitlichung der wissenschaftlichen Publikationen: Sie sollten in der „Welthilfssprache" erscheinen.
- Das Monographieprinzip:
  Bücher und Zeitschriften sollten nicht gebunden, sondern als einzelne Blätter erscheinen. Jeder Leser hätte dann die Möglichkeit, sich billig persönliche Werke zusammenzustellen.

– Die Einheitsformate:
  Alle Druckwerke sollten in den schon erwähnten Monoformaten erscheinen. Das ergäbe Vorteile für Verpackungen, Büromöbel und hätte Materialersparnisse zur Folge. In erster Linie war das Einheitsformat aber Voraussetzung für das Monographieprinzip.
– Die einheitliche Registrierung der Druckwerke
  Ähnlich der Dezimalklassifikation sollten alle Druckwerke entsprechend ihres Inhalts mit einer aufgedruckten Bezifferung versehen werden.
– Die Schaffung eines Verzeichnisses aller wissenschaftlichen Gesellschaften, Bibliotheken, Institute und Einzelwissenschaftler. [9]

Ein Korrekturabzug dieser Schrift wurde W. Ostwald zugeschickt. Dieser bemerkte darüber: „Ich las die Schrift durch mit dem Erfolg, daß ich alsbald nach München die Nachricht schrieb, ich würde mich jederzeit freuen, die Herren bei mir zu begrüßen. Denn die entwickelten Gedanken entsprachen so sehr meinen eigenen Plänen und Wünschen und brachten insbesondere an manchen Punkten Lösungen, wo ich bisher nur Probleme gesehen habe, daß ich es nicht glaubte verantworten zu können, die ausgestreckte Hand zurückzuweisen." [10]

Im Sommer 1911 wurde in München „Die Brücke — Internationales Institut zur Organisation der geistigen Arbeit" gegründet. Ihre Geschäftsräume befanden sich in der Wohnung K. W. Bührers, München, Schwindtstraße 30. [11] Auf der Gründungsversammlung wurde W. Ostwald zum 1. Vorsitzenden gewählt.

In der Satzung werden die Aufgaben der „Brücke" folgendermaßen formuliert: „Die Brücke bezweckt die Organisierung der geistigen Arbeit. Diese Organisierung soll auf dem Grundsatz der gegenseitigen Hilfe und geleisteter Mitarbeit der Geistesarbeiter fußend, erfolgen:

a) *automatisch:* durch allgemeine Einführung einheitlicher Verständigungsmittel: Monographieprinzip, einheitlicher Formate und einheitlicher (aufgedruckte) Registraturvermerke für alle Druckwerke ... sowie anderer gemeinsamer Arbeitsmethoden;

b) *organisatorisch:* durch die Überbrückung der Inseln, auf denen zur Zeit die Mehrzahl aller Gesellschaften, Anstalten, Museen, Bibliotheken, Vereine, Firmen und Einzelpersonen noch stehen, die im Dienste der Kultur und der Zivilisation tätig sind." [12]

Um die „Brücke" lebensfähig zu machen und eine größere Spendenaktion einzuleiten, spendete W. Ostwald 100000 Mark, zwei Drittel seines 1909 erhaltenen Nobelpreises.

Durch die Mitarbeit W. Ostwalds erhielten die von der Wissenschaft isolierten Bemühungen eine neue, fundierte Grundlage. Aus den Ideen eines Sonderlings wurde eine Organisation, hinter der der weltbrühmte Name W. Ostwald stand; mit ihm erhielt die „Brücke" ihren eigentlichen Charakter als erste Einrichtung der Wissenschaftsorganisation.

Nach ihrer Gründung begann die „Brücke" eine breitangelegte Propagandatätigkeit. In über sechzig Publikationen wurden die Ziele der Organisation der geistigen Arbeit und die Wege zur Wissenschaftsorganisation dargelegt. Als Autor fungierte vorwiegend W. Ostwald, aber auch Saager und vereinzelt auch Bührer leisteten Beiträge. Ziel dieser Veröffentlichungen war zunächst die Gewinnung von Mitgliedern für die Organisation. Es gelang W. Ostwald, viele namhafte Naturwissenschaftler aus dem In- und Ausland für diese Idee zu begeistern. In einem Aufruf wandte er sich an die Nobelpreisträger und forderte sie auf, Mitglied des Organisatorenkollegiums der „Brücke" zu werden. [13]

Zu den Mitgliedern des Organisatorenkollegiums zählten bald u. a. G. Kerschensteiner (Pädagoge), S. Arrhenius (Chemiker und Nobelpreisträger), F. Bajer (Ehrenpräsident des Internationalen Friedensbüros und Nobelpreisträger), E. Solvay (Großindustrieller), H. Schacht (Direktor der Dresdener Bank und späterer faschistischer Minister) und F. Oppenheimer (Schriftsteller) [14]. Nach dem Willen der Gründer sollten in diesem Gremium hundert Vertreter der Praxis, hundert Wissenschaftler und hundert Industrielle vertreten sein. Es ging W. Ostwald darum, möglichst Prominente dieser drei Gruppen für die Mitarbeit zu gewinnen. 1912 standen u. a. auf der Wahlliste Albert I. Fürst von Monaco, A. Carnegie (Großindustrieller), M. Dewey (Wissenschaftsorganisator aus den USA), K. Hagenbeck (Tierparkdirektor), T. Kocher (Träger des Nobelpreises für Medizin), J. Loeb (Philosoph und Biologe), E. Rathenau (Direktor der AEG), Lord J. W. Rayleigh (Physiker und Präsident der englischen Royal Society), L. Renault (französischer Minister), C. Röntgen (Physiker), E. Rutherford (Chemiker), M. Curie (Physikerin) und J. Thomson (Physiker). Zu den Mitgliedern der „Brücke" gehörten weiter B. v. Suttner, W. Ramsey, S. Lagerlöf und R. Diesel. Ohne die Mitarbeit W. Ostwalds wäre es nie gelungen, so bekannte Vertreter des damaligen öffentlichen Lebens für diese Aufgabe zu gewinnen. W. Ostwalds hohes Ansehen wird besonders deutlich durch die Gewinnung von französischen und englischen Wissenschaftlern in einer Zeit, als Deutschlands Weltherrschaftsansprüche sich gerade gegen diese Staaten richteten. [15].

In der Satzung der „Brücke" wird festgelegt, daß die „Brücke" folgende Einrichtungen schaffen muß:

„a) Die Adressensammlung, enthaltend die Adressen der lebenden Geistesarbeiter ...

b) Das Brückenarchiv, das in seiner Gesamtheit eine umfassende illustrierte Weltenzyklopädie auf Einzelblättern von einheitlichen Formaten vorstellen wird. Teile dieser Enzyklopädie bilden das Weltwörterbuch, der Weltmuseumskatalog usw.

c) Das Brückenmuseum, das in sich alles übersichtlich vereinigen soll, was auf allen Gebieten menschlicher Tätigkeit geschaffen, ausgedacht und ausgeprobt worden ist, um die geistige Arbeit zu fördern und zu erleichtern." [16]

Ferner wird festgelegt, daß sich die „Brücke" in der Zukunft ausgestalten soll zu einer „Hochschule für Organisation" und zu einer „parlamentarischen Vertretung der Geistesarbeiter jeder Richtung." [17]

Wichtigstes Publikationsorgan war, neben vielen Flugblättern, die „Brückezeitung". Sie enthielt Berichte über die Aktivitäten der „Brücke" und vorwiegend Artikel von W. Ostwald. Im Jahre 1912 erschienen vier Hefte und 1913 neun. Dabei ist interessant, daß sich, wahrscheinlich mit zunehmenden finanziellen Schwierigkeiten, der Anzeigenteil ständig erweiterte.

Höhepunkt der öffentlichen Tätigkeit der „Brücke" war die erste Jahreshauptversammlung im März 1913 in München. [18] An dieser Veranstaltung nahm der bayrische Prinzregent Ludwig teil.

Es war vor allem ein Verdienst W. Ostwalds, daß die großen Pläne der „Brücke" zunächst zurückgestellt wurden. Auf der Jahreshauptversammlung erklärte er: „Sie wissen, daß unser Grundgedanke der ist, die geistige Arbeit von unten nach oben zu organisieren, von einfachen Dingen aufwärts zu den schwierigen, feineren und persönlicheren, und so haben wir mit dem einfachsten angefangen, was wir entdecken konnten: mit der Regelung der Formate." [19]

Die Erarbeitung der Weltformate ist W. Ostwalds wichtigster Beitrag zur „Brücke". Er wies auf die vor 1871 in Deutschland vorhandenen verschiedenen Maße und Gewichte hin und erläuterte: „In ganz derselben altertümlichen Weise werden gegenwärtig die Formate der Bücher und anderen Drucksachen vollkommen willkürlich und zufällig bestimmt." [20]

Die zwingende Notwendigkeit für die Einführung einheitlicher Formate sah W. Ostwald in der möglichen Raumersparnis bei Büromöbeln und Bibliotheken, in der daraus folgenden Vereinheitlichung der Druckmaschinen, der Verbilligung der Druckerzeugnisse und in der Möglichkeit der Zusammenstellung von persönlichen Sammelwerken. [21]

W. Ostwald stellte folgende Anforderungen an das Einheitsformat: Erstens sollte Willkür bei der Definition vollkommen ausgeschlossen sein, die verschiedenen Formate müssen in einer Beziehung zueinander stehen, „daß sie durch einfaches Falzen, d. h. durch Halbieren der Oberfläche aufeinander reduziert oder auseinander hergestellt werden können." [22] Zweitens sollten sich die verschiedenen Formate geometrisch ähnlich sein. Beide Forderungen werden nur erfüllt, wenn das Seitenverhältnis des Rechteckes $1 : \sqrt{2}$ oder $10 : 14$ ist. Formate mit diesem Seitenverhältnis nannte W. Ostwald Weltformate.

Er unterscheidet folgende Formen:

Nr.	*Seitenlänge in cm*	*Verwendungszweck*
I.	1 × 1,41	Formate für Briefmarken
II.	1,41 × 2	
III.	2 × 2,83	

IV.	2,83 × 4	Etiketten und Eintrittskarten
V.	4 × 5,66	
VI.	5,66 × 8	
VII.	8 × 11,3	Formate für Drucksachen
VIII.	11,3 × 16	
IX.	16 × 22,6	
X.	22,6 × 32	
XI.	32 × 45,3	Formate für Atlanten, Innenplakate
XII.	45,3 × 64	
XIII.	64 × 90,5	
XIV.	90,5 × 128	Formate für Landkarten, Fahrpläne, Plakate
XV.	128 × 181	
XVI.	181 × 256	

Diese Weltformate werden als Reihe A bezeichnet. Eine Reihe B mit derselben Numerierung ist jeweils 6 mm länger und breiter und soll für Behältnisse (Briefumschläge, Schnellhefter, Kartons) verwendet werden. Eine Reihe C soll noch etwas größer sein, um als Behältnis für die Reihe B zu dienen. [23] Von größerer Bedeutung war jedoch nur die Reihe A der Weltformate.

Eng mit den Weltformaten verbunden war das Monographieprinzip. Dieser auch W. Ostwald neuartig erscheinende Gedanke beeinhaltet, daß wissenschaftliche Abhandlungen nicht mehr gebunden, sondern im Lose-Blatt-System erscheinen. Oft, so legten Bührer und Saager dar, würde ein wertvolles Buch nur wegen eines bestimmten Abschnittes gekauft, alle anderen Kapitel waren nutzlos. W. Ostwald schrieb darüber: „Das letzte Ziel ist, daß jeder Mensch in der Lage sein soll, sich sein persönliches Sammelwerk anzulegen, das genau seinen Bedürfnissen entspricht und darüber hinaus nichts Überflüssiges enthält und daß er es nach Bedarf aus- und umgestalten kann, wie ihn der Geist treibt." [24] Voraussetzung für eine solche Sammelschrift ist natürlich die Anwendung einheitlicher Formate.

Um die wissenschaftlichen Informationen und Dokumentationen übersichtlicher zu gestalten, propagierte die „Brücke" ein neuartiges Registratursystem. Dieses sogenannte „Melvil-Deweysche-Dezimal-System", auch als Weltregistratur bezeichnet, besteht aus einer übersichtlichen Bezifferung aller Teile des menschlichen Wissens nach der Dezimalklassifikation. Allen wissenschaftlichen Publikationen soll, entsprechend ihrem Inhalt, eine Dezimalzahl zugeordnet werden. Eine solche vollständige Registratur sollte die Orientierung in wissenschaftlichen Bibliotheken erleichtern, den Leihverkehr und den Umgang mit fremdsprachiger Literatur vereinfachen.

Die wichtigste Aufgabe der „Brücke" sollte in der Schaffung eines umfassenden Informationssystems bestehen. Die Informationen sollten sich auf die Literaturbeschaffung und auf die Teile des wissenschaftlichen Arbeitsprozesses beziehen, die nicht schöpferisch sind. Jeder Wissenschaftler sollte Auskunft erhalten, wer auf seinem Gebiet schon gearbeitet hat und welche Vorgeschichte es für sein Problem gibt. Die „Brücke" wollte diese Fragen nicht selbst beantworten, sondern auf die Stelle verweisen, woher man die Antwort bekommt. Sie verstand sich also als Zentrum aller wissenschaftlichen Informations- und Dokumentationsstellen.

In Verbindung mit dem Weltformat und der Weltregistratur wären dadurch beträchtliche wissenschaftliche Potenzen für schöpferische Arbeit frei geworden. Aber die Schaffung einer so anspruchsvollen Einrichtung war natürlich eine internationale Aufgabe, die in der Zeit der Vorbereitung des imperialistischen Weltkrieges nicht erfolgreich sein konnte.

Dennoch gab es bedeutende Teilergebnisse. Das Brüsseler Internationale Bibliographische Institut schloß sich der „Brücke" an. Die „Brücke" konnte ein Adressenverzeichnis der 325 größten Bibliotheken der Welt herausgeben. [25] Auf dem Gebiet der Musikwissenschaft gelang eine nahezu umfassende Dokumentation. Die Hauptaufgabe, zentrale Auskunftstelle zu werden, gelang jedoch nicht.

An einen Berliner Freund schrieb W. Ostwald 1914: „Bezüglich der „Brücke" muß ich Ihnen mitteilen, daß sich dieselbe in Liquidation befindet ..." [26]

Ende 1913 war die „Brücke" — Institut zur Organisation der geistigen Arbeit — zusammengebrochen.

Die Ursache für den Zusammenbruch der „Brücke" ist in den kapitalistischen Verhälntissen zu suchen. Die am Profit interessierten Verleger und Druckereibesitzer hätten beim Übergang zum Weltformat natürlich beträchtliche Posten von Druckereierzeugnissen gehabt, die unbrauchbar wären. Das betrifft auch die Hersteller von Druckereimaschinen, Büromöbeln und Verpackungsmaterialien. Bedeutende Schmälerung des Profites hätte auch der Übergang zur Sammelschrift bedeutet, weil die Druckerzeugnisse wesentlich billiger geworden wären. So ist verständlich, daß die „Brücke" von dieser Seite nur wenig Unterstützung bekam. Vor allem mußte das Hauptanliegen der „Brücke" scheitern, die Schaffung einer weltweiten wissenschaftlichen Informationszentrale. Dazu hätte es staatlicher Förderung bedurft. In der Periode der Vorbereitung des imperialistischen Weltkrieges waren die Regierungen der kapitalistischen Länder jedoch nicht am Austausch von wissenschaftlichen Informationen interessiert. Vielmehr versuchten sie, die Wissenschaft in den Dienst der Kriegsvorbereitung zu stellen. So mußte die „Brücke" in einer am Profit orientierten Gesellschaft objektiv scheitern.

Die Ostwaldschen Weltformate wurden 1919 wieder aufgegriffen. In den zwanziger Jahren setzte sich die Normung als zwingende Notwendigkeit in der Technik durch. W. Ostwald wurde zu einer Konferenz des Buchgewerbes eingeladen, die auf Betreiben des Normenausschusses der Industrie zustandekam. Die Konferenz tagte mehrere Jahre und legte die sogenannten DIN-Formate fest, deren Abmessungen unserer heutigen TGL-Papiernormung zugrunde liegen.

Der Grundgedanke W. Ostwalds wurde angenommen. Das Verhältnis $1 : \sqrt{2}$ wurde jedoch nicht auf die Seiten, sondern auf den Flächeninhalt bezogen.

W. Ostwald sagte dazu:„ Ich bin auf Grund der Erfahrungen bei der „Brücke“ der Meinung, daß die Verbreitung erheblich schneller erfolgt wäre, wenn man die „Weltformate“ einfach übernommen hätte.“ [27] Auch auf das Monographieprinzip kam W. Ostwald später noch einmal zurück. Seine letzte Zeitschrift, die er herausgab, „Die Farbe“, erschien als Sammelschrift.

Literatur

[1] Ostwald, W.: Der energetische Imperativ. Leipzig 1912, S. 181.
[2] Saager, A.: Die Brücke – Historisches Manuskript aus dem Jahre 1921, unveröffentlicht, im Besitz der Wilhelm-Ostwald-Gedenkstätte, S. 1 (WOG).
[3] Vgl. Saager, A.: ebenda, S. 3.
[4] Vgl. Saager, A.: ebenda, S. 3.
[5] Saager, A.: ebenda, S. 4.
[6] Saager, A.: ebenda, S. 6.
[7] Saager, A.: ebenda, S. 8 f.
[8] Bührer, K. W., Saager, A.: Die Organisierung der geistigen Arbeit durch die Brücke, Ansbach 1911, S. VII.
[9] Vgl. Bührer, K. W., Saager, A.: ebenda, S. 93—161.
[10] Ostwald, W.: Lebenslinien, 3. Teil, Berlin 1927, S. 287 f.
[11] Das genaue Datum ist nicht belegbar. In das Vereinsregister des Königlichen Amtsgerichtes München wurde die „Brücke“ am 15. 6. 1911 eingetragen.
[12] Satzung der „Brücke“, München 1911, S. 3.
[13] Vgl. Ostwald, W.: An die Nobelpreisträger, München, o. J., (vermutlich 1911).
[14] Das internationale Organisatoren-Kollegium der Brücke — Mitgliederverzeichnis, München 1912, S. 5—8.
[15] Ostwalds voller Titel lautet zu dieser Zeit: Dr. chem., med. et. sc., Legum Doktor, Universitätsprofessor a. D., Geheimer Hofrat.
[16] Satzung der „Brücke“, a. a. O., S. 4.
[17] Satzung der „Brücke“, a. a. O., S. 4.
[18] In den „Lebenslinien“ 3. Teil wird als Termin für die erste Jahreshauptversammlung das Jahr 1912 angegeben. Es handelt sich aber um einen Irrtum W. Ostwalds, weil im Protokoll dieser Veranstaltung eindeutig 1913 angegeben ist.
[19] Ostwald, W.: Rede auf der Sitzung des Kleinen Rates am 28. März 1913, in: Brückenzeitung, Heft 8 u. 9/1913, S. 4.
[20] Ostwald, W.: Das einheitliche Weltformat. In: Börsenblatt für den Deutschen Buchhandel vom 18. 10. 1911, S. 1.
[21] Vgl. Ostwald, W.: Die Weltformate, München 1912, S. 13 f.
[22] Vgl. Ostwald, W.: Das einheitliche Weltformat, a. a. O., S. 2.
[23] Vgl. Ostwald, W.: Sekundäre Weltformate, München 1912, S. 8.
[24] Ostwald, W.: Lebenslinien, Teil 3, a. a. O., S. 308.
[25] Vgl. Bibliothekenverzeichnis, München 1912, S. 6—24.
[26] Ostwald, W.: Brief an Hermann Weber, unveröffentlicht, im Besitz der WOG.
[27] Ostwald, W.: Lebenslinien, 3. Teil, S. 308.

D. Goetz

Zu einigen Gedanken Ostwalds über den schulebildenden Wissenschaftler

Gehen wir von der Erkenntnis aus, daß der subjektive Faktor im Sozialismus ständig an Bedeutung gewinnt, und sehen wir in den Persönlichkeitseigenschaften eines schulebildenden Wissenschaftlers einen entscheidenden Faktor für die Entstehung und Entwicklung, aber auch für die Phase der Auflösung einer wissenschaftlichen Schule, so ist es gewiß lohnend, sich einigen grundlegenden Gedanken Ostwalds, die er zu dieser Problematik geäußert hat, zuzuwenden, um das Wertvolle des Historischen für unsere Gegenwart aufzuschließen.

In den Darstellungen der Persönlichkeitseigenschaften schulebildender Wissenschaftler werden meistens nur die besonderen Fähigkeiten zur Forschung und zur Lehre genannt, wobei bestimmte wesentliche Eigenschaften immer wieder betont werden, z. B. Selbständigkeit des Denkens, Kühnheit und Konkretheit des Denkens, Streben nach Antwort auf noch ungelöste Aufgaben, Hilfe, Verständnis u. a. [1]. M. Rudnik betont zurecht, daß jedoch dabei auch die „Wechselbeziehung von Kognitivem und Sozialem und die sie beeinflussenden Faktoren" untersucht und berücksichtigt werden sollten [2].

Wilhelm Ostwald, der als großer Naturwissenschaftler sich auch zu dieser Frage der Persönlichkeitseigenschaften schulebildender Wissenschaftler äußerte, geht in seinen Gedanken über die Aufzählung und Charakterisierung einzelner subjektiver Eigenschaften einer Lehrerpersönlichkeit — im Sinne eines Leiters einer wissenschaftlichen Schule — hinaus. Er weist in verschiedenen Arbeiten, so u. a. in dem jetzt zum ersten Mal veröffentlichten Manuskript „Kombinatorik und schaffende Phantasie", auf soziale Aspekte hin und bezieht sie mit ein. [3]

Ostwald nennt in seinem Artikel „Theorie und Praxis" — aus dem unter dem Titel „Wissenschaftliche Schulen" ein wesentlicher Abschnitt in dem vorliegenden Sammelband ‚Forschen und Nutzen ...' dankenswerterweise aufgenommen worden ist, der aber leider in den Publikationen zu dem Thema, wissenschaftliche

* Ich bin den Verfassern G. Lotz, L. Dunsch, U. Kring, des Buches „Forschen und Nutzen — Wilhelm Ostwald zur wissenschaftlichen Arbeit", Berlin 1978, zu Dank verpflichtet, daß ich mit Rat und einigen Hinweisen bei der Arbeit an diesem Buch helfen konnte; denn nur so war es mir möglich, mir die auf einen großen Problemkreis konzentrierten Gedanken Ostwalds selbst deutlich werden zu lassen. Sie regten mich zu der vorliegenden Skizze an.

Schulen‘ bislang kaum berücksichtigt wurde, — als erste Eigenschaft des schulebildenden Wissenschaftlers wohl die wissenschaftliche Begabung, doch setzt er sie in seiner Wertung und Wirkung für die Bildung nicht an die erste Stelle. [4]

Nicht jeder bedeutende Naturwissenschaftler hat eine Schule gebildet, und Ostwald nennt Gauss, Faraday und Helmholtz. Wir würden wohl heute die Namen von Planck und Einstein hinzuzufügen haben. Demgegenüber spricht Ostwald von Gustav Magnus, der „sicher nicht als ein Physiker ersten Ranges“ betrachtet werden kann. [5] Doch er war es gerade, der eine einflußreiche Schule gehabt hatte. So bemerkt Ostwald: „... hervorragende Begabung ist zwar ein gutes Hilfsmittel für die Entwicklung einer Schule, aber sie ist nicht unbedingt notwendig; eine mäßig hohe Begabung reicht aus, wenn die anderen Bedingungen gegeben sind.“ [6]

Welche Bedingungen sieht Ostwald für einen Wissenschaftler, um Schüler ausbilden zu wollen, als erforderlich an? Als eine wesentliche Bedingung betrachtet er das Bedürfnis. Von Faraday sagt er: „... wenn ihm die Ausbildung von Schülern ein dringendes Bedürfnis gewesen wäre“, so hätte er sich wohl eine andere Stellung gesucht, weil die Organisation der Royal Institution die Ausbildung von Schülern nicht gestattete. [7]

Dieses Bedürfnis nach Ausbildung und Erziehung von Schülern betrachtet Ostwald als eine Eigenschaft des Lehrers, d. h. als einen subjektiven Faktor. Doch gleichzeitig weist er auf damit verbundene soziale Aspekte hin, die diesem subjektiven Bedürfnis zugrunde liegen. Ostwald spricht von einem realen Bedürfnis, das „nach zahlreichen wissenschaftlich ausgebildeten Menschen“ vorliegt. [8] Dieses Bedürfnis ergibt sich nach Ostwald einerseits aus der Wissenschaft selbst, nämlich aus der Klärung theoretischer Probleme, die den wesentlichen Fortschritt eines Gebietes ausmachen. [9] Andererseits ist es die Produktion, die chemische Industrie, die solch ein Bedürfnis zeigt. [10] Diese sozialen Aspekte zu erkennen, sie einzubetten in das persönliche Bedürfnis ist für Ostwald eine wichtige Voraussetzung, die zu der für ihn wichtigen psychischen Eigenschaft eines schulebildenden Wissenschaftlers führt: zu dem Willen.

Es ist aber nicht allein das Wollen, Schüler auszubilden, das den Lehrer auszeichnet. Dieses auf das Erreichen eines bestimmten Zieles gerichtete Streben spannt Ostwald weiter. Natürlich bezieht Ostwald den Willen des Lehrers zuerst auf die wissenschaftliche Leistung, „ins möglichst Unbekannte“ [11] vorzudringen. „Ein Stückchen Urwald müssen wir wenigstens haben,“ so sagte er, „und das Glück des Vordringens ... wollen wir um keinen Preis missen“. [11] Doch darauf kann sich die Willenskraft des Lehrers nicht beschränken. Ein Lehrer muß die Fähigkeit besitzen, seinen Willen zu wissenschaftlichen Leistungen auf die Schüler übertragen zu können. Es muß ihm ein erstrebenswertes und erreichbares Ziel sein, in seinen Schülern den Willen zu wecken, in sich selbst die Fähigkeit des selbständigen Denkens weiterzuentwickeln, um sich letztendlich unabhängig von seinem Lehrer machen und sich selbst eigene wissenschaftliche Aufgaben stellen zu können. Ostwald war sich der Schwierigkeit und der Notwendigkeit, in den Schülern diesen Willen zu wecken, bewußt. Er erkannte, „von allen Eigenschaften, die den wissenschaftlichen Menschen machen, ist diese am spärlichsten in unserem Schülermaterial vorhanden und am schwersten zu entwickeln". [12] Kenntnisse, Gewissenhaftigkeit ließen sich eher erwerben und ausbilden als jene Fähigkeit, die für den künftigen wissenschaftlichen oder technischen Erfolg ausschlaggebend sei.

„In der Übertragung des Willens von dem willenskräftigen Lehrer auf den in dieser Richtung noch unentwickelten Schüler liegt das Hauptgeheimnis der schulebildenden Kraft." [13]

Diese Erziehung und Entwicklung des Willens betrachtet OSTWALD wiederum in ihrem gesellschaftlichen Bezug. Ihm war bewußt, daß der imperialistische deutsche Staat keinen Wert auf die Ausbildung des Willens legte, da „das Ideal der Regierung" „in dem einzelnen nicht den Staatsbürger, sondern den Untertan sehen möchte." [14] Doch für die Zukunft, so sagte er einmal zu Studenten, „für ihre Selbsterziehung ist die Entwicklung des Willens mindestens ebenso wichtig wie die des Denkens." [15] Gleichzeitig muß sich jedoch der junge Wissenschaftler mit den großen Willensinhalten „seiner Zeit" bekannt machen, mit dem gesellschaftlichen Geschehen, mit der Politik, die er nicht gedankenlos und kritiklos hinnehmen soll. Nur so vermag er später Menschen zu beeinflussen, zu führen.

OSTWALD geht es aber nicht allein um die Übertragung des Willens vom Lehrer auf den Schüler in dem Sinn, daß der Schüler den Willen des Lehrers vollzieht. Darin läge schon das Ende einer wissenschaftlichen Schule, denn der Schüler vermag ohne die Gedanken, ohne die schöpferische Idee des Lehrers nichts zu tun. [16] Eine wesentliche Schule kann nur dann weiterbestehen, wenn der Lehrer nicht nur seinen Willen überträgt, sondern in seinen Schülern die „Fähigkeit des Wollens" weckt. Diesen Lehrer, der in seinen Schülern den Willen zum eigenen schöpferischen Tun entwickelt, nennt OSTWALD den idealen Typus des Lehrers. [17]

Eine weitere wesentliche Eigenschaft, die bei einem schulebildenden Wissenschaftler nicht fehlen darf, sieht OSTWALD in der „Begeisterung des Lehrers für seinen Gegenstand." [18] Diese Begeisterung nennt er „Überschuß von Energie, der sich in der vollständigen Hingabe des Mannes an die selbstgewählte Aufgabe, unter Mißachtung äußerer Vorteile, ja der Gesundheit kennzeichnet". Ohne diese Eigenschaft sei es nicht möglich, bei dem Schüler den tätigen Willen, Freude an der ehrlichen Arbeit, das Gefühl des intellektuellen Glücks und schöpferisches Denken wachzurufen. OSTWALD bezeichnet die Begeisterung des Lehrers für seinen Gegenstand als „das ausgiebigste Hilfsmittel", auf dem die Schule beruht. [19]

Neben diesen Eigenschaften — wissenschaftliche Begabung, Bedürfnis, Schüler ausbilden zu wollen, Wille, Begeisterung, die OSTWALD Grundbedingungen nennt — führt er als einen weiteren wichtigen Faktor die „Weite und Mannigfaltigkeit des Denkens und eine gewisse Unbefangenheit bezüglich eigener Ansichten", die dem Lehrer eigen sein sollten, an. [20] Diese Gedanken verdeutlichte er in vielen Artikeln. Wohl nachdenkenswerte Hinweise dafür gibt Ostwald in seinen Arbeiten „Die Lehre vom Erfinden“ [21] und „Kombinatorik und schaffende Phantasie“ [22]. Ostwald versucht dem Begriff des Erfindens eine wissenschaftliche Grundlage und wissenschaftliche Mittel zuzuordnen. Er weist auf das Verhältnis von Erfahrung und der freien oder willkürlichen Verknüpfung einzelner Elemente in der Phantasie hin und bezieht die Begriffskombinatorik als logisch-wissenschaftliches Mittel in die Tätigkeit des Erfindens mit ein. Am Beispiel der Lehre vom Ornament versucht er dieses Mittel zu verdeutlichen. [23]

Weite und Mannigfaltigkeit des Denkens sind bei ihm mit neuen Denkmethoden verbunden. Die Aufgabe des Lehrers ist es, diese weiterzugeben. Doch der Lehrer muß sich auch dem begabten und erfolgreichen Schüler gegenüber rechtzeitig zurückziehen können. [24]

In der Erziehung zur Selbständigkeit, zur Entwicklung eines mannigfaltigen Aufgabenkreises, zur Fähigkeit des Wollens im genannten umfassenden Sinn sah Ostwald Bedingungen für die Bildung einer wissenschaftlichen Schule. [25]

Diese für Ostwald wesentlichen Eigenschaften eines schulebildenden Wissenschaftlers werden von ihm durch weitere Eigenschaften ergänzt. Ostwald nennt u. a. Organisationstalent, rechnerische Begabung, persönliche Liebenswürdigkeit. Doch diese Eigenschaften, so sagt er, „sind mehr oder weniger nützlich, scheinen aber nicht von so maßgebender Bedeutung zu sein, wie die erstbesprochenen.“ [26]

Ostwald begründet diesen Gedanken nicht weiter. Wesentlich sind ihm die Eigenschaften, die neben einer kognitiven Funktion einen sozialen Aspekt besitzen. So sieht Ostwald in seinem tiefen Humanismus den Lehrer einer wissenschaftlichen Schule in seinem gesellschaftlichen Bezug; denn für ihn führen wissenschaftliche Arbeit, wissenschaftliche Ausbildung „zu einer Rationalisierung des gesamten gesellschaftlichen Fortschritts im Sinne einer immer höheren Kultur ...“ [27]

Literatur

[1] Kedrov, B. M.: Der Wissenschaftler und seine Schule. In: Wissenschaftliche Schulen, Bd. 1, Berlin 1977. Kapica, P. L.: Rutherford und seine Schule. In: Wissenschaftliche Schulen, Bd. 1, Berlin 1977. Cukerman, A. M.: Die Denkweise des Leileiters — ein bestimmender Faktor für die Bildung einer wissenschaftlichen Schule. In: Wissenschaftliche Schulen, Bd. 1, Berlin 1977, S. 452.

[2] Rudnick, M.: Weltanschauliche und politisch-ideologische Faktoren in wissenschaftlichen Schulen der Atomforschung. In: Wissenschaftlichen Schulen, Bd. 1, Berlin 1977, S. 164.

[3] Ostwald, W.: Wissenschaftliche Schulen (Auszug aus W. Ostwald: Theorie und und Praxis). In: Forschen und Nutzen, Wilhelm Ostwald zur wissenschaftlichen Arbeit. Ein Auswahlband zum 125. Geburtstag. Als Sonderband 1 Beiträge zur Forschungstechnologie hrsg. v. G. Lotz, L. Dunsch, U. Kring, Akademie-Verlag Berlin 1978.

Ostwald, W.: Wissenschaftliche Massenarbeit. a. a. O.
Ostwald, W.: Kombinatorik und schaffende Phantasie, a. a. O.
[4] Ostwald, W.: Wissenschaftliche Schulen, a. a. O., S. 168.
[5] A. a. O., S. 169.
[6] Ebenda.
[7] Ebenda.
[8] Ostwald, W.: Wissenschaftliche Massenarbeit, a. a. O., S. 148.
[9] Ostwald, W.: Das physikalische Institut der Universität Leipzig und die Feier seiner Eröffnung. Leipzig 1898, S. 6.
[10] Ostwald, W.: Wissenschaftliche Massenarbeit, a. a. O., S. 148.
[11] Ostwald, W.: Lebenslinien, Bd. 2, Berlin 1927, S. 270.
[12] Ostwald, W.: Wissenschaftliche Massenarbeit, a. a. O., S. 152.
[13] Ostwald, W.: Wissenschaftliche Schulen, a. a. O., S. 169.
[14] Ostwald, W.: Die Universität der Zukunft und die Zukunft der Universität. In: Forschen und Nutzen . . ., a. a. O., S. 163.
[15] Ebenda.
[16] Ostwald, W.: Wissenschaftliche Schulen, a. a. O., S. 170.
[17] Ebenda.
[18] Ebenda.
[19] Ebenda.
[20] A. a. O., S. 171.
[21] Ostwald, W.: Die Lehre vom Erfinden. In: Forschen und Nutzen . . .; a. a. O.
[22] Ostwald, W.: Kombinatorik und schaffende Phantasie. In: Forschen und Nutzen . . ., a. a. O.
[23] A. a. O., S. 33.
[24] Ostwald, W.: Wissenschaftliche Schulen, a. a. O., S. 171.
[25] Ebenda.
[26] A. a. O., S. 170.
[27] Ostwald, W.: Die Lehre vom Erfinden, a. a. O., S. 39.

U. Niedersen

Einige philosophische Anmerkungen zu Wilhelm Ostwalds Katalyseauffassung

Die unbedingte Verwertung der naturwissenschaftlichen Forschungsergebnisse war im 19. Jahrhundert mit der Machtübernahme durch das Bürgertum zu einer unausweichlichen Notwendigkeit geworden.

Die moderne Naturforschung zeichnete sich durch das empirisch-analytische Vorgehen beim wissenschaftlichen Erkennen aus. Die einst so blühende romantische Naturphilosophie büßte ihre Wirkung auf die Vertreter der Einzelwissenschaften mehr und mehr ein. Wie bereits ENGELS vermerkte, zog die Bourgeoisie die Spekulation auf der Fondsbörse gegenüber der Spekulation in der Studierstube entschieden vor.

Das empirisch-analytische Vorgehen in der Chemie (die Experimentalchemie), gepaart mit der Vorstellung, die Materie als gekörnt anzusehen (die chemische Atomistik), erlaubten es, die rasch angewachsenen Mengen synthetisierter Stoffe zu ordnen. Die Ausarbeitung der Lehre von der chemischen Konstitution und Konfiguration hielt der unbedingt struktur- und reaktionsaufklärenden Belastung immer komplizierter werdender organischer Stoffe (Synthesefarbstoffe) und Reaktionen stand. Die organische Chemie eilte in den Laboratorien und in der Industrie von Erfolg zu Erfolg.

Dem Chemiker, der mit der industriellen Verwertung seiner Forschungsergebnisse die objektive Realität nicht nur widerspiegelt, sondern sie auch schafft, blieb dabei nicht verborgen, daß die Beherrschbarkeit der chemischen Prozeßgestaltung durch Einsichten in die das Chemische begleitenden physikalischen Parameter weit effektiver zu werden versprach. Etwa folgende Fragen gewannen an Aktualität und harrten einer Beantwortung: „... Wie hängt der Verlauf chemischer Umwandlungen von den äußeren Bedingungen (z. B. Temperatur, Druck, Mengenverhältnis der aufeinander einwirkenden Stoffe) ab? ... Welche Beziehungen bestehen zwischen dem Verlauf chemischer Umwandlungen und der Erzeugung oder dem Verbrauch von Energiearten wie Wärme, Elektrizität, Licht?“ [1, S. 8].

Das Schaffen einer physikalischen Chemie war durch das beide Seiten befruchtende Wechselwirken zwischen Labor- und Industrieanforderungen objektiv notwendig geworden.

Die hervorragenden physikalisch-chemischen Arbeiten WILHELM OSTWALDS in Riga und später nach dessen 1887 erfolgter Berufung nach Leipzig ließen ihn gemeinsam mit VAN'T HOFF und ARRHENIUS zum Begründer und Förderer der physikalischen Chemie werden. Da an dieser Stelle nun nicht alle entsprechenden Arbeiten des großen Chemikers genannt und im einzelnen gewürdigt werden können, sei zumindest vermerkt, daß OSTWALD die Erkenntnisse der Physik und ihrer Methoden konsequent für chemische Problemlösungen angewandt hat. Eine ausgezeichnete Position erhielt dabei die Anwendung der Hauptsätze der Thermodynamik auf das chemische Geschehen.

WILHELM OSTWALD war wohl der eifrigste Verfechter energetischer Betrachtungen in der Chemie. Das war auch zugleich der Ausgangspunkt für einen alle seine Gedanken und Handlungen bestimmenden Zug, der sich bis hin zum „Energetismus" verstärken sollte. (Der „Energetismus" ist eine monistische Weltauffassung, die die Grundfrage der Philosophie zu umgehen versucht, indem sie sowohl das Sein als auch das Bewußtsein dem Energiebegriff unterordnet. In dem Werk „Materialismus und Empiriokritizismus" setzte sich W. I. LENIN kritisch mit dieser philosophischen Richtung auseinander (Vgl. [2, S. 269 ff.]).

Auch OSTWALDS Beiträge über die Katalyse, die besonders ab 1897 mit dem Beziehen eines neuen Instituts forciert und über eine bestimmte Zeitspanne zur Hauptforschungsrichtung wurden, sind durch energetische und kinetische Erwägungen bestimmt worden.

Einige philosophische Anmerkungen über OSTWALDS Katalyseauffassung setzen allerdings einen kurzen Abriß des vorhergehenden Wissensstandes über die Katalyse voraus.

Unter dem Eindruck der sich häufenden Mitteilungen in den Journalen und Annalen der Chemie um die Wende des 18. und 19. Jahrhunderts, über Beobachtungen lebhafter chemischer Umsetzungen bei Anwesenheit eines „dritten Stoffes" durch namentlich solche hervorragenden Experimentatoren wie KIRCHHOFF, GAY-LUSSAC, THENARD, DAVY, FARADAY, DÖBEREINER, MITSCHERLICH u. a., machte JÖNS JACOB BERZELIUS in seinem Brief vom 10. April 1835 an JUSTUS VON LIEBIG auf eine bei derartigen Reaktionen wirkende neue Kraft aufmerksam. Er nannte sie „katalytische Kraft" und die Zerlegung der Stoffe durch jene Kraft — „Katalysis".

BERZELIUS gab in seinem Jahresbericht von 1836 auch eine mögliche Erklärung der Ursächlichkeit des eigentlich Katalytischen ab: „Die katalytische Kraft scheint eigentlich darin zu bestehen, daß Körper durch ihre bloße Gegenwart, und nicht durch ihre Verwandtschaft, die bei dieser Temperatur schlummernden Verwandtschaften zu erwecken vermögen, so daß zufolge derselben in einem zusammengesetzten Körper die Elemente sich in solchen anderen Verhältnissen ordnen, durch welche eine größere elektrochemische Neutralisierung hervorgebracht wird" [3, S. 243]. LIEBIG, dessen erklärtes Ziel es stets war, resultierend aus seinem Unmut an der Naturphilosophie SCHELLINGS, gegen dessen Lebenskraft-Auffassung zu polemisieren, weil „die Lebenskraft der Naturphilosophie der horror vacui, der Spiritus rector der Unwissenheit (ist)" [4, S. 23], sah zwangsläufig in Berzelius' „katalytischer Kraft" den Versuch, eine neuerliche okkulte Kraft zu konstatieren, die eher zum Verwischen als zur Aufklärung der katalytischen Phänomene gereichen würde. LIEBIG vermied deshalb den Begriff „katalytische Kraft“, aber leider auch den durch BERZELIUS’ Klassifikation entstandenen Begriff „Katalyse“. Die durch LIEBIG neben einigen anderen Erklärungen konkreter katalytischer Erscheinungen vor allem bekannt gewordene Deutung der Katalysen ist seine mechanische „Mitschwingungshypothese“. Diese Hypothese deutete allgemein chemisches Geschehen und läßt sich in der Möglichkeit eines in chemischer Aktion begriffenen Stoffes sehen, in einem anderen durch Berührung ebenfalls chemisches Agieren hervorzurufen. Die Nachphase des BERZELIUS-LIEBIGschen Katalysestreites erbrachte eine Geschiedenheit der Ansichten über Katalyse unter den Chemikern.

Die Forscher BERZELIUSscher Prägung, die mit Erklärungsversuchen für die einzelnen Reaktionen sehr zurückhaltend waren, atomistisch-mechanistische Hypothesen im allgemeinen durch positivistische Einwände deklassierten, als überspannte Spekulationen abtaten und eher dazu neigten, wesentliche äußere Seiten verschiedener Erscheinungsbilder zu beschreiben und durch Begriffsbildungen zu klassifizieren, selbst dann, wenn der gebildete Begriff wegen seiner anhaftenden Verschwommenheit bezüglich dadurch versuchter Erklärungen heftige Kritik auslösen mußte.

Die Forscher LIEBIGscher Prägung lehnten Begriffsbildungen unter dem Dogma ab, nicht einmal hypothetisch erläuternd wesentliche Merkmale des katalytischen Geschehens aufzeigen zu dürfen, weil jene Art von erschaffenen Begriffen die Mystik, die Nähe zur schlechten naturphilosophischen Spekulation, die ungenügend die Praxis berücksichtigt, heraufbeschwören würde. Um der Gefahr des Stagnierens naturwissenschaftlichen Fortschritts zu entgehen, orientierten sie sich, um die Erscheinungsbilder zu erklären, auf bekannte, bereits als wahr erwiesene wissenschaftliche Aussagen der Mechanik und zwar durch Analogiebildungen mittels des Vergleichs. Ein Vorgehen, das Phantasie und Intuition in sich vereint und bei ständigem Dialog mit der Praxis großartige Erfolge erringen kann, wie die organische Chemie es bewiesen hat.

Wenn nun beide Richtungen hinsichtlich ihres Durchsetzungsgrades unter den Chemikern des 19. Jahrhunderts bewertet werden sollten, so ist zu sagen, daß sich eindeutig LIEBIGS mechanische „Mitschwingungshypothese“ in den Erwägungen der verschiedensten Forscher wie C. v. NÄGELI, K. F. MOHR, C. G. HÜFNER, L. MEYER, D. I. MENDELEEV, R. W. BUNSEN, O. LOEW, FR. STOHMANN u. v. a., wenn auch in modifizierter Form, behauptet hatte.

Wir können zusammenfassend festhalten: Die Katalyse als ein relativ eigenständiges Forschungsgebiet innerhalb der Chemie gab es im 19. Jahrhundert noch nicht. Das konkrete katalytische Geschehen wurde nur allgemein-theoretisch angegangen, ohne das katalytisch Besondere herauszuarbeiten und zu deuten. Es wäre also illusorisch, nach erkenntnistheoretischen Erfolgen der Atomistik speziell auf dem Gebiet der Katalyse zu fragen. Die Katalyse war im Verlaufe des 19. Jahrhundert als solche kein geschlossener Forschungsgegenstand.

Dieser Zustand war jedoch behufs der immer weiter fortschreitenden technischen Nutzbarmachung chemischer Erkenntnisse nicht mehr haltbar.

Die technisch-katalytischen Erscheinungen, gebunden an die organischen Großsynthesen, machten deren gewaltigen Schritte hin zu den großartigen chemisch-technischen Leistungen durchaus mit und bald wurde in der Katalysatorleistung eine brisante Profitquelle erkannt. Die Forderungen nach einer Neuformierung der Katalyse und nach deren wissenschaftlichen Durchdringung wurden unabwendbares Gebot.

In dieser Situation, gegen Ende des 19. Jahrhunderts, griff nun Wilhelm Ostwald das zwar äußerst reichhaltige, aber völlig ungeordnete katalytische Material auf.

Wilhelm Ostwald verhalf der Katalyse wieder zu Ansehen, indem er sie zu einer angewandten chemischen Kinetik und Energetik machte. Die katalytischen Reaktionen wurden den Reaktionsgeschwindigkeitsmessungen zugeführt und jene somit neben den in Geltung gewesenen atomistisch-anschaulichen Hypothesen auch *quantitativ* bearbeitet. Ostwalds eigentliche Katalysedefinition, die er gelegentlich einer kritischen Rezension einer Arbeit Fr. Stohmanns formulierte, war eine rein gedankliche Leistung:

„Katalyse ist die Beschleunigung eines langsam verlaufenden chemischen Vorgangs durch Gegenwart eines fremden Stoffes“ [5, S. 706].

Die Katalysedefinition basiert auf Konsequenzen, die sich aus den Aussagen der Hauptsätze der Thermodynamik ziehen lassen. Das katalytische Fortschreiten setzt überhaupt thermodynamisch mögliches Reagieren voraus. Thermodynamisch möglich heißt, einen bestimmten Betrag an freier Energie bereitzustellen, der dann beim Übergang vom Ausgangszustand in Richtung eines qualitativ neuen Zustandes verwertet wird.

Es ist damit pauschal eine Prozeßrichtung angegeben, aber zugleich eine unbestimmte Zeitdauer des Überganges veranschlagt. Der Katalysator, so schlußfolgerte Ostwald, kann die Katalyse nicht (energetisch) hervorbringen, sondern er zehrt beim Abbau des Widerstandes, der sich beim Übergang von potentieller in kinetische Energie offenbart, von dem existierenden Betrag an freier Energie. Der Katalysator muß aber, wie Ostwald bereits vermutete, einen „Zeitfaktor“ besitzen, der die Aktionen zwischen Start und Ziel zu beschleunigen vermag. Er und seine Mitarbeiter vermuteten, daß der Katalysator Zwischenreaktionen eingehen würde. Als es dann auch gelang, die Geschwindigkeiten einiger Zwischenreaktionen zu messen, und es sich herausstellte, daß diese schneller ablaufen als die nichtkatalysierte direkte Reaktion, war eine deutliche Hinwendung zur „Dynamik“ in der Katalyse offensichtlich geworden. Von Abel stammt der bekannte Ausspruch: „Nicht Stoffe, nur Reaktionen katalysieren“ [6, S. 943]. Ostwald war es somit gelungen, unter den Voraussetzungen einer Kinetik, die nur die Reaktionsordnung, also nicht die Reaktionsmolekularität berücksichtigt und dem konsequenten Einbeziehen des II. Hauptsatzes der Thermodynamik, aber ohne den komplexeren Charakter chemischen Geschehens gegenüber dem physikalischen zugrundezulegen und empirisch vorgehend, die Katalyse in ein Forschungsgebiet von allgemeinem Interesse zu verwandeln und unter den eben genannten Parametern, zu einem gewissen Abschluß geführt zu haben.

Als ausgesprochen positivistisch muß sein wissenschaftliches Vorgehen dann bezeichnet werden, als er bei Diskussionen, Rezensionen, Tagungsvorträgen, der bekannteste ist wohl der Lübecker Vortrag von 1895 „Die Überwindung des wissenschaftlichen Materialismus" und in Publikationen aller Art die chemische Atomistik scharf bekämpfte und sie als zwar bildlich aber eben nicht sachlich abqualifizierte. Richard Willstätter klagte in seinem Buch „Aus meinem Leben" auf jene Zeit zurückblickend: „Leider hielt es der führende Physiko-Chemiker, Wilhelm Ostwald ... für seine Aufgabe, die Theorie und die Methode der organischen Chemie leidenschaftlich zu bekämpfen, was keinen guten Sinn hatte. ... Er kritisierte, darin ein wahrer Nachfolger des Leipziger Professors Kolbe, die ganze zeitgenössische Literatur der organischen Chemie, besonders strukturchemische Fragen" [7, S. 89].

Wilhelm Ostwalds Beurteilung des Berzelius-Liebigschen Katalysestreites ist dann auch aus antiatomistischer und positivistischer Sicht erfolgt.

Zuerst widersprach er einmal beider Vorstellungen vom Hervorrufen des Katalytischen durch den Katalysator. Dann lobte er jedoch Berzelius, weil dessen ontologisches Vorgehen, mannigfaltiges Geschehen nach ähnlichen, sinnlich wahrnehmbaren Merkmalen zu klassifizieren, seiner positivistischen Einstellung relativ nahe kam. Liebig hingegen ließ er die Schuld am Stagnieren des Katalysefortschritts in der zweiten Hälfte des 19. Jahrhunderts zukommen. Eine besondere Kritik erhob er gegenüber Liebigs mechanischer „Mitschwingungshypothese".
Ostwalds Angriffe zielten auf alle Bestrebungen ab, die anhoben, eine Mechanik in der Chemie zu betreiben. Freilich bezog er dabei schlechterdings die Arbeiten der chemischen Atomisten überhaupt in seinen Unwillen ein. Etwa die enormen Erfolge für den menschlichen Fortschritt der Linie Liebig, Kekulé, v. Baeyer, Willstätter verfolgend, weisen aber eindeutig die Tragfähigkeit der chemischen Atomistik nach.

Die chemische Atomistik, die sich quantitativ in den stöchiometrischen Grundgesetzen manifestiert hatte und weiteren Forschungen freie Bahn bereitete, bewies, daß die Phantasie einen solchen anschaulichen Mikrokosmos entstehen lassen kann, aus dem nicht subjektivistisch, sondern im steten Wechselspiel mit der Wirklichkeit, wesentliche Strukturen der objektiven Realität erkennbar werden. Der Vorteil ist tatsächlich eine große Anschaulichkeit und die der Atomistik oft nachgesagten Nachteile, daß ihre Grundannahmen „nur" hypothetischer und deshalb unsicherer Natur seien, hat „die Praxis, nämlich das Experiment und die Industrie" [8, S. 76] längst zugunsten der Atomistik entschieden.

Wilhelm Ostwald war zeitlebens ein großer Gegner jeglicher spiritistischer Bestrebungen. Ernst Haeckel unterstrich besonders den Enthusiasmus des Chemikers mit dem dieser gegen das Dogma der übernatürlichen organischen Lebenskraft und gegen den Vitalismus überhaupt vorging.

Daß Ostwald die Vitalismus-Nähe der Berzeliusschen „katalytischen Kraft“ nicht bemerkte, lag wohl daran, weil in der alten Formulierung, der Katalysator könne „schlummernde Verwandtschaften erwecken“, eine Art Vorstufe des thermodynamisch Möglichen zu erahnen war. Denn als vitalistisch galten bei Ostwald alle die Aussagen, die für das Lebensgeschehen die Sätze der Thermodynamik zugunsten irgendwelcher mystischen Gedankengänge oder irgendeines Wunderglaubens mißachteten.

Wilhelm Ostwald hatte mit seinen Mitarbeitern das unbewohnte, zerfallene katalytische Gebäude wieder aufgebaut, indem er die quantitative Methode in die Katalyse einführte und streng gemäß den Sätzen der Thermodynamik operierte. Er hat aber dabei niemals die gekörnte Struktur der Stoffe bzw. die statistische Natur der reagierenden Teilchen in seine gedanklichen Erwägungen einbezogen.

Der Ostwald-Schüler und Freund des Hauses, Alwin Mittasch, charakterisierte recht treffend diese architektonische Auslassung am Ostwaldschen katalytischen Gebäude:

„Infolge seiner (Ostwalds — U. N.) einseitig thermodynamisch-energestischen Einstellung, die der großen Bedeutung und Fruchtbarkeit der korrespondierenden atomistisch-kinetischen Doktrin nicht gerecht zu werden vermochte, sieht Ostwald bewußt und planmäßig davon ab, seine Vorstellungen über das chemische und damit auch über das katalytische Geschehen durch eine atom- und molekularkinetische Grundlegung zu vertiefen. ... Wenn hieraus keine wesentliche Beeinträchtigung und Verzögerung der Weiterentwicklung der Theorie hervorgegangen ist, so ist das dem gleichzeitigen katalytischen Wirken anderer Physikochemiker wie van't Hoff, Wegscheider, H. Goldschmidt, Nernst u. a., einschließlich Ostwald-Schüler wie Bredig, Bodenstein, Luther zuzuschreiben, die Ostwalds Ablehnung der Atomistik nicht teilten“ [9, S. 87].

Es ist dann auch im ersten Viertel des 20. Jahrhunderts von P. Sabatier, R. Willstätter, A. Mittasch u. a. ein Unbehagen darüber ausgesprochen worden, die Eigenschaft des Katalysators etwa nur im Beschleunigen zu sehen. Industriechemiker und über biokatalytisches Geschehen arbeitende Forscher richteten gezielt ihre Fragen an die atomistische Seite der chemischen Umsetzung, um Antwort zu erhalten, was sich eigentlich mikroskopisch zwischen dem Ausgangs- und dem Endzustand der Katalyse abspielt. Die Frage: „Warum kann eine Reaktion ablaufen und durch einen Katalysator beschleunigt werden?“ war durch Ostwald aus energetischer Sicht beantwortet worden. Jetzt galt es, das Interesse auf das „Wie“ der Umwandlung zu orientieren, quasi in der Richtung, den gesamten „Lebenslauf“ der chemischen Reaktion zu erfassen. Vor allem Mittasch setzte aufgrund seiner Arbeiten über spezifisch wirkende Mischkatalysatoren neben dem in Geltung gewesenen „Beschleunigen“ erneut wieder das „Hervorrufen“ und „Lenken“ als Eigenschaften des Katalysators.

Im ersten Band des Handbuchs der Katalyse, das Georg-Maria Schwab 1941 in Wien herausgab, resümierte Alwin Mittasch: „Der Streit darüber, ob jede Katalyse durchaus als „Beschleunigung“ angesprochen werden muß, oder ob man hier und da auch von „Hervorrufung“ und „Erzeugung“ reden darf, ist im Grund ein dialektischer Streit (nach SCHWAB: „eine philologische oder auch philosophische Frage“) d. h. eine Auseinandersetzung um die genaue Definition jener Wörter“ [10, S. 14].

Mit dem Vermerk, dieser Streit sei eine philologische Frage, als lediglich eine Auseinandersetzung um die genaue Definition der Wörter, kann man sich nicht zufrieden geben. Man gewinnt hier den Eindruck, als ob die beiden Katalytiker meinen, der Mensch setzt a priori fest, was unter „Beschleunigung“ und „Hervorrufung“ zu verstehen ist. Drehen wir also das Verhältnis um, weil die Katalyse objektiv diese dialektische Seite des Beschleunigens und Hervorrufens aufweist, kann der Mensch a posteriori mittels Denken und Sprache objektiv Reales hinreichend genau wiedergeben.

Dem Vermerk, es sei ein dialektischer Streit, ist dagegen zuzustimmen.

Eine Diskussion, ob der Katalysator nur beschleunigt oder auch hervorruft, berührt in besonderer Weise Überlegungen hinsichtlich des Erscheinungsbildes des II. Hauptsatzes der Thermodynamik in den verschiedenen Bewegungsformen der Materie.

Um darüber einige Bemerkungen anzuführen, seien einige grundlegende Thesen vorgegeben:

Die thermodynamische Notwendigkeit bleibt für einen möglichen Prozeßablauf in allen Bewegungsformen der Materie bestehen. Der Katalysator kann also im konkreten Fall nur auf thermodynamisch mögliche chemische Reaktionen seinen Einfluß ausüben. Die Hauptsätze der Thermodynamik sind zwar notwendig, aber nicht hinreichend für das Erklären des umfassenden und komplexen Geschehens in höheren Bewegungformen. Das heißt, daß z. B. die Richtung der Katalyse, hin zu einer bestimmten Produktbildung, nicht durch die Entropiezunahme, sondern über die Reaktionsgeschwindigkeit durch den Katalysator bestimmt werden kann.

Heute wissen wir, daß die eingeschlagenen Richtungen der Teilreaktionen im komplexen chemischen Wechselwirken zwar dem II. Hauptsatz als Rahmenbedingung genügen, aber eben nicht im Sinne einer direkten Entropiezunahme verlaufen müssen, geschweige denn, daß sich die Reaktionsgeschwindigkeit proportional der Entropiezunahme zeigen muß. Die Teilreaktion mit der größten Geschwindigkeit bestimmt die Richtung der gesamten chemischen Umsetzung. Da der Katalysator mit zu den Faktoren gehört, die die Reaktionsgeschwindigkeit regieren, lenkt er tatsächlich eine bestimmte Reaktion aus der konkurrierenden Schar der Teilreaktionen bis hin zur makroskopisch wahrnehmbaren Produktbildung. Der Katalysator ruft diese bestimmte Reaktion, Reaktionsbahn hervor, weil er mehr oder weniger gelockerte Verbindungsbildungen mit den Substratteilchen eingeht. Die Zusammensetzung, die Struktur (Textur) und die Chemie des Katalysators im *Wechselwirken* mit dem Substrat lassen recht komplizierte Moleküle als Zwischenprodukte entstehen. Der Reaktionsweg über derartige unbeständige Zwischenprodukte (also der Umweg) ist schneller gegenüber dem direkten

Umsatz. Die Aufgabe des Chemikers stellt sich dahingehend, diese labilen, intermediär entstehenden Zwischenprodukte „einzufrieren", sie, bevor es zur thermodynamischen Gleichgewichtseinstellung kommt, abzufangen.

WILHELM OSTWALDS massives Eintreten, die Wirkung des Katalysators nur im Beschleunigen zu sehen, zielte gegen die Bestrebungen solcher Personen ab, die den Katalysator auch als energestischen Hervorbringer und Lenker darzustellen versuchten. Freilich reicht die Katalysator-Eigenschaft „Beschleunigen" nicht allein aus, um komplexes katalytisches Geschehen zu diskutieren. Die Eigenschaft „Beschleunigen" ist direkt an das Hervorrufen intermediärer, oft hochkomplizierter Zwischenverbindungen gebunden, weil das Streben hin zum thermodynamischen Gleichgewichtszustand, wie schon vermerkt, über kompliziertgeordnete Strukturen schneller verläuft. Eine Feststellung, die eigentlich auf die von OSTWALD 1897 aufgestellte Stufenregel verweist, wonach bei allen Vorgängen nicht sofort der beständigste Zustand erreicht wird, sondern der nächstliegende, weniger beständige.

Es läßt sich abschließend sagen, daß WILHELM OSTWALDS Devise, die Katalyse stets als Beschleunigung anzusehen, beim Fortschreiten der Erkenntnisse über Katalyse dialektisch negiert wurde. Der positive Gehalt seiner Ansichten, etwa das unbedingte Berücksichtigen der Gesetze der Thermodynamik, blieben auf qualitativ höherer Erkenntnisstufe weiter in Geltung. Seine Ansichten über die beschleunigende Wirkung des Katalysators wurden in modernere Auffassungen der Katalyse eingefügt. Wenn W. I. LENIN über das Wesen der Dialektik ausführte: „Nicht die bloße Negation ... nicht das *skeptische* Negieren, Schwanken, Zweifeln ist charakteristisch und wesentlich in der Dialektik ..., sondern die Negation als Moment der Entwicklung, bei Erhalten des Positiven, d. h. ohne irgendwelche Schwankungen, ohne jeden Eklektizismus" [11, S. 218], so sollte jeder, der jemals über den großen Gelehrten WILHELM OSTWALD forscht, ohne Vorurteil diese wertvollen Worte berücksichtigen.

Literatur

[1] WEGSCHEIDER, R.: Ostwald als Physochemiker. In: Festschrift aus Anlaß seines 60. Geburtstages, Wien · Leipzig 1913.

[2] LENIN, W. I.: Werke Bd. 14, Berlin 1973.

[3] BERZELIUS, J. J.: Pflanzenchemie. In: Jahresbericht über die Fortschritte der physischen Wissenschaften. 15. Jhrg., Tübingen 1836.

[4] LIEBIG, J. v.: Über das Studium der Naturwissenschaften und über den Zustand der Chemie in Preußen. 1840. In: Reden und Abhandlungen, Leipzig und Heidelberg 1874.

[5] OSTWALD, W.: Rezension zu: STOHMANN, FR.: Über den Wärmewert der Bestandteile der Nahrungsmittel. In: Ztschr. f. Biologie 31 (1894). In: Ztschr. f. physikal. Chemie 15 (1894).

[6] ABEL, E.: Über Katalyse. In: Zeitschrift für Elektrochemie **19** (1913) 23.

[7] Willstätter, R.: Aus meinem Leben, Weinheim 1949.
[8] MEW Band 21, Berlin 1972.
[9] Mittasch, A.: Kurze Geschichte der Katalyse in Theorie und Praxis, Berlin 1939.
[10] Mittasch, A.: Über Begriff und Wesen Katalyse. In: Handbuch der Katalyse. Hrsg. Georg-Maria Schwab, Wien 1941, I. Band.
[11] Lenin, W. I.: Werke, Band 38, Berlin 1971.

Auswahlliteratur

Ältere Geschichte der Lehre von den Berührungswirkungen. In: Dekanatsprogramm, Leipzig 1897/98.
Über Katalyse (Vortrag, Hamburg 1901) In: Abhandlungen und Vorträge allgemeinen Inhalts, Leipzig 1904.
Über Katalyse (Nobelpreis-Rede, 1909), 2. Auflage, Leipzig 1911.
Chemische Dynamik. In: Der Werdegang einer Wissenschaft, Leipzig 1908.
Lebenslinien, Band II, Berlin 1933.

H. Binkau und U. Niedersen

Zu Wilhelm Ostwalds und Alwin Mittaschs Bemerkungen über J. R. Mayers „Auslösungs"begriff

Der Begriff der „Auslösung" ist etwa ab der zweiten Hälfte des 19. Jahrhunderts in Verwendung. Man gebraucht ihn für solche Kausalverhältnisse, bei denen die Ursache gegenüber dem bewirkten Geschehen sich in einem verschwindend geringen, in erster Näherung fast vernachlässigbaren Aufwand zeigt. Einige Beispiele: Ein Funke bringt ein Pulverfaß zur Explosion; Biokatalysatoren rufen im lebenden Organismus eine ungeheure Zahl hochspezifischer Umsetzungen hervor; das Wort oder der Blick eines Menschen kann bei anderen bestimmte Reaktionen veranlassen.

Bereits Julius Robert Mayer — neben H. v. Helmholtz und J. P. Joule Entdecker des Energieerhaltungssatzes — hat sich mit der Problematik der „Auslösung" beschäftigt. Wie Mayer in einem Brief aus dem Jahre 1844 erklärt, habe man zwei Arten von Kausalität zu unterscheiden. In dem einen Fall handele es sich um diejenigen Ursache-Wirkungs-Relationen, die in einem quantitativen Proportionalitätsverhältnis zueinander stehen und bei denen sich Ursache und Wirkung als Erscheinungsformen ein und derselben „Kraft" (darunter versteht Mayer physikalische Arbeits- und Wirkfähigkeit: Energie) erweisen. In dem anderen Fall sei es gar nicht mehr möglich, für die betreffenden „auslösenden" Ursachen und die „ausgelösten" Wirkungen ein Größenverhältnis anzugeben. [1; S. 224]

In der Arbeit „Die organische Bewegung in ihrem Zusammenhange mit dem Stoffwechsel" (1845) hat sich Mayer mit biologisch bedingten „Auslösungen" beschäftigt. Er schreibt: „Jedermann weiß, daß in zahlreichen Fällen chemische Aktionen von der bloßen Anwesenheit gewisser Stoffe bedingt werden, die für sich selbst an der vor sich gehenden Veränderung keinen Anteil nehmen." [vgl. 2; S. 91]. In einer kleinen Arbeit aus dem Jahre 1876 bringt Mayer zum Ausdruck, daß er unter der „Auslösung" das Freimachen, Entfesseln vorher gehemmter, latenter Energien versteht. Die Katalyse nennt er eine besondere Form der „Auslösung".

In den Arbeiten von Wilhelm Ostwald lassen sich dann viel schärfere Formulierungen finden. Zum Beispiel: Für eine „Auslösung" ist es typisch, daß eine Energieform dem Streben nachgeben kann, von Stellen höherer zu Stellen niederer Intensität überzugehen. [3; S. 103 ff]. In der Regel ist der Energieaufwand für die Auslösung viel kleiner als die zur Auslösung gebrachte Energie. Das gilt insbesondere für katalytische Vorgänge im lebenden Organismus. In seinen „Vorlesungen über Naturphilosophie“ weist OSTWALD darauf hin, daß ein Katalysator nicht nur die Fähigkeit zum Auslösen, sondern auch zum Beschleunigen hat. [4; S. 299 ff]. Bei OSTWALD wie auch später bei A. MITTASCH lassen sich immer wieder Hinweise finden, die sich direkt auf den „Auslösungs“begriff bei R. MAYER beziehen und an diesem anknüpfen. [vgl. 5; S. 19—49]

ALWIN MITTASCH war ein Schüler WILHELM OSTWALDS, er promovierte 1901 mit der Arbeit „Über die chemische Dynamik des Nickelkohlenoxyds“. A. MITTASCH arbeitete als Industriechemiker besonders erfolgreich auf dem Gebiet der Katalyse (Erstellung des Mischkatalysators für die NH_3-Synthese- Methanolsynthese usw.). Als Leiter eines der größten Forschungslaboratorien der chemischen Industrie ließ er sich aus persönlichen Gründen vorzeitig pensionieren und begann ab 1932 sich naturphilosophischen Problemen zu widmen. Im Abschnitt „Über Begriff und Wesen der Katalyse“ des „Handbuchs der Katalyse“ (1. Band 1941) schreibt A. MITTASCH: „In bezug auf das *Energieprinzip* hat die katalytische Theorie drei Stufen durchlaufen: a) gefühlsmäßige Feststellung, daß der Katalysator nicht „zaubern“ ,sondern nur „schlummernde Kräfte wecken“ kann: Berzelius, Liebig. b) Aufstellung einer klaren Auslösungstheorie: Robert Mayer. c) Auseinandersetzung auch mit dem zweiten Hauptsatz der Energetik (Thermodynamik und Gleichgewichtslehre): Horstmann, W. Ostwald, van't Hoff u. a. m.“ [6; S. 30]

J. J. BERZELIUS formulierte 1835 für die Erklärung der damals bekannt gewordenen katalytischen Reaktionen eine „katalytische Kraft“, die nach LIEBIGS Meinung eher zum Verwischen als zum Aufklären der Zusammenhänge gereichen würde. LIEBIG selbst erklärte das katalytische Wirken mittels der mechanischen „Mitschwingungshypothese“. Dieser Auffassung zufolge sind es Repulsions- und Attraktionsvorgänge, die die Katalysatorwirkung auf die umzusetzenden Stoffe übertragen. Bekanntlich hat sich J. v. LIEBIG von Vorstellungen distanziert, die die Gesetze der Mechanik uneingeschränkt auf alle Dinge und Erscheinungen der objektiven Realität anwenden. Dennoch hatte sich LIEBIG eines mechanischen Analogons bedient, um einem dem Vitalismus nahestehenden Vorgehen — BERZELIUS' Setzung einer „katalytischen Kraft“ — begegnen zu können.

„Gewiß konnte mir es Niemand als Verbrechen anrechnen, wenn ich diese Ansichten (die BERZELIUSschen — d. Verf.) nicht für zulässig hielt, wenn ich meiner Überzeugung folgend, es für einen Mißgriff erklärte, ... wenn ich einen in seiner Wahrheit unbestreitbaren Satz der Mechanik (das Trägheitsgesetz — d. Verf.) auf Verbindungs- und Zersetzungserscheinungen anzuwenden versuchte.“ [7; S. 53]

Im Unterschied zu LIEBIG hat sich R. MAYER keiner mechanischen Erklärung bedient, um die BERZELIUSsche Auffasung von der Existenz einer „katalytischen Kraft“ der Kritik zu unterziehen. In MAYERS 1845 erschienener Arbeit „Die organische Bewegung in ihrem Zusammenhange mit dem Stoffwechsel“ heißt es:

„Will man voraussetzungslos einer konstatierten Tatsache einen Namen leihen, so kann man die Rolle, welche bei solchen Vorgängen die unverändert bleibende Materie (der Katalysator — d. Verf.) spielt, mit dem Ausdruck „Kontakteinfluss" bezeichnen." Von „katalytischer Kraft" und anderen okkulten Kräften zu sprechen lehnt MAYER ab, weil er dies für unvereinbar mit seiner „Kraft" d. h. Energieauffassung hält. [2; S. 90 ff]

Von den Auffassungen des Dynamismus ausgehend, hat MAYER nach einem Zusammenhang zwischen philosophischer Kausalitätsproblematik und physikalischer Energieauffassung gesucht. Indem MAYER das LEIBNIZsche „Causa aequat effectum" auf die Problematik der Energieerhaltung und Energieumwandlung anwendet, erhält er Zugang zu einer dialektischen Auffassung von der quantitativen Unzerstörbarkeit und qualitativen Umwandelbarkeit der Energieformen. Der Wissenschaftshistoriker W. SCHREIER gibt folgende Einschätzung: „Deutlich spürt man in Mayers Arbeiten, daß er von den dialektischen Anschauungen des Dynamismus ausging, aber kaum in die Spekulationen der romantischen Naturphilosophie über die Erklärungen aller Naturprozesse als Entäußerungen eines Urphänomens (ein idealistischer Standpunkt) verfiel, sondern zur Stützung seiner Verallgemeinerungen Experimente und Erfahrungen (Reibungswärme, Dampfmaschine, galvanisches Element u. a.) heranzog." [8; S. 97].

Das LEIBNIZsche „Causa aequat effectum" versteht MAYER im Sinne von Gleichwertigkeit, quantitativer Gleichheit qualitativ unterschiedlicher Energieformen. Den Energieerhaltungssatz faßt er als den „obersten Kausalsatz" auf, weil für ihn gelten würde: gleiche Ursachen führen immer zu gleichen Wirkungen. Bei „Auslösungen" sei der Energieaufwand in der Regel viel kleiner als die zur Auslösung gebrachte Energie. MAYER spricht von „kleinen Ursachen — großen Wirkungen" und versucht dies am Beispiel mechanischer, katalytischer, physiologischer und psychischer „Auslösungen" zu zeigen.

MAYER ist in seinen Untersuchungen auf halbem Wege stehen geblieben. Die große heuristische Bedeutung, die das Aufdecken von Kausalbeziehungen für die Naturforschung hat, wird von ihm erkannt und anerkannt. Dies aber geschieht unter Nichtbeachtung der Tatsache, daß mit dem Energieerhaltungssatz nur der Rahmen für mögliche Kausalbeziehungen abgesteckt und noch keinesfalls bestimmt wird, welche Vorgänge im einzelnen ablaufen. MAYER weiß noch nicht, daß nur die dialektische Einheit von Ursachen und Bedingungen die erwartete Wirkung sichert und nur beim Vorhandensein bestimmter Bedingungen die Ursache sich notwendig in der Wirkung realisiert. Das Fehlen einer sorgfältigen Unterscheidung von Ursachen und Bedingungen führt zu dem Eindruck, als gäbe es bei MAYER eine Gegenüberstellung von zwei völlig verschiedenen Arten der Kausalität. Diese Konsequenz findet sich aber erst bei A. MITTASCH ausgesprochen: „Erhaltungs"- und „Auslösungs"-kausalität werden als einander ausschließend gegenüber gestellt; die „Auslösungen" werden als nichtenergetisch und nichtarbeitleistend aufgefaßt. — Einer solchen Schlußfolgerung, die jedweder Philosophie und Ideologie eine offene Tür schafft, kann man sich nur entziehen, wenn das Verhältnis von Kausalität, Gesetz und Bedingungen vom Standpunkt des dialektischen Materialismus untersucht wird. [vgl. 9; S. 142—146]

W. Ostwald hat besonders gegen jene Autoren argumentiert, die glaubten, daß physische und psychische Vorgänge ohne eine entsprechende energetische Aufwendung ausgelöst (hervorgebracht, veranlaßt) werden können. Insofern gelten Ostwalds antivitalistische Auffassungen auch als eine Kritik an dem Anfang des 20. Jahrhunderts sich herausbildenden Neovitalismus. Mit großer Bestimmtheit kann man auch sagen, daß W. Ostwald — hätte er die naturphilosophischen Arbeiten seines Schülers A. Mittasch noch kennengelernt —, diese einer strengen Kritik unterzogen hätte. Dies ist um so wahrscheinlicher, als Ostwald die Mayerschen Auffassungen über „Auslösung" wegen ihres dualistischen Charakters ein unfertiges Gedankengebäude genannt hat. Nach Mayer sind weder „Kraft" noch Stoff in der Lage, Gefühle oder Willenserregungen hervorzubringen. Mayer anerkennt lediglich, daß die „geistigen Verrichtungen des Individuums" mit der auf „molekularer Thätigkeit" basierenden materiellen Gehirntätigkeit „auf das Innigste" verknüpft sind, ohne aber damit identisch zu sein. Verantwortlich für die geistige Tätigkeit des Individuums sei primär das Wirken eines „geistigen Prinzips".

Das Gehirn erweise sich nur als Werkzeug, noch nicht als der „Geist selbst". [10; S. 356, 357]

Vom Standpunkt des Ostwaldschen Energetismus erweisen sich diese Auffassungen Mayers als Inkonsequenzen und Halbheiten. Für den Neovitalisten A. Mittasch bieten sie einen willkommenen Anknüpfungspunkt, um gerade diese Seite der Mayerschen Weltanschauung hervorzuheben und im Sinne der eigenen Lehre zu interpretieren.

Im Sinne des Voluntarismus von Nietzsche und Schopenhauer schreibt A. Mittasch: „Durch Robert Mayers scharfe Definition der arbeitleistenden Wirkkräfte oder Grundkräfte — deren es nur wenige gibt —, und die damit gegebene Abgrenzung gegen nichtenergetische Auslösungs-, Trieb-, Richt-, Form- und Ordnungskräfte ist die alte Auffassung der Lebenskraft in der Bedeutung zauberischer Wirkung ein für allemal erledigt. „Lebenskraft" im Sinne eines das Energiegetriebe des Organismus beherrschenden „Urphänomens", das nicht „erklärt" werden kann, wird jedoch durch beliebige Fortschritte der Physiologie ebensowenig erschüttert (im Original von A. Mittasch hervorgehoben- d. Verf.) wie dies dereinst durch Wöhlers Harnstoffsynthese und Pasteurs Erkenntnisse geschehen ist." [11; S. 88]

W. Ostwald bezeichnete es als einen Irrtum, wenn man glaubt, daß der menschliche Wille etwas Unenergetisches, d. h. außerhalb der physischen Welt Stehendes, sei und die physische Welt insofern beeinflusse, als er „vorhandene freie Energien nach Wunsch und Bedarf durch Auslösung in vorgeschriebene Richtungen" dirigiere. [12; S. 197] Im Sinne seiner energetischen Weltanschauung erklärt Ostwald, daß ein thermodynamisch möglicher Vorgang erst verwirklicht wird, wenn er „umwandlungsbereite freie Energie" beinhaltet. [5; S. 26]. Die eigentliche „Auslösung“ ist durch das Beseitigen der Hemmungen gekennzeichnet, „wozu stets ein bestimmter kleinster Energieaufwand gehört“. [5; S. 33]. Dieser „kleinste Energieaufwand“, der nach OSTWALD nie einen Betrag gleich Null annehmen kann, ist der materielle Faktor, den er jenen Versuchen entgegenhält, die — wie MITTASCH — das Phänomen der „Auslösung“ als immateriell abstempeln und in den Bereich der erkenntnistheoretischen Unantastbarkeit verlagern wollen.

W. OSTWALDS Forschungen waren immer von einem geradezu erstaunlichen Erkenntnisoptimismus begleitet. Auf der einen Seite argumentiert er gegen EMIL DU BOIS-REYMONDS „Ignorabimus“ und auf der anderen Seite gegen den subjektiven Idealismus KANTS, dem er zurecht vorhielt, „daß er nicht den Inhalt unseres Geistes als durch die Außenwelt bestimmt annahm, sondern umgekehrt behauptete, die Beschaffenheit der Außenwelt, wie wir sie kennen, sei ausschließlich durch die Form unseres Geistes bestimmt, und hinter dieser ‚Erscheinung‘ bestehe das absolut unerkennbare ‚Ding an sich‘. „[12; S. 40].

OSTWALD hat sich sowohl vom Agnostizismus distanziert als auch jegliche Art von Spiritismus und Vitalismus bekämpft. So hat er niemals versucht, die von MAYER gefundene Unterscheidung zwischen sog. Erhaltungs- und sog. Auslösungskausalität als einen Gegensatz auszulegen. Im Gegenteil. Im Anschluß an MAYERS eigene Äußerungen [vgl. 1; S. 223 f.] schreibt W. OSTWALD: „Es gibt *einen* (Hervorhebung von d. Verf.) *weiteren* Kausalbegriff, welcher in die beiden engeren Klassen zerfällt, daß entweder erstens ein quantitatives Proportionalitätsverhältnis zwischen dem vorausgegangenen Ereignis als der Ursache und dem darauf folgenden als der Wirkung besteht, oder daß zweitens ein derartiges Verhältnis nicht vorhanden ist.“ [5; S. 21] Neu gegenüber MAYERS Auslösungsauffassung ist, daß OSTWALD auf die Existenz eines Schwellenwertes für die „Auslösung“, auf die Möglichkeit der „abgestuften Auslösung“ sowie die Beachtung des Zeitfaktors bei „Auslösungen“ aufmerksam macht. OSTWALD führt aus, inwiefern auch die „Auslösung“ an das Wirken thermodynamischer Gesetze gebunden ist. Schließlich gibt er folgende Zusammenfassung: „Eine Auslösung besteht darin, daß man einen langsamen Ausgleich umwandlungsfähiger Energien durch ein geeignetes Mittel in einen schnellen Ausgleich verwandelt (im Original bis hierher hervorgehoben- d. Verf). Alle Mittel also, welche den Vorgang, von dessen Vollendung das Eintreten der schnellen Umwandlung abhängt, beschleunigen, werden somit als *auslösende Ursachen* gelten können.“ [5; S. 40]

Wie an anderer Stelle ausgeführt, erfolgte A. MITTASCHS Kritik am „Energetismus“ vom Standpunkt des kritischen Realismus und Neovitalismus. [vgl. 13; S. 97 ff.]. Die Katalyse diente Mittasch als Modellfall für alle „Auslösungen“. Daher behauptete er, sämtliche physischen und psychischen Vorgänge würden durch immaterielle Faktoren wie „katalytische Kraft“, „Lebenskraft“ und andere „aus Quellen in der Höhe“ entspringende Kräfte geregelt. [6; S. 51]

Um die prinzipielle Unerkennbarkeit aller „Auslösungen“ zu postulieren, entwirft MITTASCH ein zum Auf- und Abbau chemischer Bindungen analoges Modell.

MITTASCHS Vorstellungen über „Auslösungen“ steigen gewissermaßen von der unbelebten zur belebten Natur auf: Im mechanischen Bereich wird das Vermögen des Hervorrufens von „Auslösungen“ durch materielle Faktoren anerkannt. Aber bereits den Katalysator in der Chemie bezeichnet MITTASCH als außerhalb des Energiesatzes stehend und räumt ihm eine „bilanzfreie Impulsgebung“ ein. Den Biokatalysator schließlich stellt er an die Spitze dieser „auf eine unerkennbare irrationelle Quelle alles Lebendigen“ hinweisende Rangordnung. Der Biokatalysator „setzt und wird gesetzt“, er „richtet und wird gerichtet“, er „steuert und wird gesteuert“, er „befiehlt und gehorcht“. [14; S.58]

Fassen wir zusammen: Der Vitalist A. MITTASCH akzeptierte in seinen Überlegungen alle bisher erkannten Naturgesetze. Neben oder über das gesetzmäßige materielle Geschehen setzte er aber irgendeine „Quelle“, aus der eine Überzähligkeit an solchen Faktoren entspringen soll, die steuernd und richtend von oben herab die Materialität zu dirigieren vermögen. [vgl. 6; S. 51]

Die von A. MITTASCH vorgenommene Entstellung des MAYERschen Kausalbegriffes besteht darin, daß er unter Mißachtung der Erhaltungsgesetze (ihres objektiv bedingten Inhalts) eine „Einheit“ von der Katalyse bis zum „Weltwillen“ SCHOPENHAUERS und NIETZSCHES behauptete. Abschließend noch ein Beispiel für diese Form einseitiger Auslegungen der MAYERschen Auffassungen zur „Auslösung“. Nach MAYERS Überzeugung macht die konsequente Anwendung der Gesetze der Naturwissenschaften auf die Lebenserscheinungen es unmöglich, sich zur Lehre von einer „Lebenskraft“ zu bekennen. Wer es dennoch macht, werde „gegen den Geist des Fortschritts, der sich in der Naturforschung jetziger Zeit kundgibt, in das Chaos ungezügelter Phantasiespiele zurückführt.“ [15; S. 103]. Aus diesem Grunde vertritt MAYER die Auffassung, daß der „geistige Einfluß“ lenkt, aber nicht bewegt. Er stellt folgenden Vergleich an: Ohne die für die Fortbewegung notwendige physische Kraft bleibt ein Dampfschiff, das sonst ganz dem Willen des Steuermanns und des Maschinisten gehorcht, „auch beim stärksten Willen seiner Lenker“ in Ruhe. [15; S. 108]. A. MITTASCH versteht die Willenskraft als den Prototyp der „auslösenden Kraft“. MITTASCH behauptet, sich mit dieser Auffassung direkt auf MAYER zu beziehen. In Wirklichkeit ist es der Versuch, den dualistischen und teilweise widersprüchlichen Charakter der MAYERschen Weltanschauung gewaltsam in eine vitalistische und voluntaristische Philosophie aufzulösen. [16; S. 82 ff]. Bereits W. OSTWALD hat vor einem solchen einseitigen Herangehen gewarnt. Da er aber versucht hat, in MAYER *nur* den Vertreter einer energetischen Weltauffassung zu sehen, sind auch OSTWALDS Auffassungen über die wissenschaftlichen Leistungen und die Ansichten MAYERS nicht ohne Fehleinschätzungen geblieben. [vgl. 3; S. 96 ff]

Zusammenfassend können wir feststellen,daß die Untersuchung sowohl fachwissenschaftlicher als auch philosophischer Aspekte der „Auslösungs“problematik heute noch von allgemeinem Interesse sein kann. Wie wir zeigen wollten, betrifft dies auch eine historische Behandlung der damit zusammenhängenden Fragen. Hier eröffnet sich Wissenschaftshistorikern sowie Vertretern der Fachwissenschaften und der marxistisch-leninistischen Philosophie ein noch weitgehend unerschlossenes Gebiet für gemeinsame Forschungen.

Literatur

[1] MAYER J. R.: Kleinere Schriften und Briefe. Hrsg. von J. J. Weyrauch. Stuttgart 1893.
[2] MAYER, J. R.: Die Mechanik der Wärme in gesammelte Schriften. 1. Auflage. Stuttgart 1867.
[3] OSTWALD, W.: Die Energie. Leipzig 1908.
[4] OSTWALD, W.: Vorlesungen über Naturphilosophie. 3. Auflage. Leipzig 1905.
[5] OSTWALD, W.: Julius Robert Mayer über Auslösung. Hrsg. von A. Mittasch. Weinheim/Bergstr. 1953.
[6] MITTASCH, A.: Über Begriff und Wesen der Katalyse. In: Handbuch der Katalyse (Hrsg. G. M. Schwab) I. Band Wien 1941.
[7] LIEBIG, J. v.: Bemerkungen über das Verhältnis der Thier-Chemie zur Thier-Physiologie. 1844.
In: Reden und Abhandlungen, Leipzig/Heidelberg 1874.
[8] SCHREIER, W.: Die historischen Wurzeln und die Entdeckung des Energiesatzes (Aus Anlaß des 100. Todestages von Julius Robert Mayer). In: Physik in der Schule, **16** (1978) 3.
[9] HÖRZ, H.: Der dialektische Determinismus in Natur und Gesellschaft. 4. Auflage. Berlin 1971.
[10] MAYER, J. R.: Die Mechanik der Wärme in gesammelten Schriften. Hrsg. von J. J. Weyrauch 3. Auflage Stuttgart 1893.
[11] MITTASCH, A.: Wilhelm Ostwalds Auslösungslehre. In: Sitzungsberichte der Heidelberger Akademie der Wissenschaften. Math.-nat. Klasse 1951, 1. Abhandlung, Heidelberg 1951.
[12] OSTWALD, W.: Die Philosophie der Werte. Leipzig 1913.
[13] NIEDERSEN, U.: Zur Bereicherung der Kategorien Kausalität, Bedingung und Wechselwirkung durch ein Spezialgebiet der Chemie — Katalyse. Dissertation A. Berlin 1978.
[14] MITTASCH, A.: Die Stellung der Katalyse im Lebensgeschehen. In: Forschung und Humanität. 1. Band. Ulm/Donau 1948.
[15] MAYER, J. R.: Über die Erhaltung der Kraft. Hrsg. von A. Neuburger Leipzig 1911.
[16] MAYER, J. R.: Werke. Kraft ist alles. Erstes und Letztes. Hrsg. von A. MITTASCH. Berlin 1943.

J.-P. Domschke

Die „Monistischen Sonntagspredigten" und andere antireligiösen und andere antireligiöse und antiklerikale Schriften W. Ostwalds

P. Minges, ein Kritiker des Deutschen Monistenbundes, schrieb 1919 über die „Monistischen Sonntagspredigten" Wilhelm Ostwalds: „Da hat aber Ostwald sehr unwissenschaftlich gehandelt, als er seine Chemie verließ und unter die Philosophen ging und gar erst, als er wie ein Theologe den Predigtstuhl bestieg. Nicht wenige seiner Freunde haben darüber kritisch den Kopf geschüttelt". [1]

Aber bei einer solchen Bewertung sollten wir heute nicht stehenbleiben, denn die „Monistischen Sonntagspredigten", die als Beilage zu der Zeitschrift „Das monistische Jahrhundert" erschienen, sind ein wesentlicher Teil der publizistischen Tätigkeit W. Ostwalds als Vorsitzender des Deutschen Monistenbundes von 1911 bis 1915.

Die Gründung des Deutschen Monistenbundes 1906 war von vornherein eine Kampfansage gegen die klerikale Reaktion, denn es hatten sich, wie es W. Ostwald formulierte, „. . . sehr verschiedene Richtungen zusammengefunden, die in der Abwehr gegen die unter dem Schutz des Kaisers immer anspruchsvoller vordringende Orthodoxie einig waren." [2] Bürgerlich-liberale Kreise, unter ihnen eine Reihe namhafter Naturwissenschaftler, versuchten, eine gewisse „Freiheit des Denkens" zu erhalten, und klerikale Kreise mußten sich deshalb auch der Demagogie bedienen. Unter dem Leitwort: „Gebt der Naturwissenschaft, was der Naturwissenschaft zukommt, und der Religion, was der Religion gebührt!" wurde 1907 der „Keplerbund" gegründet, der sich vor allem dem Kampf gegen den Deutschen Monistenbund und E. Haeckel persönlich widmete. Über seine Funktion schrieb F. Lepsius treffend: „. . . jeder, der in Preußen Karriere machen will, wird gut tun, sich ihm anzuschließen, ... Einen Fortschritt wird (er — P. D.) uns ganz gewiß nicht bringen, wahrscheinlich aber die Denunziation und Drangsalierung manches unabhängigen Kopfes!" [3]

Von besonderer Bedeutung war für die Arbeit W. Ostwalds im Deutschen Monistenbund seine Stellung zur Religion und zum Klerikalismus. Da er schon in seiner Leipziger Zeit, und auch danach, aus seiner antireligiösen und antiklerikalen Haltung keinen Hehl machte, galt er auch schon vor 1910 als ein Bundesgenosse fortschrittlicher Kräfte in dieser Frage. Für ihn war sowohl der Offenbarungsglaube, den er einer primitiven Stufe der Entwicklung zuordnete, als auch die Wissenschaftsfeindlichkeit klerikaler Kreise Ausgangspunkt für seine

Angriffe. Dazu kam noch, daß er in seiner Abneigung gegen die Überbewertung weit zurückliegender gesellschaftlicher Verhältnisse, auch den Rückgriff der Religion auf diese verurteilte.

W. Ostwald schreibt: „Von der der Wissenschaften erwarten und beanspruchen wir nicht weniger, als *daß sie alle Dinge ohne Ausnahme die für unser Leben in Betracht kommen, ihrer Herrschaft unterwirft*" [4] (Hervorhebung — W. O.) Aus diesem Sachverhalt wurde abgeleitet, daß nur die Wissenschaft dem Menschen bei der Verbesserung seines Lebens helfen könne, sie sei „Lebenskunde als Grundlage der Lebenskunst." [4] Unter diesem Aspekt wurden von W. Ostwald auch spezielle Fragen behandelt. In zwei Predigten beschäftigte er sich mit der religiösen Auffassung vom Tode des Menschen, die „... ein Tummelplatz jeder Art des Aberglaubens der Gefühlsverfälschung und des Mystizismus ..." [6] sei und kommt zu dem Ergebnis, daß der Tod ein Bestandteil des Lebens und genau so normal wie jede andere Sache im Verlauf des Lebens ist. Die wirkliche „Unsterblichkeit" sah W. Ostwald in den Taten der Menschen, die sich nicht auf ein Jenseits vertrösten lassen dürfen, denn die Wissenschaft habe zweifelsfrei festgestellt, „... daß der Geist eine Funktion des Körpers ist." [7]

Einen Teil der „Monistischen Sonntagspredigten" widmete W. Ostwald der Propagierung antiklerikaler Auffassungen. Mit scharfen Worten geißelte er den politischen Klerikalismus: „Es (das Christentum — P. D.) hat vielmehr von vornherein ein enges Bündnis mit den Herrschern dieser Welt, den Mächtigen und Reichen, geschlossen, da die christliche Orientierung des Menschen auf das Jenseits unter entsprechender Verachtung der diesseitigen Verhältnisse sich als ein überaus wirksames und durch viele Jahrhunderte brauchbar gebliebenes Mittel herausgestellt hatte, um die Ansprüche der breiten niederen und ärmeren Klasse zurückzuhalten." [8]

Deshalb verurteilte er auch die Bemühungen A. Stoeckers und F. Naumanns, einen „christlichen Sozialismus" zu propagieren, denn es stehe fest, „... daß das Christentum in den fast zweitausend Jahren seines Bestehens bis heute immer wieder auf das ausgiebigste seine Hilfe dazu geleistet hat, soziale Klassenunterschiede aufrecht zu erhalten und insbesondere (die — P. D.) bei der Verteilung der irdischen Güter zu kurz gekommenen Massen in einen mit dieser Ungerechtigkeit zufriedenen Zustand zu versetzen," ... [9]

Der Höhepunkt des Kampfes gegen den politischen Klerikalismus war bei W. Ostwald die Beteiligung an der Kirchenaustrittsbewegung 1912—1914, das spiegelt sich auch in den Predigten „Kirchenaustritt" I und II wider.

Die zweite Predigt schloß mit den Worten: *„Der Kirchenaustritt ist der erste und notwendigste Schritt in die Kultur des zwanzigsten Jahrhunderts."* [10] (Hervorhebung — W. O.)

Neben der expliziten Verurteilung des politischen Klerikalismus formulierte W. Ostwald auch in vielen anderen Zusammenhängen einen antiklerikalen Standpunkt, so finden sich sowohl in den Darlegungen des Verhältnisses von Wissenschaft und Politik zum „Monismus" als auch in der „monistischen Ethik" antiklerikale Grundpositionen.

Die „monistische Ethik", die W. OSTWALD in den „Monistischen Sonntagspredigten" vertrat — beruhte auf der Anwendung des „energetischen Imperativs": „Vergeude keine Energie, verwerte sie!" Da er aber dieses Postulat aus der Wirkungsweise des sogenannten „Dissipationsgesetzes" abgeleitet hatte, das vor allem von Vertretern religiös-idealistischer Lehren propagiert wurde, lehnten die meisten Mitglieder des Deutschen Monistenbundes die „wissenschaftlichen" Grundlagen seiner Ethik ab. W. OSTWALD ging deshalb offensichtlich auch seltener auf diese Frage ein, sondern versuchte, eine „wissenschaftliche" Lebensführung und Lebensgestaltung durchzusetzen.

Der Ausgangspunkt in dieser Frage wurde von ihm in folgender Weise formuliert: „Möglichst tiefgehende Erkenntnis, möglichst ausgedehntes praktisches Wissen ist eine notwendige Grundlage unserer Ethik." [11] Für den „Monisten" postulierte W. OSTWALD, daß es dessen „erste Pflicht" sei, „... sich selbst leistungsfähiger zu machen." [12] Als moralische Maxime soll gelten: „Liebe Deinen Nächsten gemäß seinem sozialen Werte, Liebe Dein Volk und die Menschheit mehr als Dich selbst." [13]

In zwei Predigten beschäftigte sich W. OSTWALD mit der Erklärung der Willensfreiheit durch den „Monismus": *„In dem Maße als ein Lebewesen Wissenschaft besitzt, kann es auch einen freien Willen betätigen und die Zukunft beeinflussen."* (Hervorhebung — W. O.) [14] Wie an anderer Stelle schon angedeutet, setzte W. OSTWALD Monismus und wissenschaftliche Weltanschauung gleich.

So schrieb er schon in der ersten Predigt: *„Wissenschaftliche Weltanschauung und Monismus sind verschiedene Wort für dasselbe Ding."* [15] (Hervorhebung — W. O.) In der Predigt „Wahrer und falscher Monismus" bekräftigte er diese Auffassung in der Auseinandersetzung mit den subjektiv-idealistischen Kritikern des Deutschen Monistenbundes und meinte, daß jeder „Monismus a priori" verurteilt werden müsse. Aber er wandte sich auch gegen den Materialismus, den er, wie schon in seinen früheren Schriften, mit Mechanizismus gleichsetzte und postulierte: „Unser Monismus ist ... der Monismus der wissenschaftlichen Forschung ...", ein „... Monismus a posteriori ...", [16] der als Methode und nicht als System aufzufassen sei.

W. OSTWALD bemühte sich auch um die Darstellung der politischen Stellung des Deutschen Monistenbundes, der sich als eine von parteipolitischen Zielen freie Vereinigung konstituierte, und in dem in politischen Fragen keine Übereinstimmung bestand. Im Kampf gegen den politischen Klerikalismus sah W. OSTWALD in der SPD, aber auch in bürgerlich-demokratischen Kräften, wichtige Verbündete. Die Hetze reaktionärer Kreise gegen die SPD und deren Repräsentanten wurde von ihm verurteilt, und er bekannte: „Daß ... die von der Sozialdemokratie beeinflußte Schicht der Arbeiter sich gleichfalls fast völlig von der Kirche abgewendet hat, hängt wohl weniger mit dem Kulturzustande als mit der Erkenntnis zusammen, daß die Kirche sich als Beschützerin der Privilegierten gegenüber den Zukurzgekommenen auch gegenwärtig ausgiebig betätigt, so daß sie diese als eine Verbündete ihrer wirtschaftlichen Gegner empfinden." [17] Die

Parteiführung der SPD wurde wegen ihrer moralischen Standhaftigkeit gelobt: „Auch die Führer der Sozialdemokratie haben ohne Zweifel einen sehr viel höheren moralischen Mut bewiesen, . . ., weil sie ihre ganze bürgerliche Existenz, Erwerb, Beförderung, Wohlwollen der Vorgesetzten usw. darangesetzt haben, um ihre politischen und sozialen Überzeugungen zur Geltung zu bringen." [18]

Kritik übte W. OSTWALD allerdings an der Haltung der Parteiführung der SPD, weil sie die Kirchenaustrittsbewegung nicht unterstützte.

In vielen „Monistischen Sonntagspredigten" versuchte W. OSTWALD, den Mitgliedern des Deutschen Monistenbundes seine persönlichen Auffassungen zu politischen Fragen darzulegen. Häufig stießen solche Versuche aber auch auf Widerspruch, da viele Mitglieder eine „Einmischung" in Tagesfragen ablehnten und dem von W. OSTWALD wiederholt kritisierten „Gefühlsmonismus" huldigten. Trotzdem wurden von W. OSTWALD das Wettrüsten, Kriegshysterie und das bestehende Rechtssystem angegriffen. Er betonte aber auch, daß die Bestrebungen des Deutschen Monistenbundes nicht „staatsgefährdend" seinen, wie speziell die Vertreter des sogenannten „Keplerbundes" behaupteten.

Neben den „Monistischen Sonntagspredigten" schrieb W. OSTWALD noch vier größere Arbeiten zum „Monismus", die 1913 und 1914, den Jahren der größten Aktivität W. OSTWALDS erschienen. [19] In einer dieser Arbeiten stellt er fest: „Gegen den Monismus geht gegenwärtig eine Armee an, in deren Reihen einträchtig liberale und orthodoxe Theologen, internationale Katholiken und nationale Reaktionäre nebeneinander kämpfen. So groß ist die Furcht vor der Wissenschaft, die Angst vor konsequentem Denken, daß alle, die bei sachlicher Regelung unserer sozialen Zustände etwas zu verlieren haben, auf das eifrigste bemüht sind, schon die ersten Anfänge dazu, ihre wissenschaftliche Erkennung und Beurteilung, womöglich im Keim zu ersticken." [20]

Noch energischer wurde die soziale Funktion der „Staatsreligion" an anderer Stelle klargestellt. „Das Bedürfnis, dem Volke die Religion zu erhalten, ist daher zu einem sehr großen Teil auf dem Wunsche begründet, den bisherigen Zustand aufrechtzuerhalten, zufolgedessen die Religion das Volk willig machte im Hinblick auf die künftige Belohnung im Jenseits, eine sehr viel größere Portion Hunger zu ertragen als es bei einer ausschließlichen Orientierung auf das diesseitige Dasein willig gewesen wäre." [21]

Die publizistische Tätigkeit W. OSTWALDS, unter anderem auch als Verfasser der Monistischen Sonntagspredigten" und weiterer Schriften antireligiöser und antiklerikalen Inhalts, war in politischer Hinsicht relativ fortschrittlich, denn der politische Klerikalismus unterdrückte im Bündnis mit imperialistischen und militaristischen Kreisen in zunehmendem Maße alle fortschrittlichen Bestrebungen. Wenn auch die Bündnismöglichkeiten des bürgerlichen Monistenbundes und seiner Repräsentanten beschränkt waren, so war er, als auch sein Vorsitzender W. OSTWALD, partiell ein Verbündeter der Arbeiterbewegung und aller antiimperialistischen Kräfte.

W. OSTWALDS Kampf blieb nicht auf eine abstrakte ideologische Propaganda beschränkt, sondern er stößt in seiner antiklerikalen Haltung bis zu den sozialen Wurzeln der Religion vor, das heißt, er teilte Positionen des proletarischen Atheismus.

Trotz dieser progressiven Ansätze wird in diesen Schriften auch sichtbar, daß W. Ostwalds Religionsfeindlichkeit in vieler Hinsicht den positivistischen Systemen, die auf naturwissenschaftlichen Fragestellungen aufbauen, entlehnt war. Die Spezifik seiner Auffassungen bestand darin, daß für ihn „positive Ideen" nur der Naturwissenschaft, speziell der experimentellen Arbeit entspringen konnten, da religiöses Denken gegen dieses Postulat verstößt, mußte er dagegen auftreten. In diesem Sinne erkannte er nur die Naturwissenschaft als Mittel zur Wahrheitsfindung an und verwarf den Anspruch der Religion, ebenfalls Wahrheit zu sein. Die antiklerikale Haltung W. Ostwalds ging aus der Ablehnung der Religion hervor, nicht primär aus der Kritik sozialer Verhältnisse. Die Stellungnahme W. Ostwalds für die Trennung von Kirche und Staat, Kirche und Schule, gegen den Krieg, das Wettrüsten, den Großgrundbesitz und die Klassenjustiz sollten der Durchsetzung wissenschaftlicher Prinzipien in der Leitung der bestehenden Gesellschaft dienen, nicht der Beseitigung dieser Gesellschaftsordnung. Unter diesem Aspekt waren viele Vorstellungen W. Ostwalds, obwohl sie in ihrem Kern fortschrittlich waren, zur Wirkungslosigkeit verurteilt. Erst die Beseitigung und Überwindung der antagonistischen Klassenverhältnisse hat viele Gedanken des großen Gelehrten Wirklichkeit werden lassen. In einer seiner Streitschriften für den „Monismus" formulierte er den Gedanken, für den er trotz der Irrtümer und Halbheiten in vielen gesellschaftspolitischen Fragen, immer eingetreten ist, und der auch ein Appell an uns sein sollte: *„Zahllose Dinge sind unerforscht, aber nichts ist unerforschlich."* (Hervorhebung — W. O.) [22]

Literatur

[1] Minges, P.: Der Monismus des Deutschen Monistenbundes, Münster 1919, S. 79.

[2] Ostwald, W.: Lebenslinien, Teil 3, Berlin 1927, S. 225.

[3] Lepsius, F.: Blaubuch 27. 12. 1907, zitiert nach Dennert, E.: Monistenwaffen!, Godesberg-Bonn 1912, S. 105.

[4] Ostwald, W.: Wie kann die Wissenschaft so große Dinge tun? In: Monistische Sonntagspredigten, 1. Reihe, Leipzig 1911, S. 41—48, S. 41.

[5] Ostwald, W.: Warum sind wir Monisten? In: Monistische Sonntagspredigten, 1. Reihe, Leipzig 1911, S. 1—8, S. 5.

[6] Ostwald, W.: Vom Tode. In: Monistische Sonntagspredigten, 1. Reihe, Leipzig 1911, S. 177—184, 177.

[7] Ostwald, W.: Unsterblichkeit. In: Monistische Sonntagspredigten, 1. Reihe, Leipzig 1911, S. 185—192, S. 186.

[8] Ostwald, W.: Soziales Christentum? In: Monistische Sonntagspredigten, 3. Reihe, Leipzig 1913, S. 41—48, S. 44.

[9] Ostwald, W.: Ebenda, S. 41.

[10] OSTWALD, W.: Kirchenaustritt II. In: Monistische Sonntagspredigten, 4. Reihe, Leipzig 1914, S. 321—335, S. 335.
[11] OSTWALD, W.: Moral und Wissenschaft. In: Monistische Sonntagspredigten, 2. Reihe, Leipzig 1912, S. 249—256, S. 252.
[12] OSTWALD, W.: Was soll und kann der einzelne für den Monismus tun? In: Monistische Sonntagspredigten, 1. Reihe., Leipzig, 1911, S. 153—160, S. 154.
[13] OSTWALD, W.: Liebet euch untereinander. In: Monistische Sonntagspredigten, 1. Reihe, Leipzig 1911, S. 105—112, S. 112.
[14] OSTWALD, W.: Willensfreiheit II. In: ebenda, S. 233—240, S. 239.
[15] OSTWALD, W.: Warum sind wir Monisten?, a. a. O., S. 8. In: Monistische Sonntagspredigten, 1. Reihe, Leipzig 1911.
[16] OSTWALD, W.: Monismus und Materialismus. In: Monistische Sonntagspredigten, 2. Reihe, Leipzig 1912, S. 289—296, S. 292.
[17] OSTWALD, W.: Vgl. Religion und Wissenschaft. In: Monistische Sonntagspredigten, 1. Reihe, Leipzig 1911, S. 25—32, S. 31 f.
[18] OSTWALD, W.: Nochmals das Duell. In: Monistische Sonntagspredigten, 3. Reihe, Leipzig 1913, S. 89—96, S. 95.
[19] OSTWALD, W.: Gegen den Monismus, Leipzig 1913. Das Christentum als Vorstufe zum Monismus, Leipzig 1914;
Religion und Monismus, Leipzig 1914.
Monismus und Schulphilosophie, Leipzig 1914.
[20] OSTWALD, W.: Gegen den Monismus, a. a. O., S. 3.
[21] OSTWALD, W.: Religion und Monismus, a. a. O., S. 85.
[22] OSTWALD, W.: Gegen den Monismus, a. a. O., S. 34.

M. Brauer

Mein Großvater Wilhelm Ostwald — Erlebtes und Überliefertes

Berufene Historiker und Fachgenossen haben das wissenschaftliche Leben Wilhelm Ostwalds durchforscht und sind seinen Gedankengängen gefolgt. Anerkennende, ja begeisterte Worte sind zu Lebzeiten und nach seinem Tode mehr als genug gefunden worden. Auch an Kritik hat es bekanntlich nicht gemangelt.

Was sollte also ich Neues berichten können, was nicht allgemein bekannt wäre? Und doch gibt es noch Vieles zu erschließen, was uns Heutigen die Persönlichkeit Wilhelm Ostwalds besser verdeutlichen kann.

Berichte und Biographien über Forscher oder andere Persönlichkeiten sind häufig so abgefaßt, als seien menschliche und häusliche Dinge dieser Persönlichkeiten nicht existent. Sie gehören aber zum Gesamtbild. Deshalb möchte ich mit meinen Worten eine Lücke ausfüllen. Es sind dies Kindheitserinnerungen, einiges, was Wilhelm Ostwalds menschliche Haltung zu Lebensfragen betrifft. Und außerdem möchte ich Ihnen an einigen Beispielen zeigen, wie Wilhelm Ostwald, der Meister der Rationalisierung seiner Arbeit, dieses rationelle Handeln auch im häuslichen Bereich praktizierte.

Nun zu meinen Kindheitserinnerungen.

Oft hörten wir, Ostwald habe seiner Frau vor der Ehe prophezeit, ein Opfer der Wissenschaft zu werden, doch weder betrachtete sie sich als ein solches, noch kamen wir neun Enkel zu kurz.

Eine seiner — für Kinder zugeschnittenen — Lebensmaximen lautete:

„Was Du tust, das tue ganz,
nichts ist 'ne Katze ohne Schwanz."

Das leuchtete uns ein und veranschaulichte, daß begonnene Arbeiten beendet werden müssen, auch wenn man eigentlich keine Lust mehr hat.

Mit der Lust zur Arbeit und der Freude daran war das eine eigene Sache. Schon recht zeitig begriffen wir, was mit „moralischem Schwungrad" gemeint war. Die physikalischen Gesetze seiner Drehbank konnten wir erproben, wenn wir mühsam die Masse des Schwungrades in Bewegung gesetzt hatten, die dann unsere Beinchen auch ohne ausgeübten Druck kraftvoll hob und senkte.

Bei einer einmal vorgenommenen Sache stellt der freie Wille und die laute Verkündung des Entschlusses die Schwungmasse dar, welche über moralische Totpunkte hinweghilft.

Wilhelm Ostwald war weitsichtig mit dem Wunsch, daß Freude die größte Triebfeder meines Handelns werden möge. So schrieb er mir's ins Stammbuch. Erst als ich später seine „Lebenslinien“ las, verstand ich, was er meinte:

Der Mensch hat eine Pflicht zur Freude, zur positiven Einstellung zum Leben. Er selbst war das beste Vorbild. Er wollte uns diese Lebensbejahung beizeiten beibringen und lehrte den ältesten, damals 3jährigen Enkel, auf die Frage „Jörg, was bist Du?“ zu antworten: „Ich bin ein Optimist.“

Da dieser sich darunter kaum etwas vorstellen konnte und mit seinen Gedanken noch beim vormittäglichen Spiel im Garten war, bekam der Großvater die geistesabwesende Antwort: „Ich bin ein Opti-mistkäfer“.

Überhaupt: Das große, weiträumige Energiegelände, die Natur ringsum, waren ein Paradies für uns Kinder und Kraftquelle für Erwachsene.

Die Tageseinteilung Wilhelm Ostwalds war eng mit dem Grundstück verbunden. Er liebte seinen Gang durch den Garten noch vor dem ersten Frühstück (Abb. 1), ein Auslüften zwischen anstrengender Kopfarbeit, oder aber einen Marsch, um sich über die Hauptpunkte einer größeren Arbeit klar zu werden (Abb. 2). Sein Laboratorium hatte einen direkten Ausgang ins Grüne.

Er kontrollierte dabei die Fortschritte seiner Blumenaussaaten in selbstgefertigten Papptöpfen, die als vergängliche Umhüllung des Wurzelballens mit verpflanzt wurden. Wir Kinder hatten den strikten Befehl, ihn bei seinem Gang durch das Gelände der „Energie“ nicht anzusprechen. Wir wußten: Opapa denkt. Denken ist Arbeit, die ein Kind nicht stören darf. Doch gelegentlich blieb er bei unserem Tun stehen, und nicht selten gab es Ratschläge, die dem Spiel neue Möglichkeiten eröffneten.

Jedes Mittagessen beendete unser Großvater mit einem „Danke“ und einem kleinen Kuß für seine Frau. Mag sein, daß es „alte Schule“ war, doch zweifle ich, ob ein Handwerkerssohn solche Höflichkeit zu Haus gelernt haben mag. Ostwald hätte aber auf gar keinen Fall diese Form praktiziert, wenn sie nicht seinem Wesen entsprochen hätte. Er achtete jedermanns Arbeit. So kann ich mich keines Tages erinnern, wo der Hausherr etwa nicht sofort gekommen wäre, wenn zum Essen gegongt wurde.

Er liebte Pünktlichkeit bei sich und bei anderen, nicht aus Kleinlichkeit, nein, wieder nur aus Energieersparnis. Ein glatt ablaufender Tagesrhythmus war Gewähr für ein Maximum an Leistung. Vom pünktlichen Aufstehen bis zum pünktlichen Schlafengehen.

Unsere Großmutter hatte es in Großbothen als Städterin sicher nicht leicht, mußte sie doch manche Unvollkommenheit in Kauf nehmen.

Teppiche und Gardinen verbat sich Ostwald in seinem Landhaus. Lediglich weiße Nesseltücher wurden als Sonnenschutz mit einem Ring mittels Stange an einen dafür vorgesehenen Nagel gehängt. Wies Großmama aber unseren Großvater auf bestimmte Mängel hin, sagte er nur tröstend: „Stell' eine Birke davor!“ Diese Redewendung wurde bald zum geflügelten Wort.

Aus seinem Forscherleben unbewußt übernommen hatte die gesamte Familie

Abb. 1 Ein Morgengruß für Frau Helene.

seine Antworten: „Nun, es kommt auf einen Versuch an" oder „wir werden einen Versuch machen" für die alltäglichsten Dinge.

Das Glasfläschchen mit Zuckerlösung als Schlafmittel Ostwalds ist ja bekannt. Ich kann's beschwören, denn ich habe dran genippt. Unsere Großmutter hatte ein anderes unfehlbares Schlafmittel, sie begann Türen und Fenster des Hauses zu zählen (die alte „Energie" hatte allein sieben Haustüren, die ins Freie führten und verwahrt sein wollten), sodann die jeweiligen Bewohner, aber auch Kühe, Esel, Katzen und Hunde, Pfauen, Enten, selbst zahme Kröten. Sie alle gehörten zu unserem Kinderparadies. Für unsere Großmutter bedeuteten sie nicht nur

Abb. 2 Frei von Pflichten, aber voller Pläne — Wilhelm Ostwald auf seinem Grundstück „Energie".

paradiesische Freuden. Sie trug es aber mit Humor, wovon ich manch' selbstgefertigtes Gedicht als Zeugnis aufbewahre.

Es war überhaupt üblich, zu Familienfesten Verse zu machen. So schildert Ostwald in seinen „Lebenslinien" die Aufführung der neun Enkelkinder zu seinem 70. Geburtstag. Sie ritten seine diversen Arbeitsgebiete auf Steckenpferden vor. Nur der 5jährigen Jüngsten hatte der Dichter kein Steckenpferd zugebilligt, was diese als bittere Zurücksetzung empfand und sich schluchzend zwischen Großvaters Knie rettete. Das zu tröstende kleine Gretelein aus den „Lebenslinien" ist längst selbst Großmutter geworden.

Die Zeit rinnt — uns meist unbewußt — vorüber. Doch gelegentlich nehmen wir Maß und vergleichen.

Freunde und Zeitgenossen OSTWALDS sind lange dahingegangen, und doch möchte ich heute eine Männerfreundschaft erwähnen. Es ist die zwischen OSTWALD und SVANTE ARRHENIUS!

Wie stark die Anziehungskraft zwischen dem ungestümen, ideensprühenden OSTWALD und dem klugen, gelassenen, warmherzigen ARRHENIUS war, kann man dem veröffentlichten Briefwechsel entnehmen. Daß beide ihre Familien in ihre Beziehungen zueinander einschlossen, zeigen die zwischengestreuten Mitteilungen über Ereignisse und Befinden; doch daß beide Familien über Generationen hinweg die freundschaftlichen Beziehungen weiter pflegten, können Frau ANNA-LISA WOLD, die jüngste Tochter von SVANTE ARRHENIUS, die uns die Ehre ihrer Anwesenheit erweist, und ich gern bezeugen.

Besuche bedeutender Persönlichkeiten waren nichts Seltenes im Hause WILHELM OSTWALDS.

Ehemalige Schüler werden sich der Instituts-Weihnachtsfeiern erinnern, zu deren Tradition der Besuch eines berühmten Fachgenossen gehörte. OSTWALD schenkte ihnen einen „großen Mann" zum Fest.

Für OSTWALDS Kinder waren die gelegentlichen Gäste am gemeinsamen Mittagstisch in keiner Weise besondere Menschen. Und genau so, wie Onkel Svante — nämlich SVANTE ARRHENIUS — sich in der Kinderstube OSTWALDS geduldig traktieren ließ, gehörte es für die Ostwaldkinder zur Selbstverständlichkeit, LUDWIG BOLTZMANN in seiner Leipziger Zeit aufzuheitern, indem sie mit ihm musizierten. LUDWIG BOLTZMANN litt bekanntlich unter schweren Depressionen, doch spielte er mit hinreißendem Feuer und klarer Zartheit, selbst unter Zuhilfenahme einer zweiten, ja dritten Brille.

Und ich nahm in meinen Kinderjahren einmal ohne jegliche Verwunderung zur Kenntnis, daß da zwei Herren saßen, welche mit einem Zeppelin den Nordpol überquert hatten und großformatige Aufnahmen von Wolkenbildern und Eisgebirgen unserm Großvater zum Anschauen brachten. Das eine war — wenn mich die Erinnerung nicht täuscht — HUGO VON ECKENER. Aus den bei der Akademie verwahrten Tagebüchern OSTWALDS müßte unter 1931 dieser Besuch vermerkt sein, denn in diesem Jahr war die erste Norpolüberquerung in der Luft im Zusammenwirken mit dem sowjetischen Eisbrecher „Malygin", und 1932 starb OSTWALD.

Einen weiteren Beweis für die vielfältigen Beziehungen OSTWALDS zu verschiedensten Forschungsgebieten stellt folgende Familiengeschichte dar: Von einer wissenschaftlichen Tagung brachte OSTWALD einmal zwei synthetisch hergestellte kleine Edelsteine mit, einen rubinroten und einen leuchtend blauen. Sie waren ihm als dem zu ehrenden Gast nach der Vorführung geschenkt worden. Meine Großmutter bekam eine schlichte Schmucknadel daraus gearbeitet, die ihr so teuer war, daß sie sie täglich trug. Später wurde sie weitervererbt, nun schon in die vierte Generation.

Ein paar Worte über OSTWALDS Haltung zum Geld. Geld bezeichnete OSTWALD als „freie Energie". Den jungen Ehen seiner Kinder half er mit „freier Energie" den Start zu erleichtern. Berechnung war ihm fremd. Deshalb zerrann auch die enorme Summe des Nobelpreises in zwei seinerzeit utopischen Projekten: Dem „Internationalen Institut zur Koordinierung geistiger Arbeit, Die Brücke" und dem „Siedlungsprojekt UNESMA im Mühltal". Beide scheiterten zeitbedingt und durch persönliches Versagen von dort wirkenden Vertrauensleuten. Aber OSTWALD ging darüber hinweg, weil er sich keinen Ärger wegen Geld leisten wollte.

Ebenso wie er den Prozeß mit der Industrie um das Patent der Stickstoffgewinnung aus der Luft zuletzt so satt hatte, daß er lieber auf den möglichen Gewinn verzichtete, als weiter Zeit und Nerven (Energie sagte er) daran zu setzen. Obwohl gerade sowjetische Gelehrte (wie vor einigen Tagen Professor G. K. BORESKOV aus Novosibirsk anläßlich der OSTWALD-Ehrung der Universität Leipzig) besonders betonen, daß OSTWALDS Arbeiten ganze Industrien hervorbrachten, brachten sie ihm selbst keinen roten Heller.

OSTWALDS Einstellung wird durch einen weiteren Beleg beleuchtet und verbürgt. Von seiner Tochter einmal gefragt: „Papi, sind wir eigentlich reich?" gab er als Antwort die zum Nachdenken anregende Gegenfrage: „Hast Du schon mal gehungert? Und hast Du Dir jedes Buch kaufen dürfen, was Du gerne wolltest? Also was soll's. Es ist doch dann uninteressant für Dich, ob wir viel oder wenig Geld haben."

Ich möchte Ihnen noch etwas über die OSTWALDschen Lösungen der Strom- und der Wasserversorgung berichten, die es beide im „Haus Energie" selbst 1901 noch nicht gab.

Technische Lösungen hat ja OSTWALD stets bereit gehabt. Es führt eine gerade Linie von dem selbstgebauten Zigarrenkisten-Fotoapparat des 11jährigen, der aus einem alten Silberlöffel Silberjodid gewann, um eine fotografische Schicht herzustellen, über den Ur-Thermostaten bis zu Farbmeßapparaten aus Pappe, Kork und Siegellack. In Großbothen ist eine Reihe solcher Beispiele zu sehen. Und ich freue mich, bei Führungen daran zeigen zu können, wie erfinderisch WILHELM OSTWALD war.

Richtig verliebt bin ich in ein Ministativ, auf einer kleinen mit Blei ausgegossenen Konservendose, Verstellschrauben mit Pfennigen als Rändelmuttern, einer Wäscheklammer und einem darin eingeklemmten Blechtischchen 2 × 2 cm, hergestellt zum Eintrocknen eines Wassertropfens (Abb. 3). Er brauchte es zu mikro-chemischen Untersuchungen der bei Ikonen verwendeten Bindemittel und Pigmente.

Das Tollste, was es jedoch seinerzeit bei OSTWALDS gab, war die Lösung der Beleuchtungsfrage.

Zunächst wurde bei Kerzen und Kaminfeuer gelebt, denen die Petroleumlampe folgte.

Doch bald sah sich OSTWALD nach einer moderneren Methode um. Eine Er-

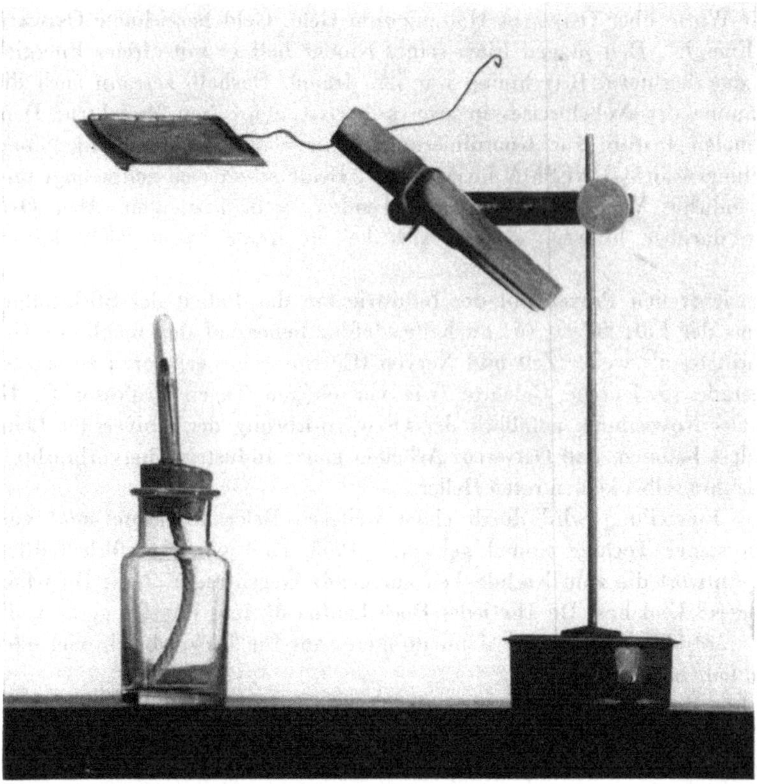

Abb. 3 Ein Ministativ, gebastelt von Wilhelm Ostwald.

zeugerzentrale für Leuchtgas wurde im Westen an das Haus angebaut. Sie bestand aus einem Häuschen und einem am Haus hochgehenden hölzernen Verschlag (Abb. 4).

In dem geheimnisvollen Häuschen stand das Herz der Anlage: eine Blechtrommel, gefüllt mit Leichtbenzin. In der Trommel drehte sich auf einer Welle eine Art Schaufelrad, welches für Verdampfung des Benzins sorgte. Das abgedichtete Ende der Welle wurde durch einen uhrwerkartigen Mechanismus ständig angetrieben. Die Kraft kam von einem schweren Gewicht, dessen potentielle Energie die Arbeit leistete. Es mußte über Seilzug und Rolle in bestimmten Zeitabständen hochgekurbelt werden. Das erzeugte Gas erreichte in Rohren die Brennstellen. Das Luft-Benzindampf-Gemisch muß von Ostwald genau berechnet worden sein, daß es (wegen der Explosionsgefahr) zwar niedrig, aber doch noch hoch genug zum Brennen in Lampen und zum Kochen in der Küche war. Wurde abends gelegentlich das Licht dunkler und dunkler, mußte einer schnell hinaus und kurbeln. Übrigens: Die Gasleitungen lagen noch bis zur Renovierung 1961 in den Räumen des Erdgeschosses.

Abb. 4 Anbau für die Gaserzeugung, Haus Energie, Westseite.

Doch auch das war noch nicht die endgültige Lösung. Die nächste Errungenschaft war die Elektrifizierung, jedoch nicht vom Ortsnetz aus, denn das gab es noch nicht. Der Strom wurde bei OSTWALDS ebenfalls selbst erzeugt. In Sichtweite vom Hause wurde in zwei sorgsam getrennten kleinen Räumen einmal ein Grade-Motor aufgestellt, 2-Takt, wassergekühlt, Auspuff überm Dach, der mit direkter Wellenkupplung einen Generator antrieb. Dieser lud zwei große Batterien im zweiten Raum wechselweise auf. Jede dieser Batterien bestand aus 30 Akkus zu je 2 Volt. Zum Haus konnte Schwachstrom von 60 Volt geliefert werden. Die elektrischen Leitungen lagen alle auf Putz, zum Teil waren sie in alte Gasrohre eingefädelt, zum Teil in abenteuerlicher Weise auf Porzellan-Isolatoren festgewickelt, welche fröhlich 3—4 cm in den Raum ragten und von denen einige heute noch am Bücherregal zu sehen sind.

Diese 60-Volt-Improvisationen wurden erst nach 1923 von Elektrikern in ein 220-Volt-System umgebaut, jedoch waren die Bestimmungen damals noch nicht so streng, denn an einigen alten Schaltern und Steckdosen, die man aus Bequemlichkeit belassen hatte, konnte man sich leicht einen „Rettich" holen. Hier hielten TGL-gerechte Verlegungen und Schukodosen erst mit dem Regime der Akademie ihren Einzug.

Weniger aufregend, aber ebenso rationell, löste Ostwald die Versorgung der „Energie“ mit Wasser. Die Entwicklung ging vom Schöpfbrunnen über ein eselbetriebenes Göpelwerk, über eine Windturbine bis zum Elektromotor, der ein 80-m^3-Reservoir füllte. Erst Ende der 50er Jahre bekam Großbothen eine kommunale Wasserversorgung, womit ich wieder in der Gegenwart bin.

Bitte erlauben Sie mir, noch ein paar Worte zur Farbenlehre, dem liebsten, aber auch vielgescholtenen Kind Ostwalds, zu sagen.

Es dürfte doch recht unbekannt sein, in welch weitgefächerten Bereichen die Ostwaldsche Art der Farbkennzeichnung ihre praktische Anwendung fand und — trotz Computerzeitalter — noch findet.
Es benutzten seinerzeit

— Künstler	Farborgeln
— Gestalter	genormte Farben, z. B. für Kirchen
— das Bauhaus Dessau	Farbgesetze zur Fassadengestaltung
— Schulkinder	Malkästen, Buntpapier, Schulkreiden Buntstifte, Deckfarben — Aquarellfarben, Ornament-Vorlagen, Ausmalbücher und Farbkreiselspiele
— die Schiffahrt	genormte Seezeichen
— Gerichtsmediziner	den Haut- und Gewebefarbenfächer mit über 1000 Farbtönen
— Textilfabriken	Woll- und Seidenkataloge
— Teppichfabriken	Ostwald-Harmonien
— Kanarienvogelzüchter	Farbbezeichnungen nach Ostwald
— Meteorologen	Meßstreifen für Himmelsblau
— Blumenzüchter	Ostwald-Farbnamen
— Glasbläser	Meßvorlagen für künstliche Augen

und das sind noch nicht alle Anwender.

Im letzten Weltkrieg wurden Farbtonleitern „nach Ostwald“ für die Unterscheidung von Trink- und Brauchwasser verwendet, und unsere volkseigene Industrie arbeitet heute noch bei der Sortierung von Altöl mit einer Öl-Farbskala von Ostwald. Es waren Vertreter des VEB Mineralölwerkes Lützkendorf in Großbothen, die noch solche Meßtafeln zum visuellen Vergleich erwerben wollten. Und schließlich war ich selbst durch des Großvaters genormte Farben in der Lage, einem Verlag die Vorlage eines Spektrums wellenlängengerecht für seinen Druck anzufertigen. Sie ersehen daraus: Ostwald wirkt auch auf dem Gebiet der Farbe noch fort.

Er wirkt auch fort in dem lebhaften Interesse, das die Wihlelm-Ostwald-Gedenkstätte in zunehmendem Maße findet. Sie ist ja erst seit 1974 zugänglich, und wenn die nachfolgenden Zahlen auch nicht vergleichbar sind mit Besucherzahlen vom Völkerschlacht-Denkmal oder vom Pergamon-Museum, zu denen Publikum in großen Scharen strömt, so wurde die Gedenkstätte doch besucht

1974 von 255 Personen,
1975 von 332 Personen,
1976 von 612 Personen,
1977 von 851 Personen,

und 1978 bis zu seinem 125. Geburtstag am 2. 9. waren es 734 Personen.

Die Mehrzahl sind Kollektive der naheliegenden Betriebe, Arbeitsgruppen der Institute naturwissenschaftlicher und philosophischer Fakultäten, viele Familien mit ihren Gästen, Brigaden, die den Namen „Wilhelm Ostwald" tragen, Einzelbesucher — wie sollte es anders sein — mit zumeist akademischen Berufen und URANIA-Freunde, die Rundtischgespräche schon zur Tradition erhoben haben.

Ausländische Gäste durfte ich vor allem aus der UdSSR begrüßen, aber auch BRD-Bürger, Professoren aus Japan, England und Frankreich trugen sich ins Gästebuch ein. Am erfreulichsten ist das Interesse von Jugendlichen. Das ist ganz im Sinne von Wilhelm Ostwald. Er trat sein ganzes Leben für die Förderung junger Menschen ein und widmete ganz bewußt seine dreibändige Selbstbiographie der deutschen Jugend.

Geburtstage sind mehr oder weniger wichtige Tage im Leben eines Menschen. Jubelgeburtstage sind Anlaß zur Würdigung von Leistungen, die in die Geschichte eingegangen sind.

Hätte man aber Wilhelm Ostwald fragen können, was wünschst Du Dir zu Deinem 125. Geburtstag, so — dessen bin ich mir sicher — wäre seine Antwort gewesen:

„— Nicht so viel von dem Gewesenen sprechen
— Mehr aus der Geschichte lernen
— Brauchbares sollte von den heute Lebenden besser verstanden und alle Möglichkeiten zur Anwendung genutzt werden
— Vorhandenes sollte — um keine Energie zu vergeuden — einheitlich auf Zugriff bereitstehen".

Ostwald war zeit seines Lebens Optimist. Deshalb bin ich überzeugt, daß sein geistiges Erbe als Bestandteil des Wissenschaftserbes der DDR weiter erschlossen wird, und daß die Gedenkstätte unserer Akademie in Großbothen (die in der Kategorie I der Liste der Kulturgüter der DDR eingeordnet ist) einer weiteren dynamischen Entwicklung entgegensieht, die dem Charakter ihres Schöpfers entspricht.

Ich wünsche mir sehr, daß dieser Optimismus von diesem Kreis geteilt wird,

Abb. 5 Haus „Energie" im September 1978.

der ja die besten OSTWALD-Forscher und -Kenner der DDR umfaßt, und daß es mir gelungen ist, hierzu etwas beizutragen.

In diesem Sinne möchte ich abschließend der Akademie, insbesondere dem Herrn Präsidenten und den hieran Beteiligten, herzlich danken für die Pflege des wissenschaftlichen Erbes WILHELM OSTWALDS, wozu in meinen Augen auch dieses Symposium zählt.

Abb. 6 Wilhelm Ostwalds Experimentiertisch im Haus Energie.

Abb. 7 Tagungsteilnehmer während der Exkursion zur W.-Ostwald-Gedenkstätte (v. l. n. r.: Auswärtiges Mitglied V. I. Spicin, UdSSR, OM K. Schwabe, KM G. Kröber, KM M. T. Rätzsch, und Frau M. Brauer).

B. Millik

Kritisches zu Literaturangaben in Schriften über Wilhelm Ostwald

Die Geschichte der Wissenschaft und der Technik ist eine bedeutsame Grundlage, um Erkenntnisse über das Wesen und die Gesetzmäßigkeiten der Entwicklung von Wissenschaft und Technik zu gewinnen. K. Hager wertet die Bedeutung der Wissenschaftsgeschichte in Verbindung mit der Herausbildung des sozialistischen Geschichtsbewußtseins. Er sagt: „In der DDR werden alle guten und progressiven Traditionen der deutschen Wissenschaft wie der Wissenschaft überhaupt bewahrt und fortgesetzt. Deshalb erlegt uns das Werk solcher Persönlichkeiten der Wissenschaft und des Geisteslebens wie Karl Marx, Friedrich Engels, Gottfried Wilhelm Leibniz, Wilhelm von Humboldt, Albert Einstein und vieler anderer auch heute besondere Verpflichtungen auf." [1]

Wissenschaftsgeschichtliche Forschung und wissenschaftsgeschichtliche Publikationen leben ganz wesentlich von der Arbeit mit den Quellen. G. Harig, der unvergessene Nestor der Wissenschaftsgeschichte in der DDR, formulierte es so: „Festzustellen, wie es wirklich gewesen ist, ist in der Geschichte der Wissenschaft und Technik sicher ebenso schwierig, aber auch ebenso notwendig und unabdingbar wie in der allgemeinen Geschichte. Deshalb kommt der Quellenforschung auch in der Wissenschaftsgeschichte eine große und bleibende Bedeutung zu, und sie sollte systematisch in Angriff genommen bzw. weitergeführt werden....

Zu den Quellen des Wissenschaftshistorikers gehören weiter vor allem die Originalarbeiten selbst." [2]

Arbeit mit den Quellen — das bedeutet Exaktheit, Widerspruchsfreiheit und Werktreue bei ihrer Wiedergabe. Das ist zugleich auch eine Frage der Ethik wissenschaftlicher Arbeit.

Ziel dieses Vortrages anläßlich des 125. Geburtstages von Wilhelm Ostwald ist es, einige Aussagen zur Arbeit mit den Quellen in Schriften über Ostwald zu machen und damit der Ostwald-Forschung dienlich zu sein.

Es sei vorweggenommen, daß Exaktheit, Widerspruchsfreiheit und Werktreue im Umgang mit den Werken Ostwalds oftmals nicht genügend berücksichtigt worden sind, was die Darstellung seines Persönlichkeitsbildes und seiner Leistungen beeinträchtigt. Ungenauigkeiten in den Quellenangaben jedoch

— schmälern oder verfälschen wissenschaftliche Leistungen

— beeinträchtigen das Niveau der wissenschaftsgeschichtlichen Forschung
— schaden dem Ansehen des Autors
— vermindern den Informationswert
— erfordern zusätzliche Recherchearbeit und damit zusätzlichen Arbeits- und Zeitaufwand
— führen zu Verunsicherung
— erschweren die Erziehung des wissenschaftlichen Nachwuchses zu zuverlässigem Arbeiten
— und beeinträchtigen schließlich und letztendlich die Effektivität der Forschung.

H. Kunze beurteilt diesen Sachverhalt folgendermaßen: „Der Leser wissenschaftlicher Literatur, der unter dem Gesetz der Ökonomie der Zeit steht, verlangt bei der Handhabung seiner Produktionsmittel Sicherheit." [3]

Die kritische Haltung, die K.-R. Biermann für den Umgang mit handschriftlichen Quellen generell fordert [4], ist leider auch notwendig gegenüber manchen Quellenangaben und manchen Daten- und Faktenangaben in nicht wenigen Publikationen über Wilhelm Ostwald.

Allerdings muß gesagt werden, daß das publizistische Werk Ostwalds, abgesehen von seinem außerordentlichen Umfang und seiner thematischen Vielfalt, auch eine ungewöhnliche Kompliziertheit aufweist. Da gibt es das gleiche Buch mit verschiedenen Titeln in verschiedenen Auflagen, gleichlautende Titel mit unterschiedlichen Inhalten, die gleichen Arbeiten in verschiedenen Zeitschriften, den gleichen Titel für ein Buch und für eine später beginnende Reihe und ähnliches mehr. Und da auch die Großen in der Wissenschaft ihre Schwächen haben, soll nicht verschwiegen werden, daß Ostwald sich selbst des öfteren unzulänglich zitiert.

Das im folgenden dargestellte Material wurde bei Untersuchungen gewonnen, die zur Literatur, insbesondere zu Quellen, für den Band „Forschen und Nutzen. Wilhelm Ostwald zur wissenschaftlichen Arbeit" [5] in den letzten Jahren durchgeführt wurden. Bei diesen Untersuchungen wurden etwa 80 Fälle von Ungenauigkeiten in der Literatur über Wilhelm Ostwald aufgedeckt. Nachstehend soll über die gravierendsten Fälle, geordnet in drei Gruppen, berichtet werden.

Die meisten dieser Fälle betreffen Angaben in Publikationen der letzten 20 Jahre, die in der DDR erschienen sind, und zwar Bücher, Dissertationen und Aufsätze in Zeitschriften und Sammelwerken. Die Bücher stammen aus der Produktion von acht wissenschaftlichen Verlagen.

Da es in der Wissenschaft nach einem bekannten Wort um Sachen und nicht um Personen geht, darf Zustimmung vorausgesetzt werden, daß bei den ausgewählten Arbeiten keine Autoren und Titel genannt werden. Nur eine Publikation wird wegen ihrer Bedeutung als grundlegendes Nachschlagewerk ausgenommen, und zwar Poggendorffs „Biographisch-literarisches Handwörterbuch der exakten Naturwissenschaften".

Wenden wir uns nun den drei Gruppen zu.

I. Zum Umgang mit Publikationen WILHELM OSTWALDS auf den Gebieten der Chemie, Farbenforschung und Wissenschaftspsychologie

Hier soll zunächst das Problem fehlender, falscher und unvollständiger *Auflagenangaben* aufgegriffen werden. Viele Publikationen OSTWALDS liegen in mehreren, zum Teil in vielen Auflagen vor, die sich oftmals durch erhebliche Veränderungen und Umarbeitungen voneinander unterscheiden. Das betrifft ganz besonders die grundlegenden Werke auf dem Gebiet der Chemie. Bereits Fehler, die bei der Angabe von Auflagen gemacht werden, schaffen Unklarheit, verunsichern den Leser und schwächen in erheblichem Maße die Aussagekraft einer Literaturangabe.

So wurde in einer Veröffentlichung als Beleg für die zur Anerkennung gewandelte Einstellung OSTWALDS zur Atomistik aus dem „Vorbericht" von 1908 zum „Grundriß der allgemeinen Chemie" zitiert, aber dazu die 5. Auflage von 1917 [6] angegeben. Der „Vorbericht" mit dieser wichtigen Passage wurde aber schon in der 4. Auflage, die bereits 1909 erschienen ist, abgedruckt. [7] In diesem Zusammenhang noch eine Randbemerkung: Als Beweis für die Anerkennung der Atomistik durch OSTWALD und zur Fixierung des Zeitpunktes, zu dem er seine ablehnende Haltung aufgegeben hat, wird im allgemeinen eine Tagebucheintragung von J. H. VAN'T HOFF [8] zitiert, die das Datum vom 28. November 1908 trägt, und dazu OSTWALDS eigene Aussage im genannten „Vorbericht" zur 4. Auflage vom „Grundriß" von 1909. Kaum beachtet wird dabei aber, daß zwar diese Auflage 1909 erschienen ist, der „Vorbericht" jedoch die Datierung „November 1908" trägt. Unkorrekt ist daher die Formulierung in einer anderen Publikation, die besagt, daß OSTWALD den „Vorbericht" 1909 *geschrieben* hat. Hier werden unzulässigerweise Erscheinungsjahr des Buches und Jahr der Niederschrift des „Vorberichts" gleichgesetzt.

Sehr häufig werden wesentliche Bestandteile von Auflagenangaben weggelassen, die nicht nur zur Unterscheidung der verschiedenen Auflagen eines Titels beitragen, sondern bereits über den Inhalt etwas aussagen. Gemeint sind Vermerke wie „verbessert", „vermehrt" oder „völlig umgearbeitet". Sie kennzeichnen Veränderungen der jeweiligen Auflage, die oftmals der weiteren Entwicklung der wissenschaftlichen Erkenntnis und neuen Auffassungen des Verfassers entsprechen. So wird fast durchweg die 4. Auflage vom „Grundriß der allgemeinen Chemie" nur in dieser Form zitiert, während sie tatsächlich als 4., *völlig umgearbeitete* Auflage ausgewiesen ist. [7] Ähnliches läßt sich vom „Lehrbuch der allgemeinen Chemie" sagen. [9] In diesem Falle ist die 2. Auflage kein unveränderter Nachdruck der ersten, sondern eine *umgearbeitete* Auflage. [10] Dahinter verbirgt sich nicht nur die außerordentliche Erweiterung des Umfangs allein des ersten Bandes dieses Lehrbuches von 855 auf 1163 Seiten, sondern z. B. auch die Einfügung des neuen Kapitels „Lösungen", mit dem OSTWALD seine neuesten wissenschaftlichen Erkenntnisse darlegte und das für so wichtig erkannt wurde, daß es umgehend eine englische Übersetzung [11] erfuhr.

Einen der komplizierten Fälle für den Umgang mit OSTWALDscher Literatur, die

Ostwald selbst geschaffen hat, stellen die „Leitlinien der Chemie“ dar, die 1906 erschienen sind. [12] Dieses Werk ist in der 2., vermehrten und verbesserten Auflage 1908 unter dem Titel „Der Werdegang einer Wissenschaft“ veröffentlicht worden [13] (s. Abb. 1 und 2). In Verzeichnissen Ostwaldscher Schriften ist diese 2. Auflage der „Leitlinien“ entweder gar nicht enthalten, oder aber beide Titel werden aufgeführt ohne den klärenden Auflagenvermerk. Damit muß der Eindruck entstehen, diese beiden Titel seien verschiedene Schriften, die nichts miteinander gemein haben.

Ein anderes Problem ist die mangelnde Sorgfalt bei der *Zitierung mehrteiliger Arbeiten und von Reihen* [1]. So werden in einem Buch die „Studien zur chemischen Dynamik“ [14], abgedruckt im „Journal für praktische Chemie“, Band 35 von 1887, genannt. Abgesehen davon, daß der Zusatz „Neue Folge“ bei der Bandangabe fehlt, geht aus dieser Literaturnennung nicht hervor, daß die „Studien zur chemischen Dynamik“ aus 6 Abhandlungen bestehen, denn in dem zitierten Band 35 ist nur eine, und zwar die fünfte, Abhandlung enthalten. Ähnlich verhält es sich mit der Abhandlungsfolge „Elektrochemische Studien“. [15] In dem gleichen, hier kritisierten Buch werden nur zwei Abhandlungen aufgeführt, und dem Leser wird die Information vorenthalten, daß diese Folge ebenfalls 6 Abhandlungen umfaßt.

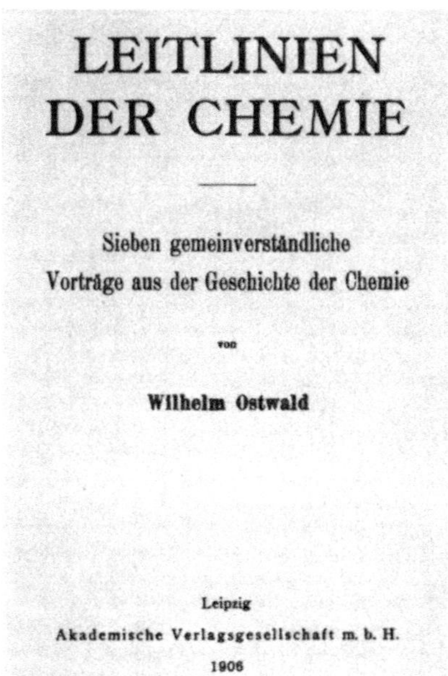
LEITLINIEN DER CHEMIE

Sieben gemeinverständliche Vorträge aus der Geschichte der Chemie

von

Wilhelm Ostwald

Leipzig
Akademische Verlagsgesellschaft m. b. H.
1906

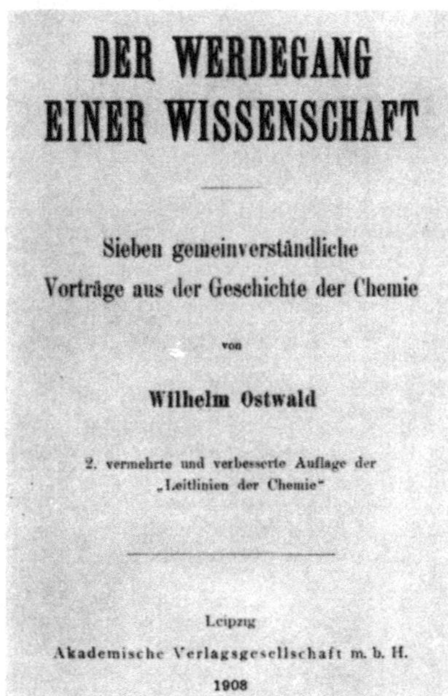
DER WERDEGANG EINER WISSENSCHAFT

Sieben gemeinverständliche Vorträge aus der Geschichte der Chemie

von

Wilhelm Ostwald

2. vermehrte und verbesserte Auflage der „Leitlinien der Chemie“

Leipzig
Akademische Verlagsgesellschaft m. b. H.
1908

Abb. 1 Titelblatt zu Wilhelm Ostwalds Schrift „Leitlinien der Chemie“, erschienen Leipzig 1906.

Abb. 2 Titelblatt zu Wilhelm Ostwalds Buch „Der Werdegang einer Wissenschaft“, der 2. Auflage der „Leitlinien der Chemie“, erschienen Leipzig 1908.

In diesem Zusammenhang ist auch eines der Hauptwerke Ostwalds zur Farbenforschung zu nennen, und zwar „Die Farbenlehre“. [16] Von diesem breit angelegten Werk, das insgesamt fünf Bände umfassen sollte, hat Ostwald selbst die ersten beiden Bände verfaßt, nämlich die „Mathematische Farbenlehre“ und die „Physikalische Farbenlehre“. Der dritte Band, die „Chemische Farblehre“, wurde erst von E. Ristenpart vollendet und nach Ostwalds Tode veröffentlicht. Der vierte Band, die „Physiologische Farbenlehre“, hat den Mediziner H. Podestà zum Verfasser, und der fünfte Band, der die „Psychologische Farbenlehre“ darstellen sollte, liegt nur als Manuskript vor und gelangte bis heute nicht zum Druck. In verschiedenen Schriften über Ostwald wird nun entweder nur der Gesamttitel dieser fünf Bände mit dem Erscheinungsjahr der ersten Auflage des ersten Bandes und dem ff.-Vermerk angegeben, oder es wird nur der Titel des ersten Bandes genannt ohne seinen Bezug zum Gesamtwerk. Auch wird weder ein Hinweis auf die Unvollständigkeit des Gesamtwerkes noch auf die anderen Autoren gegeben. In jedem Falle werden durch solche Falsch-Zitierungen das wissenschaftliche Anliegen von Ostwald und seine Leistung, aber auch die der Mitbeteiligten, verschleiert.

Erhebliche Verwirrung gestiftet hat der Titel eines viel beachteten und weit verbreiteten Ostwaldschen Buches, das erstmals 1909 erschienen ist; gemeint ist das Werk „Große Männer“ [17] (s. Abb. 3). Die Verwirrung entstand, als durch Ost-

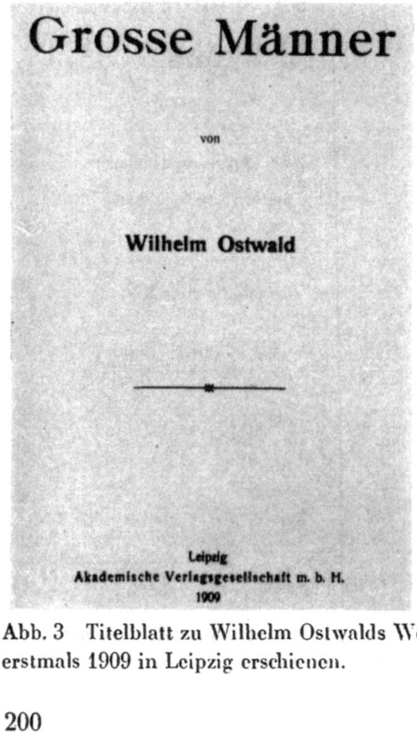

Grosse Männer

von

Wilhelm Ostwald

Leipzig
Akademische Verlagsgesellschaft m. b. H.
1909

Abb. 3 Titelblatt zu Wilhelm Ostwalds Werk „Große Männer“, erstmals 1909 in Leipzig erschienen.

wald eine Reihe gleichen Namens geschaffen wurde, die mit insgesamt 12 Bänden erschienen ist. [18] Weiter verkompliziert wurde der Fall dadurch, daß Ostwald das *Buch* „Große Männer" später als ersten Band der *Reihe* „Große Männer" gezählt hat (s. Abb. 4 und 5). Allerdings hat Ostwald sein Vorhaben selbst ausdrücklich angekündigt, und zwar in der Einführung zum zweiten Band der Reihe „Große Männer". Er schreibt dort: „Um das, was Alphonse de Candolle mit so großem Erfolge begonnen hatte und was seitdem namentlich von Francis Galton in England unabhängig geleistet worden ist, auch äußerlich als neue Wissenschaft zu kennzeichnen, beabsichtige ich, eine Reihe von Werken verwandten Inhaltes unter dem Gesamttitel ‚Große Männer, Studien zur Biologie des Genies' herauszugeben, in dem ich mein Buch gleichen Titels, durch welches das Interesse für diese wichtigen Dinge in Deutschland neu belebt, ja vielfach wohl erst hervorgerufen worden ist, in seinen späteren Auflagen als den ersten Band dieser Reihe zu bezeichnen mir gestattet habe." [19]

Trotz dieser Erklärung wird aber z. B. in einem renommierten Nachschlagewerk die Reihe „Große Männer" zitiert, wobei der Band 1, der ja gleichfalls den Titel „Große Männer" trägt, unrichtig mit dem Untertitel der Reihe, nämlich „Studien

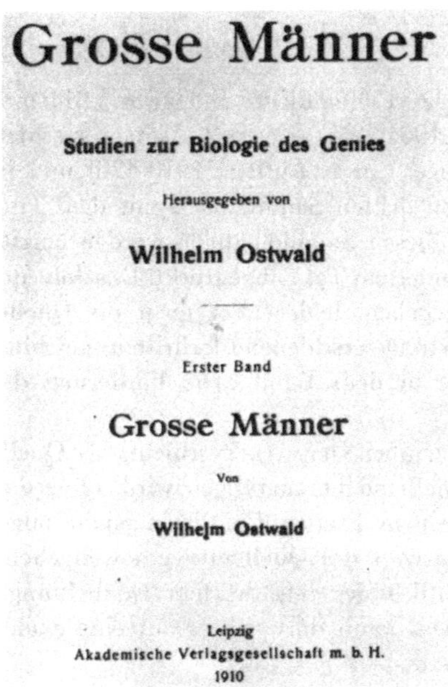
Grosse Männer

Studien zur Biologie des Genies

Herausgegeben von

Wilhelm Ostwald

Erster Band

Grosse Männer

Von

Wilhelm Ostwald

Leipzig
Akademische Verlagsgesellschaft m. b. H.
1910

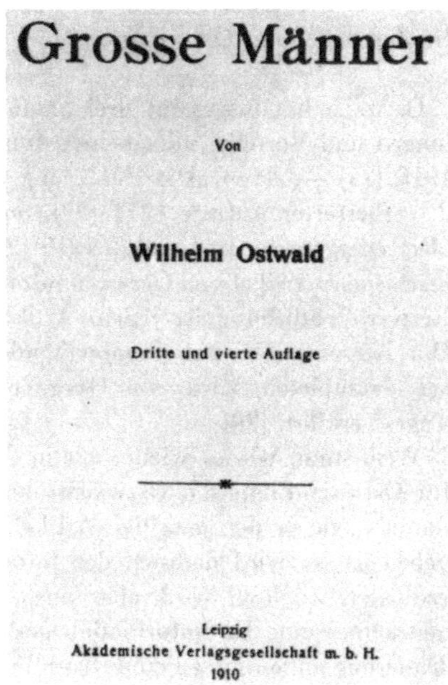
Grosse Männer

Von

Wilhelm Ostwald

Dritte und vierte Auflage

Leipzig
Akademische Verlagsgesellschaft m. b. H.
1910

Abb. 4 Die dem Titelblatt des Werkes „Große Männer", Ausgabe von 1910, links gegenüberliegende Seite mit der Angabe des Reihentitels „Große Männer. Studien zur Biologie des Genies" und Wilhelm Ostwalds als Herausgeber der Reihe.

Abb. 5 Titelblatt zu Wilhelm Ostwalds Buch „Große Männer", ab dritter Auflage als Band 1 der Reihe „Große Männer. Studien zur Biologie des Genies" gezählt.

zur Biologie des Genies", bezeichnet wird. Außerdem wird als Erscheinungsjahr 1909 angegeben, jenes Jahr, in dem das Buch „Große Männer" erstmals erschienen ist, die Reihe hingegen noch gar nicht existiert hat. In einer Dissertation wiederum wird der Untertitel der Reihe dem Buchtitel zugeordnet. Dabei wird er zusätzlich entstellt durch die Formulierung „Studien zur *Soziologie* der Genies". Neben solchen Fehlangaben wirken falsche Auflagenangaben fast geringfügig, wenn etwa die 4. Auflage des Buches „Große Männer" mit 1927 angegeben wird, tatsächlich aber schon von 1910 datiert [20]; 1927 erlebte das Buch bereits seine 6. Auflage [21]. Dagegen wird im Literaturverzeichnis einer anderen Publikation dieses Werk nur mit dem Erscheinungsjahr 1927, jedoch ohne Auflagenangabe genannt, so daß beim Leser der Eindruck entstehen muß, dies sei das Jahr der Erstveröffentlichung.

Besonders irreführend ist eine Angabe über die Veröffentlichung der Schrift „Berzelius' ‚Jahresbericht' und die Organisation der Chemiker" [22] in einem Buch über Ostwald. Dort wird behauptet, daß diese Schrift erst 1955 in englischer Übersetzung [23] zur Veröffentlichung gelangt sei. Tatsächlich hat aber Ostwald diese Arbeit bereits 1908 veröffentlicht und dann 1910 in den Sammelband „Die Forderung des Tages" aufgenommen.

II. Zur Arbeit mit Ostwalds *Sammelbänden*

Ostwald hat insgesamt drei Sammelbände veröffentlicht, und zwar „Abhandlungen und Vorträge allgemeinen Inhaltes" 1904 [24] — eine 2. Auflage erschien 1916 [25] —, dann „Die Forderung des Tages" in 1. Auflage 1910 [26] und in 2. verbesserter Auflage 1911 [27], und einen dritten Sammelband mit dem Titel „Der energetische Imperativ" 1912 [28]. In diesen Sammelbänden werden bereits erschienene Artikel von Ostwald mit unverändertem Text abgedruckt. Das Jahr der Erstveröffentlichung ist jedem Artikel beigegeben, leider aber nicht die Quelle. Die Zielsetzung dieser Sammelbände, verstreut erschienene Schriften geschlossen darzubieten, wird von Ostwald selbst in dem Band „Die Forderung des Tages" erklärt. [29]

Wenn nun, wie es wiederholt in Schriften über Ostwald geschieht, als Quelle für Ostwald-Zitate ein Ostwaldscher Sammelband herangezogen wird, ohne daß damit zugleich der jeweilige Artikel mit seinem Erstveröffentlichungsjahr angegeben ist, so wird dadurch der Informationswert des Quellenbeleges weitgehend reduziert. Zugleich wird aber auch hinsichtlich des tatsächlichen Erscheinungszeitraumes eine Fehlinformation gegeben. Das kann dort, wo es auf eine exakte Datierung ankommt, zu einer Irreführung werden.

So sind in einer Publikation Belegstellen betreffend Ostwalds Haltung zur Atomistik angeführt, die dem Sammelband „Die Forderung des Tages", erschienen 1910 [26], entnommen wurden und nur mit diesem Titel belegt werden. Genau genommen stammen diese Belegstellen aber aus den Artikeln „Die Schicksale des Atoms" von 1907 und „Perspektiven der modernen Naturwissenschaft" von 1909, die beide in dem genannten Sammelband enthalten sind, aber nicht mit zitiert werden. Hier zeigt sich auch die Problematik der unterschiedlichen Erscheinungsjahre der einzelnen Artikel und des Sammelbandes. Während OSTWALD 1907 noch eine anti-atomistische Überzeugung vertreten hat, war er 1910 bereits davon abgerückt.

In diesem Zusammenhang sei nochmals anhand der zwei Auflagen des Sammelbandes „Die Forderung des Tages" die Notwendigkeit unterstrichen, Auflagenbezeichnungen bei Literaturangaben genau anzuführen. Der Unterschied zwischen den beiden Auflagen besteht darin, daß OSTWALD in die 2. Auflage von 1911, abgesehen von einigen wenigen Zusatzvermerken von jeweils ein bis zwei Zeilen Länge in vier Artikeln, eine volle Seite eingefügt hat. Sie enthält seine mit 1910 datierte „Nachschrift" zu dem bereits erwähnten Artikel „Die Schicksale des Atoms", in der OSTWALD seine in dem Artikel dargelegte anti-atomistische Auffassung revidiert. [30]

Das gleiche Problem einwandfreier Quellenzitierung bei OSTWALDschen Artikeln tritt analog zu den Sammelbänden auch beispielsweise bei seinen Veröffentlichungen in Tageszeitungen auf. So wird in einem Falle OSTWALD zitiert mit der Quellenangabe „Berliner Tageblatt vom 4. 11. 1910", der Titel des Artikels aber, aus dem das Zitat stammt, wird weggelassen. Er lautet: „Medizin und Chemie. Paul Ehrlich. — Die Forschungsinstitute." [31]

III. Zum Umgang mit biographischen Daten über WILHELM OSTWALD

Besonders kritisch für die wissenschaftshistorische Forschung sind Ungenauigkeiten und fehlerhafte Angaben in biographischen Daten. Das betrifft vor allem bio-bibliographische Nachschlagewerke, deren Informationswert dadurch erheblich beeinträchtigt wird. Von ihnen wird ein hoher Grad an Zuverlässigkeit erwartet, denn ihre Angaben werden häufig ohne Nachprüfung übernommen.

Dieser Tatsache wird bedauerlicherweise nicht immer Rechnung getragen, wie POGGENDORFFS „Biographisch-literarisches Handwörterbuch der exakten Naturwissenschaften" beweist. [32] Nur einige, allerdings gravierende Beispiele sollen genannt sein: So werden als Todestag der 3. April und als Sterbeort Großbothen bei Leipzig aufgeführt [33] — richtig sind hingegen der 4. April und Leipzig —. Die Publikation von OSTWALD mit dem Titel „Er und ich" [34], die eine Auseinandersetzung OSTWALDS mit Gegnern seiner Farbenlehre in Gesprächsform enthält, wird als Autobiographie eingeordnet. [35] Dagegen ist die weit weniger bekannte Selbstbiographie OSTWALDS, erschienen 1923 im 4. Band von „Die Philosophie der Gegenwart in Selbstdarstellungen" [36], nicht in der Gruppe „Autobiographien" zu finden, sondern in der Gruppe „Weitere Literatur" *über* WILHELM OSTWALD. [37] In einem anderen Nachschlagewerk wird als Verfasser eben dieser Autobiographie WOLFGANG OSTWALD[2] genannt.

Selbst bei der Namenangabe von WILHELM OSTWALD ist nicht immer die gebotene Sorgfalt gewahrt. So gibt es Arbeiten eines Autors, in denen der Name

Wilhelm Ostwald teils richtig, teils als Wilhelm von Ostwald aufgeführt wird, wobei nicht einmal innerhalb einer Publikation einheitlich verfahren worden ist.[3]

Außer den bisher dargelegten und, wie es scheint, nicht unwesentlichen Fehlern in der Arbeit mit Quellen im Rahmen der Ostwald-Forschung sind in der vorliegenden wissenschaftlichen Literatur über Ostwald weitere, sagen wir, Ungenauigkeiten vorhanden, von denen einige nicht unerwähnt bleiben sollen.

Vielfältig sind die Fehler in Angaben über die wissenschaftshistorisch so bedeutsame Reihe „Ostwalds Klassiker der exakten Wissenschaften"[4]. Diese Fehler reichen von der Titelverfälschung wie „Ostwalds Klassiker der exakten *Natur*wissenschaften", zuweilen wird auch der Name Ostwalds weggelassen, bis zu Unstimmigkeiten in Zählungs- und Jahresangaben. In einer bio-bibliographischen Übersicht wird sogar der erste Band von 1889 A. von Humboldt zugeschrieben. Tatsächlich hat Ostwald seine Reihe, wie allgemein bekannt, mit der klassischen Arbeit von Helmholtz „Über die Erhaltung der Kraft" eröffnet — s. Abb. 18 im Band „Forschen und Nutzen. Wilhelm Ostwald zur wissenschaftlichen Arbeit" [5] —. Besonders gedankenlos wurde in einer Dissertation mit speziellen Angaben zu Ostwaldschen Schriften verfahren: Der 250. Band der „Klassiker" mit Erscheinungsjahr 1966, in dem verdienstvollerweise die Magister- und die Doktordissertation Wilhelm Ostwalds der wissenschaftlichen Öffentlichkeit wieder zugänglich gemacht werden [38], wird als von Ostwald selbst herausgegeben und eingeleitet bezeichnet.

Schließlich soll noch auf eine Vorgehensweise hingewiesen werden, die gar nicht so selten ist. Gemeint ist das Weglassen der Quellenangaben beim Zitieren Ostwaldscher Aussagen. So zu handeln sollte sich mit Rücksicht auf den Leser und im Respekt vor dem Werk Ostwalds, aber auch unter dem Aspekt der Ethik wissenschaftlicher Arbeit von selbst verbieten. [39]

Eingangs wurde festgestellt, daß die wissenschaftsgeschichtliche Forschung ganz wesentlich von der Arbeit mit den Quellen lebt. Die Benutzung der Quellen und der Umgang mit ihnen setzen Zuverlässigkeit, Akribie und Autopsie voraus. So ist es im allgemeinen unzulässig, Literaturangaben aus Sekundärquellen ungeprüft zu übernehmen. Die teilweise unzulängliche und nicht korrekte Widerspiegelung von Persönlichkeit und Werk, wie sie durch oberflächliche Arbeit mit den Quellen entstanden und an den dargebotenen Beispielen erläutert worden ist, betrifft sicherlich nicht nur Ostwald, und für sie sind nicht nur die Autoren verantwortlich. In die Verantwortung sind ebenso Herausgeber, „Doktorväter", Lektoren, Übersetzer und nicht zuletzt auch Rezensenten einbezogen.

Für Ostwald war Publikationstätigkeit seiner wissenschaftlichen Arbeit immanent, er war beispielgebend, wenn auch zuweilen zu intensiv, in seinem Streben nach schneller Verbreitung neuer Erkenntnisse und neuen Wissens.

Ostwalds vielseitige Überlegungen zur wissenschaftlichen Arbeit schließen die wissenschaftliche Literatur ein, deren Bedeutung er hoch eingeschätzt hat. In seinem Aufsatz mit dem Titel „Alte Zeitschriften" beschreibt er unter anderem, wie er als Student Zugang zur wissenschaftlichen Literatur gefunden hat, und sagt in diesem Zusammenhang: „So ist die Verfügung über Quellenliteratur mir seitdem ein unentbehrliches Bedürfnis geworden; an allen Stellen, an denen ich später zu wirken hatte, war es eine meiner ersten Sorgen, meinen Arbeitsgenossen und mir jenes unentbehrliche Hilfsmittel zu freiester Verfügung zu halten." [40]

Ostwald wußte um die Bedeutung der Quellen. Das sollte Verpflichtung für uns sein, beim Umgang mit den Werken Wilhelm Ostwalds größte Sorgfalt walten zu lassen. Hierfür ein wenig nützlich zu sein, ist das Anliegen dieses Beitrages.

Herrn Dr. Günther Lotz danke ich für den Vorschlag dieses Themas und für seine Unterstützung.

Anmerkungen

1 Als Reihe wird eine fortlaufende Veröffentlichung bezeichnet, die aus selbstständigen Einzelwerken (Bänden oder Heften) besteht, welche durch einen übergeordneten Gesamttitel und häufig durch Zählung verbunden sind.

2 Kolloidchemiker, 1883—1943, ältester Sohn von Wilhelm Ostwald.

3 In gleich nachlässiger Weise wird auch mit dem Ostwald-Schüler und -Nachfolger Max Le Blanc (1865—1943) verfahren, dessen Name in einem Buch mit M. Leblanc angegeben wird. Dieser Fehler ist besonders kritisch, da es einen französischen Chemiker namens Nicolas Leblanc (1742—1806) gegeben hat.

4 Wilhelm Ostwald hatte diese Reihe 1889 begründet, um grundlegende Arbeiten aus dem Bereich der exakten Wissenschaften, „Meisterwerke der Wissenschaft", wie er sie nennt, die oftmals nur schwer erreichbar waren, weiten Kreisen zugänglich zu machen.

Literatur

[1] Hager, K.: Wissenschaft und Technologie im Sozialismus. Berlin, Dietz Verl. 1974, S. 70.

[2] Harig, G.: Aspekte der Geschichte der Naturwissenschaft. In: NTM. Schriftenreihe f. Gesch. d. Naturwissenschaften, Technik u. Medizin. 3 (1966) 7, 34—35.

[3] Kunze, H.: Das Buch als Mittler des Wissens. In: Papier und Druck. **20** (1971) 6, 82.

[4] Biermann, K.-R.: Wie entziffert man Handschriften? Ratschläge aus d. Praxis für aktiv an d. Geschichte Interessierte. In: Wissenschaft und Fortschritt. **27** (1977) 348—351.

[5] Forschen und Nutzen. Wilhelm Ostwald zur wissenschaftlichen Arbeit. Aus seinen Schriften ausgew., bearb. u. zusammengest. anläßl. seines 125. Geburtstages v. G. Lotz, L. Dunsch, U. Kring. Mit e. Geleitw. v. P. A. Thießen u. e. Einf. v. G. Lotz u. L. Dunsch. Berlin, Akad.-Verl. 1978. (Beiträge zur Forschungstechnologie. Sonderbd. 1.)

[6] Ostwald, W.: Grundriß der allgemeinen Chemie. 5. Aufl. Dresden, Steinkopff 1917.

[7] Ostwald, W.: Grundriß der allgemeinen Chemie. 4. völlig umgearb. Aufl. Leipzig, Engelmann 1909.

[8] Cohen, E.: Jacobus Henricus van't Hoff. Sein Leben u. Wirken. Leipzig, Akad. Verlagsges. 1912, S. 572. (Große Männer. Studien zur Biologie des Genies. Bd. 3.)

[9] Ostwald, W.: Lehrbuch der allgemeinen Chemie. 2 Bde. Leipzig, Engelmann 1885 u. 1887.

[10] Ostwald, W.: Lehrbuch der allgemeinen Chemie. 2. umgearb. Aufl. Leipzig, Engelmann 1891—1906.

[11] Ostwald, W.: Solutions. 4th book, with some add., of the 2d ed. of Ostwald's Lehrbuch der allgemeinen Chemie. Tr. by M. M. Pattison Muir. New York, Longmans, Green 1891.

[12] Ostwald, W.: Leitlinien der Chemie. 7 gemeinverständl. Vorträge aus d. Gesch. d. Chemie. Leipzig, Akad. Verlagsges. 1906.

[13] Ostwald, W.: Der Werdegang einer Wissenschaft. 7 gemeinverständl. Vorträge aus d. Gesch. d. Chemie. 2. verm. u. verb. Aufl. der Leitlinien der Chemie. Leipzig, Akad. Verlagsges. 1908.

[14] Ostwald, W.: Studien zur chemischen Dynamik. In: Journ. f. prakt. Chemie. N. F. 1. Abh. **27** (1883) 1—39; 2. Abh. **28** (1883) 449—495; 3. Abh. **29** (1884) 385—408; 4. Abh. **31** (1885) 307—317; 5. Abh. **35** (1887) 112—121. In: Zs. f. phys. Chemie 6. Abh. **2** (1888) 127—147.

[15] Ostwald, W.: Elektrochemische Studien. In: Journ. f. prakt. Chemie. N. F. 1. Abh. **30** (1884) 225—237; 2. Abh. **31** (1885) 433—462; 3. Abh. **32** (1885) 300—374; 4. Abh. **33** (1886) 352—370. In: Zs. f. phys. Chemie 5. Abh. **1** (1887) 74—86; 97—109; 6. Abh. **2** (1888) 840—851.

[16] Ostwald, W.: Die Farbenlehre. In 5 Büchern. Leipzig, Verl. Unesma. 1. Buch: Mathetische Farbenlehre. 1918. 2. Buch: Physikalische Farbenlehre. 1919. 3. Buch: Chemische Farblehre. Hrsg. v. E. Ristenpart. Leipzig, Martin 1939. Podestá, H.: Physiologische Farbenlehre. Leipzig, Verl. Unesma 1922. (Ostwald, W.: Die Farbenlehre. Buch 4.)

[17] Ostwald, W.: Große Männer. Leipzig, Akad. Verlagsges. 1909.

[18] Große Männer. Studien zur Biologie des Genies. Hrsg. v. W. Ostwald. Leipzig, Akad. Verlagsges. 1910—1932.

[19] Candolle, A. de: Zur Geschichte der Wissenschaften und der Gelehrten seit zwei Jahrhunderten nebst anderen Studien über wissenschaftliche Gegenstände, insbesondere über Vererbung und Selektion beim Menschen. Dtsch. hrsg. v. Wilhelm Ostwald. Leipzig, Akad. Verlagsges. 1911, S. VI—VII. (Große Männer. Studien zur Biologie des Genies. Bd. 2.)

[20] Ostwald, W.: Große Männer. 4. Aufl. Leipzig, Akad. Verlagsges. 1910. (Große Männer. Studien zur Biologie des Genies. Bd. 1.)

[21] Ostwald, W.: Große Männer. 6. Aufl. Leipzig, Akad. Verlagsges. 1927. (Große Männer. Studien zur Biologie des Genies. Bd. 1.)

[22] Ostwald, W.: Berzelius' Jahresbericht und die Organisation der Chemiker. (1908). In: Ostwald, W.: Die Forderung des Tages. Leipzig, Akad. Verlagsges. 1910, S. 586—594.

[23] Ostwald, W.: Berzelius' „Jahresbericht" and the international organization of chemists. In: Journ. of chem. education. **32** (1955) 373—375.

[24] Ostwald, W.: Abhandlungen und Vorträge allgemeinen Inhaltes (1887—1903). Leipzig, Veit 1904.

[25] Ostwald, W.: Abhandlungen und Vorträge allgemeinen Inhaltes. 2. Aufl. Leipzig, Akad. Verlagsges. 1916.

[26] Ostwald, W.: Die Forderung des Tages. Leipzig, Akad. Verlagsges. 1910.
[27] Ostwald, W.: Die Forderung des Tages. 2. Aufl. Leipzig, Akad. Verlagsges. 1911.
[28] Ostwald, W.: Der energetische Imperativ. Erste Reihe. Leipzig, Akad. Verlagsges. 1912.
[29] Ostwald, W.: Die Forderung des Tages. Leipzig, Akad. Verlagsges. 1910, S. 13.
[30] Ostwald, W.: Die Forderung des Tages. 2. Aufl. Leipzig, Akad. Verlagsges. 1911, S. 202.
[31] Ostwald, W.: Medizin und Chemie. Paul Ehrlich.-Die Forschungsinstitute. In: Berliner Tageblatt. Abend-Ausgabe. 4. 11. 1910. Jg. 39, Nr. 562.
[32] Poggendorff, J. C.: Biographisch-literarisches Handwörterbuch der exakten Naturwissenschaften. Bd. 7 a, Suppl. Berlin, Akad.-Verl. 1971, S. 476—482.
[33] Vgl. [32], S. 476.
[34] Ostwald, W.: Er und ich. Leipzig, Martin 1936.
[35] Vgl. [32], S. 476.
[36] Wilhelm Ostwald. In: Die Philosophie der Gegenwart in Selbstdarstellungen. Hrsg. v. Raymund Schmidt. Bd. 4. Leipzig, Meiner 1923, S. 127—161.
[37] Vgl. [32], S. 481.
[38] Ostwald, W.: Volumchemische Studien über Affinität und Volumchemische und optisch-chemische Studien. Zwei Diss. Hrsg. v. G. Harig u. J. Müller. Leipzig, Akad. Verlagsges. Geest & Portig 1966. (Ostwalds Klassiker der exakten Wissenschaften. Nr. 250.)
[39] Kunze, H.: Wissenschaftliches Arbeiten. Eine Einführung. 2. durchges. Aufl. Berlin, Akad.-Verl. 1959, S. 27—29.
[40] Ostwald, W.: Alte Zeitschriften. Leipzig, Fock 1905, S. 4.

C. Grau

Wilhelm Ostwalds baltische Umwelt

Akademiemitglied Viktor Ivanovič Spicin ist während dieses Symposiums bereits auf die wissenschaftliche Entwicklung Wilhelm Ostwalds in Dorpat und Riga eingegangen und hat dessen freundschaftliche Kontakte zu russischen Chemikern in der Leipziger Periode dargestellt. Gerade in diesem Zusammenhang ist es vielleicht angebracht, die baltische Umwelt Ostwalds etwas stärker ins Blickfeld zu rücken, weil dadurch die Bedeutung Ostwalds noch deutlicher hervortreten kann.

Dem ersten Band seiner dreiteiligen Erinnerungen, der „Lebenslinien" [1], hat Wilhelm Ostwald bekanntlich den Titel „Riga, Dorpat, Riga" gegeben. Damit unterstrich er den Einfluß dieser Periode seiner Entwicklung bis zum Jahre 1887. Hier soll es nicht um die Interpretation von Ostwald persönlich-biographischer Darstellung seines Werdegangs gehen, obwohl es stets aufschlußreich ist, das objektive und das subjektive Bild eines bestimmten Zeitabschnittes gegenüberzustellen. Auch Ostwalds Beziehungen zu seinen wichtigsten Lehrern Carl Schmidt (1822—1894), Johann Lemberg (1842—1902) oder Arthur von Oettingen (1836—1920) sollen hier nicht erneut behandelt werden. Was dagegen versucht werden soll, ist folgendes: aus heutiger Sicht in Anknüpfung an Ostwald einige Schlaglichter auf eine längst und zu Recht versunkene, wissenschaftsgeschichtlich gleichwohl nicht unwichtige geistige Welt und ihre Genesis zu werfen, zumal damit zusammenhängende Probleme im Kontext gegenwärtiger westdeutscher „Ostforschung" unverändert relevant sind.

Eine einflußreiche Fraktion der bürgerlichen deutschen Wissenschaftshistoriker hat die Rolle der aus den sogenannten russischen Ostseeprovinzen stammenden deutschen Wissenschaftler des ausgehenden 19. und des 20. Jahrhunderts stets vorwiegend und einseitig unter dem Gesichtspunkt der Nationalität gesehen. Dabei wurde und wird vordergründig mit einer Reihe Namen von beachtlichem Rang in der Wissenschaftsgeschichte operiert. Ich nenne als kleine Auswahl von Wissenschaftlern aus dem Baltikum, die einflußreiche Stellungen in Forschung und Lehre in Deutschland einnahmen: den Kirchenhistoriker und Erforscher der Geschichte unserer Akademie Adolf Harnack (1851—1930) und seinen Zwillingsbruder, den Mathematiker Axel Harnack (1851—1888); den Kunsthistoriker

Georg Dehio (1850—1932) und den Historiker Johannes Haller (1865—1947); den Chirurgen Ernst von Bergmann (1836—1907) und den Zoologen Jakob von Uexküll (1874—1944); die Chemiker Gustav Tammann (1861—1938), Paul Walden (1863—1957) sowie nicht zuletzt eben Wilhelm Ostwald (1853—1932). Sie alle wurden als Staatsbürger Rußlands geboren.

Ostwalds Lebensstationen sind gut bekannt. Er hat die ersten beiden Jahrzehnte seines Lebens fast ganz in seiner Geburtsstadt Riga verbracht. Von dort ging er 1872 zum Studium an die Universität Dorpat, wo er auch nach seinem Examen wissenschaftlich arbeitete, bevor er 1882 seine Tätigkeit als Professor der Chemie am Rigaer Polytechnikum aufnahm. 1887 folgte er dann dem Ruf nach Leipzig, wirkte hier bis 1906 als Professor und danach „freischaffend" von Großbothen aus. Kindheit und Jugend Ostwalds, sein wissenschaftliches Werden und Reifen und indirekt sogar sein weiteres Leben sind nicht voll verständlich ohne die Situation ausgeprägter geschichtlicher Einmaligkeit im Baltikum, die zu manchen Miß- und Fehldeutungen im Streit der historischen Auffassungen Anlaß gab und gibt.

Die zahlenmäßig kleine, aber durch Grundbesitz, Handel und Gewerbe ökonomisch starke deutsche Minderheit in den Ostseeprovinzen, den Gouvernements Estland, Livland und Kurland, verfügte in der Universität Dorpat [2] und im Polytechnikum Riga [3] in der zweiten Hälfte des 19. Jahrhunderts über zwei höhere Bildungsanstalten. Durch ihre deutsche Unterrichtungssprache und einige weitere Sonderregelungen unterschieden sich diese einerseits von den Hochschulen in den übrigen Teilen des russischen Staates, und andererseits ließen sie die Bildungsinteressen der einheimischen lettischen und estnischen Bevölkerungsmehrheit völlig unberücksichtigt. Die Universität Dorpat wurde 1802 gegründet (nachdem es schon von 1632 bis 1710 eine mit Unterbrechungen bestehende Universität gegeben hatte), das Polytechnikum in Riga bestand seit 1862. Beide Städte gehörten damals zu Livland, der mittleren der drei russischen Ostseeprovinzen.

Nach der Oktoberrevolution 1917 bildete entsprechend der Nationalität der Bewohner das nördliche Livland einschließlich Dorpats zusammen mit dem ehemaligen Gouvernement Estland nunmehr die Republik Estland; das südliche Livland und Kurland wurden zur Republik Lettland, deren Hauptstadt Riga ist, der frühere Sitz der zaristischen Verwaltung des ehemaligen Gouvernements Livland. Tartu (Dorpat) mit seiner Universität ist neben der estnischen Hauptstadt Tallin (Reval) heute ein bedeutendes kulturell-wissenschaftliches Zentrum der Estnischen SSR. Estland und Lettland entstanden im Gefolge der sozialistischen Revolution, doch wurde die Macht der Arbeiter und Bauern von der inneren Konterrevolution im Bündnis mit der äußeren vorübergehend gestürzt, so daß beide Länder bis 1940 zunächst eine bürgerlich-kapitalistische Entwicklung nahmen. Die deutsche Minderheit beider Länder, die ihre ökonomische und politische Vormachtstellung nach der Entstehung des lettischen und estnischen Nationalstaates in den zwanziger Jahren verloren hatte, wurde auf der Grundlage von Regierungsabkommen 1939 aus Lettland und Estland ausgesiedelt. [4] Zu OSTWALDS Lebzeiten und unmittelbar danach vollzogen sich somit grundlegende Veränderungen im Baltikum.

Die Gründung der Staaten Estland und Lettland war das Ergebnis des langen sozialen und nationalen Befreiungskampfes der Esten und Letten und zugleich eine Folge des im 19. Jahrhundert mit der Durchsetzung der kapitalistischen Gesellschaftsordnung allerorts erwachenden Nationalbewußtseins insbesondere der Völker, die über keine eigenen Staaten verfügten. Im Baltikum wurde die hier angedeutete Tendenz zunächst durch eine andere Auseinandersetzung überlagert, die bereits seit den siebziger Jahren des 19. Jahrhunderts an Intensität gewann; sie wurde zwischen der ökonomisch starken deutschen Minderheit der Ostseeprovinzen, insbesondere dem Adel, und der russischen Regierung als dem Repräsentanten der herrschenden Klassen Rußlands geführt. Die wirtschaftlichen Belange der deutschen Stadtbewohner und des deutsch-baltischen Adels — Bauern deutscher Nationalität gab es im Baltikum fast nicht — wurden nicht angetastet. Die Auseinandersetzung spiegelte sich vor allem auch auf ideologischem Gebiet stark wider, wobei der Universität Dorpat eine Schlüsselstellung zukam. Die von der bürgerlichen Historiographie als entscheidende Merkmale der Spannungen angeführten Fakten — die Abschaffung der deutschen Unterrichtssprache in Dorpat ab 1889 außer an der Theologischen Fakultät, die Umbenennung Dorpats in Jur'ev 1893 und die 1896 erfolgte Gleichstellung des Polytechnikums in Riga mit den anderen Hochschulen Rußlands — waren in Wirklichkeit nur offen sichtbare Erscheinungsformen eines Prozesses, der sich seit den siebziger Jahren deutlicher abzeichnete und das Ende der seit fast 700 Jahren andauernden Kolonialherrschaft der deutschen Minderheit über die lettische und estnische Mehrheit ankündigte. Für die meisten Zeitgenossen reduzierte sich das Problem allerdings schlechthin auf die Russifizierung. Wie klar und deutlich hebt sich dagegen die Einschätzung des Problems durch KARL MARX ab, der schon am 17. Februar 1870 an LUDWIG KUGELMANN schrieb: „... die privilegierten Stände der deutsch-russisch-baltischen Provinzen ... schreien jetzt auf, weil sie ihre privilegierte Stellung bedroht sehen. Das alte Ständewesen, orthodoxer Lutheranismus und Aussaugung der Bauern, das ist es, was sie die *deutsche Kultur* nennen, zu deren Schutz Europa sich jetzt in Bewegung setzen soll." [5]

Die marxistische estnische und lettische Geschichtsschreibung ist den hier angedeuteten Problemen, die für das Selbstverständnis der Nationalgeschichte beider Staaten von großer Bedeutung sind, mit Umsicht nachgegangen. Sie hat dabei die sehr komplizierten und widersprüchlichen historischen Bedingungen herausgearbeitet, die die Entwicklung der Wissenschaft in ihren Ländern bestimmten. Da war einerseits das Bestreben des deutsch-baltischen Adels, die Bildungsstätten zu nutzen, um seine sich auf ökonomische Macht gründende Sonderstellung innerhalb des russischen Staates im Allgemeinen sowie gegenüber der einheimischen estnischen und lettischen Bevölkerung im Besonderen ideologisch-politisch zu behaupten, wobei man sich zusätzlich auf angebliche historische Rechte berief. Da war andererseits das Bemühen der zaristischen Regierung, mit Hilfe der Universität und allgemein der höheren Bildung eine der Selbstherrschaft ergebene Beamtenschicht auszubilden, ohne die wirtschaftliche Macht der deutschen Minderheit im Grundsätzlichen zu beeinträchtigen und ohne estnische und lettische nationale Interessen zu berücksichtigen. In ihrem Verhalten gegenüber der Bevölkerungsmehrheit, die national als Esten und Letten und sozial als Arbeiter und Bauern von den deutschen und russischen Angehörigen der herrschenden Klassen getrennt war, unterschieden sich die sonst im Baltikum rivalisierenden Kreise wenig. Äußerlich sichtbar wurde das Problem vor allem in der Sprachenfrage, die aber nur die — wenn auch keineswegs unwichtige — Hülle für politische, vom Klassenkampf bestimmte Auseinandersetzungen war, was manche der Beteiligten bewußt übersahen, andere nicht zu erkennen vermochten.

In einer 1961 in Tartu erschienenen historischen Studie von LINDA ERINGSON zur Geschichte der Universität wird die Situation unter anderem so beschrieben: „Der Zarismus führte überall die russische Sprache ein und verstärkte die reaktionäre Politik der Russifizierung der örtlichen Bevölkerung — der Esten und Letten. Die oben erwähnten Reformen beschleunigten jedoch die Schwächung der Positionen der feindlich eingestellten Professoren, was zweifellos positive Bedeutung für die weitere Entwicklung der Universität hatte. Objektives Ergebnis der Neuerungen war die schnelle Demokratisierung der Studentenschaft und die stärkere Anteilnahme der Universität an den Ergebnissen der progressiven russischen Kultur. Soweit die eine Seite. Andererseits behinderten und erschwerten die Veränderungen jedoch die Heranbildung nationaler Wissenschaftskader.“ [6]

Eingehend beschäftigte sich auch der estnische Historiker VIKTOR MAAMÄGI, Ordentliches Mitglied der Akademie der Wissenschaften der Estnischen SSR, mit der Stellung der Universität Dorpat, als er 1974 die Verbindungen der Petersburger Akademie der Wissenschaften zu Estland untersuchte. Er schreibt unter anderem: „Der Unterricht an der Universität Tartu erfolgte tatsächlich in deutscher Sprache, die Universität lag jedoch auf dem Territorium des russischen Staates und war im allgemein-russischen Interesse gegründet worden. ... Objektiv gesehen übte die Existenz der Universität in Tartu mit deutscher Unterrichtssprache im Rußland vor der Reform einen günstigen Einfluß auf die Wissenschaftsentwicklung aus. ... Die Universität Tartu, die insgesamt allgemein-russischen Interessen diente, hatte die Möglichkeit, ihre Lehrstühle mit Professoren deutscher Herkunft zu besetzen und auch die für diese Arbeit geeigneten inländischen (baltischen) deutschen Personen einzubeziehen. Dieser Umstand förderte bei der damals begrenzten Zahl der Wissenschaftler in Rußland sowohl den wissenschaftlichen Fortschritt als auch den wissenschaftlichen Austausch zwischen Rußland und Westeuropa. Das stellten bereits Zeitgenossen fest. ... Der beste Teil der ausländischen und einheimischen baltischen Wissenschaftler verband seine Tätigkeit eng mit den Interessen der allgemein-russischen Wissenschaft, den Interessen des russischen Staates.“ [7]

Insbesondere die sowjetestnischen Historiker, für die VIKTOR MAAMÄGI und

Linda Eringson hier nur als Beispiele stehen, haben durch ihre Forschungen über Tartu die Voraussetzungen geschaffen, die tatsächliche Rolle Dorpats in der Wissenschaftsgeschichte richtig zu verstehen. Diese Forschungsergebnisse sind um so bedeutsamer, weil die deutsch-baltischen Historiker in der BRD noch heute auf diesem Gebiet eine nationalistische Linie vertreten, die sich in ihrer Grundrichtung seit dem ausgehenden 19. Jahrhundert trotz einzelner Variationen nicht geändert hat. Diese Auffassung, für die Gert Walter in seinem 1968 erschienenen Estland-Buch [8] aufschlußreiche Beispiele bringt, läuft alles in allem darauf hinaus, der Politik der Regierung in Petersburg im letzten Drittel des 19. Jahrhunderts gegenüber der Universität Dorpat die Schuld dafür anzulasten, daß auf längere Sicht ein angeblicher Vorposten westlicher Kultur im Baltikum verlorengegangen wäre; ihn sah man in „jener spezifisch-baltischen engen Verbindung vom Aristokratentum der alteingesessenen Adelsgeschlechter und dem akademischen Geiste Dorpats“ [9] verkörpert. Diese Worte entstammen dem Werk des baltischen Barons Roderich von Engelhardt über Dorpat, das 1933 im Auftrage der „Akademie zur wissenschaftlichen Erforschung und Pflege des Deutschtums (Deutsche Akademie)“, einer Institution imperialistischer deutscher Kulturaußenpolitik in München, herausgegeben wurde. [10]

Im vorliegenden Zusammenhang interessiert das Buch Engelhardts nicht so sehr wegen seines nationalistischen antirussischen und antiestnischen baltischdeutschen Kolonialdenkens, sondern deshalb, weil natürlich auch Wilhelm Ostwald eine Rolle darin spielt. Ostwald hatte, wie wir nicht zuletzt aus der Biographie von Naum Iosifovič Rodnyj und Jurij Iwanovič Solov'ev [11] wissen, als Balte und bürgerlicher deutscher Wissenschaftler zu Rußland und zu den Veränderungen, die sich zu seinen Lebzeiten im Osten Europas vollzogen, in mancher Hinsicht zwiespältige Auffassungen, kurzum, auch er war nicht frei von nationalistischen Vorbehalten. Er hat sich aber auch nicht — und das ist entscheidend — wie mancher andere deutsche Forscher gleicher Herkunft und gleichen wissenschaftlichen Ansehens in eine nationalistische Propaganda einspannen lassen, deren Ziel zunächst die Erhaltung, später dann die Wiederherstellung überholter deutsch-baltischer kolonialer Vorherrschaft über Letten und Esten war. Engelhardt — der gerade für diese Bestrebungen vieler Balten manche Beispiele aus den vier Jahrzehnten bis 1930 beibringt — und seinesgleichen konnten daher mit Ostwald nicht viel anfangen; da er aber nicht einfach weggelassen werden kann, kritisieren sie seine durchaus anfechtbaren philosophisch-weltanschaulichen Ansichten von ganz extrem rechten Positionen her. Engelhardt wirft Ostwald beispielsweise naive Wissenschaftsgläubigkeit, Pazifismus, Monismus und Unverständnis für die „Schwere und Problemhaftigkeit des Menschenloses“ vor, da er die „Lösung ihrer (der Welt — d. Verf.) letzten Fragen vom Standpunkt rein rationaler Wissenschaft aus“ erstrebte. Ostwald wurde unter diejenigen eingereiht, die angeblich die Schuld dafür tragen sollten, daß sich die Welt im 20. Jahrhundert nicht so entwickelte, wie es einem baltischen Baron angenehm gewesen wäre. „Die erfolgreichen Naturwissenschaften in der zweiten Hälfte des 19. Jahrhunderts“, so resümiert ENGELHARDT im Zusammenhang mit seinen Überlegungen über OSTWALD, „haben das einseitig verzerrte Weltbild geschaffen, für welches die gesamte europäische Welt büßen muß.“ [12]

OSTWALD hat das Baltikum und damit den russischen Staat 1887 nicht verlassen, weil er als Deutscher keine Entwicklungsmöglichkeiten hatte, sondern weil ihm in Leipzig bessere wissenschaftliche Arbeitsbedingungen geboten wurden für die Weiterführung dessen, was er in Dorpat und Riga als Chemiker mit so vielem Erfolg begonnen hatte. Überhaupt sind die damaligen Vorgänge auf dem Gebiet des Hochschulwesens im Baltikum von interessierten Kreisen. nicht ohne Zutun mancher Wissenschaftler selbst, bewußt einseitig auf die Sprachenfrage zugespitzt worden. Ohne die Bedeutung dieses Moments zu leugnen, muß doch gesagt werden: der Kern des Problems lag im Anachronismus der gesellschaftlichen Verhältnisse in ihrer ganzen Komplexität, auch wenn der einzelne das unter Umständen nicht einzusehen vermochte. Es gibt jedoch zu viele Fakten, die sich mit der deutsch-baltischen Über- und Fehlbewertung der Russifizierung in den Ostseeprovinzen nicht vereinbaren lassen. Darauf im Zusammenhang mit WILHELM OSTWALD aufmerksam zu machen, war das Anliegen der vorstehenden Ausführungen.

Nur einige wenige ergänzende Tatsachen aus dem engeren Bereich der Chemiegeschichte mögen hier abschließend noch angeführt sein: GUSTAV TAMMANN wirkte von 1889 bis 1903 als Professor für anorganische und physikalische Chemie in Dorpat, als die Stadt bereits Jur'ev hieß und es dort offiziell keine deutsche Unterrichtssprache mehr gab. PAUL WALDEN, ältester Schüler OSTWALDS in Riga, war dort seit 1888 Assistent und Professur sowie von 1902 bis 1905 Rektor des Polytechnikums. Im Jahre 1910 wurde er Ordentliches Mitglied der Akademie der Wissenschaften in Petersburg und 1911 Direktor des Chemischen Laboratoriums der Akademie. Nach der Oktoberrevolution verließ er das Land und übernahm 1919 eine Professor in Rostock. OSTWALD war schon seit 1896 Korrespondierendes Mitglied der Petersburger Akademie (der Berliner Akademie bekanntlich seit 1905), er unterhielt Verbindungen zu russischen Gelehrten, er propagierte von Leipzig aus gemeinsam mit BORIS NIKOLEAVIČ MENŠUTKIN (1874—1938) das Werk MICHAIL VASIL'EVIČ LOMONOSOVS (1711—1765) in Deutschland. [13] Wie WALDEN berichtet, wurde OSTWALD an seinem 50. Geburtstag für seine wissenschaftlichen Verdienste allein deshalb nur mit einem russischen Orden der zweiten Stufe (nicht, wie beabsichtigt, der ersten Stufe geehrt), weil die sächsische Regierung aus Anciennitätsrücksichten gegenüber älteren Professoren auf der niedrigeren Auszeichnung bestand. [14] Obwohl OSTWALD, wie verschiedene seiner Äußerungen zeigen, dem Einfluß seiner baltischen Herkunft auf sein Rußlandbild ausgesetzt war, blieben in seinem Leben und Wirken doch die Momente bestimmend, die ihn deutlich von der scharfmacherischen Fraktion der baltendeutschen Intelligenz abgrenzten. Im übrigen verliefen, wie besonders LINDA ERINGSON deutlich machte, auch in Dorpat vor und nach 1889 die Fronten nicht zwischen den Deutschen und den Russen im Lehrkörper, sondern zwischen reaktionär und liberal eingestellten Wissenschaftlern — unabhängig von ihrer Muttersprache.

Literatur

[1] Ostwald, W.: Lebenslinien. Eine Selbstbiographie, Bd. 1—3, Berlin 1926—1927.

[2] Petuchov, E. V.: Imp. Jur'evskij, byvšij Derptskij universitet za sto let ego suščestvovanija 1802—1902, Bd. 1—2, Jur'ev 1902, 1906.

[3] Kieseritzky, G.: Festschrift der Polytechnischen Schule zu Riga, Riga 1887.

[4] Czollek, R.: Zur Geschichte der baltendeutschen Minderheit nach der Restauration des Kapitalismus im Baltikum (1920 bis zur Umsiedlung 1939). In: Jahrbuch für Geschichte der sozialistischen Länder Europas, Bd. 20/2, Berlin 1976, S. 155—183.

[5] MEW, Werke, Bd. 32, S. 649.

[6] Eringson, L.: Iz istorii Tartuskogo universiteta v konce XIX i načale XX vv. In: Tartu Riikliki Ülikooli Toimetised. Učenye zapiski Tartuskogo gosudarstvennogo universiteta, Bd. 114, Tartu 1961, S. 177—214 (mit estn. u. engl. Res.), hier S. 183.

[7] Maamägi, V.: Petersburgskaja Akademija nauk i ee svjazi s Ėstoniej. In: K 250-letiju Akademii nauk SSSR. Jubilejnaja sessija Akademii nauk Ėstonskoj SSR, posvjaščennaja 250-Letiju Akademii nauk Sojuza SSR 23 maja 1974 goda, Tallinn 1974, S. 37—48, hier S. 40 f. Das hier verwendete deutsche Adjektiv „russisch" gibt den Inhalt nicht ganz exakt wieder, da der Unterschied zwischen „russkij" und dem von Maamägi gebrauchten Adjektiv „rossijskij", das sich auf „Rossija", „Rußland", als Staat bezieht, im Deutschen unberücksichtigt bleiben muß. Der exaktere Begriff „rußländisch" hat sich nicht eingebürgert.

[8] Walter, G.: Estland, Berlin 1968.

[9] Engelhardt, R. v.: Die deutsche Universität Dorpat in ihrer geistesgeschichtlichen Bedeutung, München 1933 (= Schriften der Deutschen Akademie Nr. 13), S. 310.

[10] Schlicker, W.: Die „Deutsche Akademie". Die „Akademie zur wissenschaftlichen Erforschung und Pflege des Deutschtums (Deutsche Akademie)" als Institution imperialistischer Auslandskulturpolitik in der Zeit der Weimarer Republik und des Faschismus. In: Jahrbuch für Volkskunde und Kulturgeschichte, Bd. 20 (Neue Folge Bd. 5), Berlin 1977, S. 43—66.

[11] Rodnyj, N. I., J. I. Solowjew: Wilhelm Ostwald, Leipzig 1977 (Biographien hervorragender Naturwissenschaftler, Techniker und Mediziner, Bd. 30).

[12] Engelhardt, R. v.: a. a. O., S. 385—387.

[13] Mühlpfordt, G.: Leipzig als Brennpunkt der internationalen Wirkung Lomonosovs. In: Studien zur Geschichte der russischen Literatur des 18. Jahrhunderts, Bd. III, Berlin 1968, S. 271—416; Grau, C.: Die Wandlung des deutschen Lomonosov-Bildes am Anfang des 20. Jahrhunderts. In: Zeitschrift für Slawistik, Jg. 6, 1961, S. 517—530.

[14] Walden, P.: Erinnerungen an W. Ostwalds Rigaer Professorentätigkeit 1881—1887. In: Angewandte Chemie, Jg. 65, 1953, S. 511—513.

L. Dunsch

Wilhelm Ostwald als Experimentator

„Nachrichten über das Leben und die Äußerungen großer Männer pflegen wir mit besonderer Teilnahme und Hingabe zu hören. ... Ihre Leistungen erscheinen meist so erstaunlich und unerhört, daß man sich unwillkürlich die Frage vorlegt: wie ist es möglich, daß ein Mensch derartiges hervorbringen kann? Hat man aber Aussicht, auf diese Frage Antwort zu erhalten, so hat man mit dem Verstehen solcher Leistungen auch etwas wie eine Hoffnung, im gegebenen Falle wenn auch nicht gleiches, so doch ähnliches leisten zu können." [1]

Mit diesen Worten leitet Wilhelm Ostwald die Biographie eines der bedeutendsten Experimentatoren des 19. Jahrhunderts ein: Robert Wilhelm Bunsen (1811 bis 1899). In seiner Verehrung für Bunsen, den er ebenso wie Michael Faraday (1791—1867) als sein „wissenschaftliches Vorbild" [2] betrachtete und dem er mit Nekrologen [3], Biographien [4], der Herausgabe seiner gesammelten Werke [5] und nicht zuletzt mit der Umbenennung der „Deutschen Elektrochemischen Gesellschaft" in „Deutsche Bunsengesellschaft für angewandte physikalische Chemie" im Jahre 1902 ein Denkmal setzte, gibt sich Ostwald selbst als Experimentator zu erkennen. An seinem Entwicklungsgang soll Ostwalds Stellung zum Experiment, seinen experimentellen Leistungen und deren Einfluß auf andere Bereiche seiner Tätigkeit nachgegangen werden.

Daß dem Böttchersohn Wilhelm Ostwald schon im Elternhaus handwerkliche Fertigkeiten anerzogen wurden, scheint selbstverständlich. Weniger selbstverständlich ist die Großzügigkeit, mit der seine Eltern ihm im Hause seine teilweise gefährlichen Liebhabereien auszuführen gestatteten. Dankbar erinnert sich Ostwald in seinen „Lebenslinien" der elterlichen Förderung und bemerkt [6], daß durch diese Arbeiten sein späterer Arbeitsstil geprägt worden sei, den er selbst mit folgenden Merkmalen kennzeichnet: 1. Selbstanfertigung apparativer Grundlagen, auch wenn die materielle Lage ihn nicht dazu zwingt, 2. „der Mangel an Scheu vor eintönigen Wiederholungsarbeiten" [7] und 3. der Wechsel seiner Interessen an bestimmten Themen, der teilweise dazu führte, daß die selbst hergestellten Geräte, wie z. B. eine Drechselbank, nach einer Fertigstellung kaum genutzt wurden. Auch das Beispiel des Vaters, der als wohlhabender Meister nach Erledigung der geschäftlichen Dinge in die Werkstatt ging, um selbst mit Hand anzulegen, hat lebenslang auf Ostwald gewirkt. Wesentliche Fortschritte in seinen chemischen Experimenten erlangte er durch die Lektüre von Stöckhardts „Schule der Chemie“ [8] und anderer Lehrbücher der Chemie, die ihm sein Lehrer Schweder, der nach Ostwalds Angaben ein ausgezeichneter Pädagoge war, lieh. Diesen Einfluß hatte Ostwald vor Augen, als er später selbst Bücher für Anfänger wie seine „Schule der Chemie“ [9] schrieb.

Seine Ausbildung an der Universität Dorpat wurde maßgeblich durch Johann Lemberg (1842—1904) beeinflußt, dessen Laboratoriumsunterricht nach Ostwalds Urteil „ungewöhnlich gut“ war [10]. Den Wechsel von den qualitativen zu den quantitativen Analysen, „den Übergang in das neue Reich des Messens“ [11], empfand Ostwald als sehr bedeutungsvoll und im „Reich des Messens“ ist er er als Chemiker sein Leben lang geblieben, von einem präparativen Seitensprung mit einer neuen Indigosynthese, die er in studentischem Überschwung Adolf von Baeyer (1835—1917) vorschlug, abgesehen. Während Lemberg die chemischen Arbeitsmethoden und die neueren theoretischen Anschauungen, vor allem die des chemischen Gleichgewichts, Ostwald lehrte, wurde dieser als Assistent am physikalischen Institut durch A. v. Öttingen (1836— 1930) mehr zu apparativen Arbeiten gelenkt und durch Öttingen zu kritischen Fehlerbetrachtungen seiner Messungen erzogen. Schon als Doktorand fand Ostwald seine eigene Forschungsstrategie, die nach seinen Angaben darin besteht, „daß zunächst für eine umfassende Fragestellung ein geeignetes Verfahren ... aufgesucht und erprobt wird. Ist dies erreicht, so wird das Verfahren gleichartig auf eine möglichst große Anzahl Einzelfälle angewendet, um einen tunlichst weit reichenden Überblick über die ganze Angelegenheit an vergleichbarem Material zu gewinnen.“ [12] So erhält Ostwald, — das vor allem anhand seiner frühen Publikation sichtbar — wegen seines „Mangels an Scheu vor eintönigen Wiederholungen“ eine enorme Anzahl von Meßwerten, die hinsichtlich ihrer Menge nur von seinem Schüler und Biographen Paul Walden (1863—1957), hinsichtlich ihrer Genauigkeit aber erst von späteren Generationen mit verbesserten Verfahren übertroffen wurden. Nicht ohne Stolz sagt er in seinen Lebenslinien über seine Meßwerte: „Wo diese später geprüft worden sind, haben sie sich als frei von erheblichen Fehlern erwiesen. Dies danke ich meinen Lehrern Schmidt, Lemberg und Öttingen.“ [13]

Der erstere charakterisiert Ostwald in einem Gutachten für die Berufung nach Riga folgendermaßen: „Ostwald ist außerdem ein sehr geschickter und gewandter Experimentator, Mechaniker, Glasbläser etc., der sich seine Apparate in geniösester Weise trotz des besten Mechanikus’ zusammenbläst und arrangiert, eine unermüdliche Arbeitskraft, besitzt eine treffliche mündliche wie schriftliche Darstellungsgabe, klar, konzis, streng logisch, auch für weitere Kreise geeignet“. [14]

Deshalb ist es nicht ganz zufällig, wenn Carl Schmidt ihm die gleiche „CHNOSP-Kombination“ zuschreibt wie Bunsen, Helmholtz und Kirchhoff [15].

Mit der Berufung nach Riga boten sich für Ostwald neben seinen umfangreichen Lehraufgaben neue Möglichkeiten zur experimentellen Arbeit. Was die Schaffung neuer oder verbesserter Apparate betrifft, so war die Rigaer Zeit wohl der schöpferischste Abschnitt seiner Laufbahn. Hier entstanden neben dem Ost-

WALD-SPRENGELschen Pyknometer [16], das er bereits während seiner Dissertation anfertigte, der OSTWALDsche Thermostat [17], der OSTWALDsche Rheostat [18] und das OSTWALDsche Viskosimeter [19]. Das letztere hat OSTWALD eigens für die Untersuchungen von S. ARRHENIUS (1857—1927) entwickelt, die dieser in Riga ausführte [20] und hat großzügig die Veröffentlichung ARRHENIUS überlassen [21]. Wissenschaftshistorisch interessant ist es, daß OSTWALD sich während seiner Rigaer Zeit — angeregt durch HELMHOLTZ' Arbeit über die elektrochemische Doppelschicht — mit Quecksilbertropfelektroden beschäftigt und diese verbessert hat. Das Hauptanwendungsgebiet dieser Tropfenelektroden, die Polarographie, hat sich aber nach Aussagen ihres Schöpfers J. HEYROVSKY (1890—1965) nicht in Fortsetzung der OSTWALDschen Untersuchungen, sondern auf der Basis des älteren Modells eines Kapillarelektrometers nach G. LIPPMANN (1845—1921) entwickelt [22].

Während seiner Rigaer Zeit hat sich OSTWALD das Instrumentarium für physikalisch-chemische Messungen geschaffen. Das Ringen um experimentelle Probleme zeigt sich auch im Briefwechsel zwischen OSTWALD und ARRHENIUS [23]. Der Theoretiker VAN'T HOFF nahm an diesem Gedankenaustausch nicht teil. Er bat OSTWALD lediglich um seine Hilfe bei der Beschaffung von Geräten. Mit der Berufung nach Leipzig wurde OSTWALD in einen neuen Wirkungskreis gestellt, den er zur Begründung einer wissenschaftlichen Schule benutzte. Wenn diese Schule eine „Schule der Entdecker und Entdeckungen“ [24] war, dann vor allem deshalb, weil OSTWALD als Lehrer auch gleichzeitig Experimentator war. So konnte er im Labor Anleitungen zum Aufbau von Apparaturen geben und Vorschläge zur Konstruktion neuer Apparate unterbreiten, deren Herstellung die Praktikanten selbst übernehmen mußten. OSTWALD bekannte: „Einen großen Teil meiner Untersuchungen habe ich mit selbstgefertigten Apparaturen durchgeführt, und die Vorteile, welche ich davon gehabt habe, sind so erheblich, daß ich dringend wünsche, sie auch meinen Mitarbeitern und Fachgenossen zuzuwenden.“ [25] Deshalb hatte OSTWALDS Institut in der Linnéstraße nicht nur eine gut eingerichtete Mechanikerwerkstatt, sondern nebenan noch eine für Praktikanten [26]. Daß OSTWALDS Anregungen zur Konstruktion neuer Geräte auf fruchtbaren Boden fielen, dafür ist ERNST BECKMANN das beste Beispiel, der als habilitierter Organiker bei OSTWALD die Apparate zur Bestimmung der Gefrierpunktserniedrigung mit dem nach ihm benannten Thermometer schuf [27].

Nicht nur der Dialog im Praktikantensaal war für OSTWALDS Wirkung als Lehrer bestimmend, sondern auch — wie WALDEN [28] berichtet — die Möglichkeit für Praktikanten wie Assistenten, OSTWALD in seinem Privatlabor, zu dessen Ausrüstung auch eine Drehbank gehörte, aufzusuchen, um sich hier Rat zu holen, wobei sie ihn bei eigenen experimentellen Arbeiten sahen, für die er sich auch als überlasteter Institutsdirektor die Zeit nahm. „Sein Vorbild und seine Tätigkeit haben in gleicher Weise die Studenten wie Assistenten zum Nacheifern beseelt.“ [29]

OSTWALD stand den experimentellen Arbeiten seiner Mitarbeiter kritisch und verständnisvoll gegenüber. Während er im Kolloquium dem einen vorwarf, seine Arbeit habe den Fehler, daß daran alles stimme, erklärte er einem deprimierten Mitarbeiter, der trotz großer Anstrengungen die theoretischen geforderten Werte nicht finden konnte: „Mein lieber junger Freund! Das ist die beste Sache an Ihrem ganzen Vortrag." [30]

Sein Überblick über physikalisch-chemische Meßmethoden gestattete es Ostwald, den Studenten die eigene Wahl ihres Themas zu überlassen, drängte ihn andererseits, das Gebiet zusammenfassend darzustellen, was ihm als ausgezeichnetem wissenschaftlichem Schriftsteller nicht schwerfiel. Mit seinem „Hand- und Hilfsbuch zur Ausführung physiko-chemischer Messungen" [31] schuf Ostwald erstmals eine Bestandsaufnahme physikalisch-chemischer Meßmethoden. Für die methodische Seite kommt diesem Buch die gleiche Bedeutung zu wie seinem „Lehrbuch der allgemeinen Chemie" für die theoretische. In theoretischer Hinsicht hatte Ostwalds Einstellung zum Experiment noch eine andere Wirkung. Wegen des Fehlens der experimentellen Beweise lehnte er die Anerkennung der Existenz der Atome ab. Diese Einstellung läßt sich, wie G. Harig [32] hervorgehoben hat, mit dem Entwicklungsstand der Naturwissenschaften zu jener Zeit erklären. Nicht erklären läßt sich jedoch die Tatsache, daß Ostwald in seinem Vortrag „Die Überwindung des wissenschaftlichen Materialismus" [33] die Möglichkeit bestreitet, „Atome anschaulich zu machen", womit er hemmend auf weitere experimentelle Arbeiten einwirkte und sich die Kritik seiner Fachkollegen zuzog. Ostwalds experimentelle Arbeiten haben auch sein wissenschaftshistorisches Verständnis beeinflußt. Ihn interessiert nicht nur die Entwicklung neuer Theorien und die Entstehung wissenschaftlicher Werke, sondern auch die Entwicklung und Herstellung wissenschaftlicher Geräte. So sieht er im Dozentenzimmer seines Institutes ein „Museum für historisch interessante Apparate" vor [34] oder leitet seinen Vortrag „Über den Ort der elektromotorischen Kraft in der Voltaschen Kette" mit einer Vorführung des alten Sömmeringschen Telegraphen [35] ein, der eine elektrochemische Anzeige besitzt.

Ostwalds Wirken als Experimentator fiel in die von ihm selbst geförderte „Kork-Pappe-Picein-Ära", über die in unserer Zeit oft herablassend berichtet wird. Sie ist des tieferen Nachdenkens wert. Und dabei lassen sich folgende Merkmale erkennen:

1. Die genannten Materialien sind billig und leicht zu beschaffen.
2. Sie lassen sich mit einfachen Mitteln bearbeiten und leicht zu größeren Teilen zusammenfügen.
3. Die so hergestellten Apparate können einfach modifiziert werden, um entweder ihrem Zweck besser zu genügen oder anderen Aufgaben zugeführt zu werden.

Betrachtet man die heutigen experimentellen Grundlagen unter den genannten Aspekten, so lassen sich durchaus Ansatzpunkte für Verbesserungen erkennen.

Doch zurück zu Ostwald. Durch seine philosophischen, wissenschaftsgeschichtlichen und wissenschaftstheoretischen Arbeiten traten die experimentellen in den Hintergrund. Es ist ein seltener Fall in der Wissenschaftsgeschichte, daß ein großer Naturwissenschaftler sich im Alter wieder der experimentellen Arbeit zuwendet. Ostwald schuf in bewundernswerter Weise allein die experimentellen Grundlage seiner Farbenlehre. Obwohl in den physikalischen Voraussetzungen anfechtbar, so hat für praktische Belange die Ostwaldsche Farbenlehre durchaus Bedeutung [36]. Der enorme experimentelle Aufwand hat Ostwald — ebenso wie Goethe — dazu verführt, seine Farbenlehre als die größte Leistung seines Lebens anzusehen. Die Nachwelt ist beiden in diesem Urteil nicht gefolgt.

Kehren wir zu Ostwalds Verhältnis zu Bunsen zurück. In seiner Gedenkrede auf Bunsen sagt Ostwald: „Nach drei Richtungen kann sich der im Universitätsamte stehende Gelehrte betätigen: als Lehrer, als Forscher und als wissenschaftlicher Schriftsteller. Prüfen wir unter diesem Gesichtspunkt das Lebenswerk unserer besten Männer, so finden wir, daß sie zuweilen nur nach einer, manchmal zweien dieser Richtungen tätig gewesen sind, daß aber nur ganz wenige die dreifache Arbeit leisten konnten.“ [37] Zu diesen wenigen gehört auch Wilhelm Ostwald.

Literatur

[1] Ostwald, W.: Robert W. Bunsen (Männer der Wissenschaft Bd. 3) Leipzig, Weicher 1905, S. 1.
[2] Ostwald, W.: Lebenslinien. Eine Selbstbiographie. Bd. 2, Berlin, Klasing 1927, S. 373.
[3] Ostwald, W.: Gedenkrede auf Robert Bunsen. Geh. auf der 8. Hauptversammlung der Deutschen Elektrochemischen Gesellschaft, Freiburg 18. 4. 1901. Abgedruckt in: a) Z. Elektrochem. 7 (1901) 608—618; b) Ostwald, W.: Abhandlungen und Vorträge allgemeinen Inhalts. Leipzig, Veit 1904, S. 418—441; sowie in c) Gesammelte Abhandlungen von Robert Bunsen Hrsg. W. Ostwald u. M. Bodenstein Bd. 1, Leipzig, Engelmann 1904, S. CI-CXVII; und Ostwald, W.: Rede am Grabe Bunsen's. Abgedruckt in Lit. a), S. 687—688, Lit. b), S. 441—443 und Lit. c), S. CXVIII bis CXX.
[4] Vgl. [1].
[5] Gesammelte Abhandlungen von Robert Bunsen. Hrsg. W. Ostwald u. M. Bodenstein Bd. 1—3, Leipzig, Engelmann 1904.
[6] Ostwald, W.: Lebenslinien. Eine Selbstbiographie. Bd. 1, Berlin, Klasing 1926, S. 26.
[7] Vgl. [6], S. 27.
[8] Stöckhardt, J. A.: Die Schule der Chemie, 10. Aufl., Braunschweig, Vieweg 1858.
[9] Ostwald, W.: Die Schule der Chemie, Bd. 1 u. 2, Braunschweig, Vieweg 1903—1904.
[10] Vgl. [6], S. 98.
[11] Vgl. [6], S. 100.
[12] Vgl. [6], S. 127 f.

[13] Vgl. [6], S. 128.

[14] SCHMIDT, C.: Zit. in Walden, P.: Wilhelm Ostwald, Leipzig, Engelmann 1904, S. 40.

[15] SCHMIDT, C.: a. a. O., S. 39.

[16] OSTWALD, W.: J. prakt. Chem. **124** (1877) 385—423.

[17] OSTWALD, W.: J. prakt. Chem. **135** (1883) 1—39.

[18] OSTWALD, W.: Z. phys. Chem. **1** (1887) 403—407.

[19] ARRHENIUS, S.: Z. phys. Chem. **1** (1887) 285—298.

[20] ARRHENIUS, S.: Aus meiner Jugendzeit, Leipzig, Akad. Verlagsges. 1913, S. 10.

[21] Vgl. [19].

[22] HEYROVSKY, J.: Polarographie. Theoretische Grundlagen, praktische Ausführung und Anwendungen der Elektrolyse mit der tropfenden Quecksilberelektrode, Wien, Springer 1941, S. 1—3.

[23] Aus dem wissenschaftlichen Briefwechsel Wilhelm Ostwalds. Hrsg. H.-G. Körber 2. Teil, Berlin, Akademie-Verlag 1969, Briefe 134, 135, 138, 142, 145, 149.

[24] SCHWABE, K.: Leben und Werk Wilhelm Ostwalds (s. vorl. Beitrag).

[25] OSTWALD, W.: Hand- und Hilfsbuch zur Ausführung physikochemischer Messungen, Leipzig, Engelmann 1893, S. IV.

[26] OSTWALD, W.: Das physikalisch-chemische Institut der Universität Leipzig und die Feier seiner Eröffnung, Leipzig, Engelmann 1898, S. 15.

[27] Vgl. DUNSCH, L.: Wiss. u. Forschr. **28** (1978) 226—228.

[28] WALDEN, P.: Wilhelm Ostwald, Leipzig, Engelmann 1904, S. 47.

[29] Vgl. [28].

[30] JAFFÉ, G.: J. Chem. Education **29** (1952) 230—238.

[31] Vgl. [25].

[32[HARIG, G.: NTM **4** (1967) H. 9. 1—16.

[33] Abdruck in: OSTWALD, W. „Abhandlungen und Vorträge allgemeinen Inhalts" Leipzig, Veit 1904, S. 220—240.

[34] Vgl. [26], S. 20.

[35] Vgl. Z. Elektrochem. **2** (1895)—1896) 123.

[36] Vgl. RICHTER, M.: Grundriß der Farbenlehre der Gegenwart, Dresden u. Leipzig, Steinkopff 1940; sowie BUCHWALD, E.: Fünf Kapitel Farbenlehre, Mosbach, Physik-Verlag 1954, Kap. 3.

[37] Vgl. [3 c], CXI.

D. Hoffmann

Wilhelm Ostwald und die physikalische Farbenlehre seiner Zeit

Wie Goethe hat auch Wilhelm Ostwald auf seine Farbenlehre immer mit ganz besonderer Genugtuung hingewiesen; in seinen Lebenserinnerungen bezeichnete er sie sogar als „als den Höhepunkt seiner wissenschaftlichen Leistungen". [1] Auch wenn Ostwald in diesem Punkte — genauso wie Goethe — irrte und seinen Beitrag allzu sehr überschätzte, nimmt Ostwald auch in heutiger Sicht einen durchaus ehrenvollen Platz in der Geschichte dieses Gebietes ein. Namentlich Ostwalds Bemühen, in das Chaos der Farben Ordnung und System zu bringen, kommt das Verdienst zu, einer der ersten praktikablen Schritte auf diesem Wege gewesen zu sein und darüber hinaus „im Deutschland der zwanziger Jahre das Interesse für Farben neu geweckt und lebendig erhalten zu haben." [2]

Zwar läßt sich ein gewisses Interesse Ostwalds für das Problem der Farbe und der Farbstoffe schon lange vor den Jahren des ersten Weltkrieges nachweisen, seine eigentlichen Studien zu diesem Problemkomplex datieren aber doch erst von diesem Zeitpunkt an. In den „Lebenslinien" ist Ostwald ausführlich auf die Hintergründe und Motive eingegangen, die ihn dazu veranlaßt hatten, der Farbenlehre die letzten beiden Jahrzehnte seines Lebens beinahe gänzlich zu widmen. [3] Neben den äußeren Umständen — der durch den Krieg hervorgerufenen fast totalen wissenschaftlichen Isolation Ostwalds auf seinem Großbothener Besitztum — war es wohl vor allem Ostwalds generelles Streben, Ordnung und System in Gebiete „mystischen Glaubens" zu bringen und in diesem Zusammenhang die Möglichkeiten einer zielgerichteten Organisation und „Urbarmachung" wissenschaftlichen Neulands explizit deutlich zu machen.

Ostwald arbeitete auf diesem Gebiet wesentlich als Einzelgänger [4], wobei er trotz seines fortgeschrittenen Alters eine Respekt einflößende Arbeitsfähigkeit entwickelte — allein das Verzeichnis seiner Schriften zur Farbenlehre umfaßt mehr als 17 Druckseiten! Trotz mancher Erfolge, die ihn bereits im Jahre 1919 an den Freund Arrhenius berichten ließen, daß „inzwischen die Farbenlehre von Grund aus neu bearbeitet und jetzt so weit in der quantitativ begründeten Chromatik gelangt (ist), daß ich auch das alte Problem von Harmonie der Farben grundsätzlich gelöst habe" [5],, erfuhren seine Arbeiten doch schon bald neben Lob auch herbe und durchaus berechtigte Kritik. Zu Wortführern der Opposition gegen die Ostwaldsche Farbenlehre entwickelten sich vor allem die Physiker, die schon relativ früh auf bestimmte Mängel und eine gewisse Unausgereiftheit der durch Ostwald vertretenen Prinzipien und Methoden hingewiesen hatten. Dabei hatte sich Ostwald recht intensiv um eine positive Resonanz bei seinen physikalischen Fachkollegen bemüht und immer wieder Vorträge in den einschlägigen physikalischen Gremien — u. a. vor der Deutschen Physikalischen Gesellschaft oder vor der Gesellschaft für technische Physik — gehalten; ansehnlich ist auch die Zahl seiner Publikationen in physikalischen Fachzeitschriften.

Insbesondere um Ostwalds Zeitschriftenaufsätze entspann sich in der ersten Hälfte der zwanziger Jahre ein lebhafter Streit. Zentrum der physikalischen Farbforschung jener Zeit war ohne Zweifel Wien, wo am dortigen physikalischen Institut der Universität um Franz Exner ein äußerst produktiver Kreis von Farbforschern in den ersten beiden Jahrzehnten unseres Jahrhunderts entstanden war. Es ist so keineswegs verwunderlich, daß gerade von Vertretern dieser Schule die gravierendsten Einwände gegen das Ostwaldsche System erhoben wurden.

Hauptopponent war dabei K. W. F. Kohlrausch, der im Jahre 1920 — wohl in Reaktion auf entsprechende Publikationen Ostwalds [6] — sich ausführlich in einem dreiteiligen Aufsatz mit der Ostwaldschen Farbenlehre auseinandergesetzt. [7] Kohlrausch vertritt hierin die Meinung, daß eine Neuorientierung der Farbenlehre nicht nur gänzlich unnötig, sondern der speziell von Ostwald beschrittene Weg sogar ein wenig glücklicher ist. Vielmehr sollte der durch Helmholtz gewiesene Weg weiter beschritten und nicht wie bei Ostwald unberechtigterweise in Mißkredit gebracht werden. Zusammenfassend stellte Kohlrausch am Schluß seines Beitrags fest: „Die Ostwaldsche, auf der Grundgleichung $f + w + s = 1$ beruhende Pigmenttheorie mag *praktisch* zu genügend charakteristischen Kennziffern führen; sie ist einfach, anschaulich und in erster Annäherung entsprechend. *Als ein Fortschritt in der Erkenntnis kann sie dagegen nicht angesehen werden.* Wegen . . . der Widersprüche mit der Erfahrung, zu denen ihre Grundlagen führen, ist sie keineswegs geeignet, die logisch exakten Beschreibung, die die Helmholtzsche Theorie ermöglicht, zu ersetzen oder gar zu verdrängen. Sie liefert nicht mehr als eine für viele Zwecke und für eine erste Orientierung vielleicht ganz geeignete Faustregel zur Klassifizierung der Pigmente. Als solche mag sie vom Standpunkt des Praktikers aus begrüßenswert erscheinen. Vom wissenschaftlichen Standpunkt aus ist sie es nicht. Denn abgesehen von ihrer Unzulänglichkeit schafft sie unnötigerweise eine tiefe Kluft zwischen Pigmentfarben und farbigen Lichtern und ist dadurch geeignet neuerlich Verwirrung in die von Helmholtz erreichte Ordnung auf dem Gebiete der Farben zu bringen.“ [8]

Damit waren die grundsätzlichen Positionen bestimmt, in deren Rahmen sich die künftigen Auseinandersetzungen vollziehen sollten. Sicherlich wird bei der Einschätzung der Ostwaldschen Lehre die generelle Bedeutung Helmholtz’ für die Physik eine gewisse Rolle gespielt haben, doch ist eben eine gewisse Kluft zwischen „vortrefflichem Handwerk“ und theoretischen Unzulänglichkeiten nicht ganz von der Hand zu weisen. Wohl nicht zuletzt letzteres hat entscheidend dazu beigetragen, daß die Farbenlehre in den Jahrzehnten nach OSTWALDS Tod andere Wege ging, als dieser ihr vorgezeichnet hatte.

Interessant ist, daß OSTWALD, der sonst auf wissenschaftlichem Gebiet kaum Gelegenheiten zum wissenschaftlichen Meinungsstreit ausließ, in die Auseinandersetzungen kaum selbst eingegriffen hat, sondern dies vornehmlich seinen Anhängern überließ.

Zunächst sucht der Potsdamer Physiker OTTO MEISSNER [9] die von KOHLRAUSCH vorgebrachten Argumente zu entkräften. Vor allem geht es ihm um den Nachweis der theoretischen Zulänglichkeit der OSTWALDschen Farbenlehre, deren Hauptwert er übrigens nicht auf physikalischem sondern auf psychologischem Gebiet sieht. [10] Noch im selben Jahrgang der Physikalischen Zeitschrift bewertet KOHLRAUSCH jedoch in einer kurzen Notiz „die Meißnersche Verteidigung als ungenügend", da sie nicht das eigentliche Problem getroffen habe. [11] Zum Schluß seiner kleinen Notiz gibt dann KOHLRAUSCH noch seinen lebhaften Bedauern darüber Ausdruck, „daß nicht Ostwald selbst für seine Lehre einsteht; da ich Herrn Geheimrat Ostwald im Vorjahre meine Arbeit übersendet und da ich ihn außerdem vor einigen Monaten brieflich ersucht habe, im Interesse der Sache und des Fortschrittes Stellung zu nehmen, so muß ich annehmen, daß er, der sich immer über den Mangel an Beachtung beklagt, die seine Lehre in der Wissenschaft fände, dies nicht aus Versehen unterläßt." [12]

Die Fronten zwischen Gegnern und Anhängern der OSTWALDschen Farbenlehre waren also schon von Beginn an verhärtet; dies sollte sich auch nicht ändern, als andere — so der OSTWALD-Schüler TADEUSZ ORYNG [13] und die Physiker ERWIN SCHRÖDINGER und CLEMENS SCHÄFER — in den folgenden Jahren in die Diskussion eingriffen. [14]

Auch wenn, wie Schäfer bemängelte, die OSTWALDsche Lehre damals „offenbar in weiten Kreisen Eindruck" machte und unter Verdrängung der klassischen Theorien sogar „in die elementaren Lehrbücher der Physik ... ohne Kritik referiert und aufgenommen wird" [15], verhielt sich die überwiegende Mehrzahl der Physiker der OSTWALDschen Lehre gegenüber doch sehr zurückhaltend, ja sahen sie vielfach sogar „als eine Art Alterserscheinung" [16] an.

Diese Reserviertheit der „etablierten" Physik läßt sich auch noch durch ein anderes Ereignis belegen. OSTWALD hatte nämlich in einem Brief vom 9. Oktober 1928 an die Physikalisch-Technische Reichsanstalt entsprechende Farbnormungsarbeiten in diesem größten physikalischem Institut Deutschlands anzuregen versucht. Die Anregung OSTWALDS scheint bei den Verantwortlichen der PTR zunächst auch auf ein gewisses Interesse gestoßen zu sein, denn man lädt OSTWALD in einem freundlichen Brief [17] zu einer Aussprache nach Berlin ein. Diese hat unter der Leitung des Präsidenten der Physikalisch-Technischen Reichsanstalt wahrscheinlich am 19. Oktober stattgefunden. Wie die Tochter OSTWALDS in ihren tagebuchähnlichen Aufzeichnungen („Über Wilhelm Ostwalds Privatleben 1926 bis 1932") berichtet kam OSTWALD frohgelaunt aus Berlin zurück, hatte er doch dort — „anders als gewöhnlich" — nirgends spürbare Widerstände gefunden. Wenige Tage später aber teilt PASCHEN OSTWALD brieflich mit, daß man doch so lange von entsprechenden Arbeiten in der PTR absehen wolle, bis „dahin gehende Fragen von der Technik gestellt werden." [18] Nach Meinung OSTWALDS scheute PASCHEN „offenbar jede Verantwortung, ängstlich gemacht von den unterirdisch arbeitenden Berliner Gegnern". [19]

Zu jener Zeit beschäftigte ihn aber auch noch ein anderes Problem, war er doch durch die Vermittlung seines ehemaligen Schülers WALTHER NERNST von der Berliner Akademie zu einem Vortrag eingeladen worden. Am 31. Januar 1929 sprach OSTWALD vor der mathematisch-physikalischen Klasse über „Grundsätzliches zur messenden Farblehre". [20] Bemerkenswert ist in diesem Zusammenhang, daß an dieser Sitzung — aus welchen Gründen läßt sich heute natürlich nicht mehr rekonstruieren — weder PASCHEN noch SCHRÖDINGER teilnahmen. Obwohl die Sitzung mit 23 von 33 Akademiemitgliedern recht gut besucht war, blieb ihm auch hier ein durchschlagender Erfolg mit seiner Farbenlehre bei den Physikern versagt. Als einziger meldete sich ALBERT EINSTEIN zur Diskussion; allerdings lobt dieser ausdrücklich Ostwalds vorbildliche Begriffsarbeit und weist „auf noch verlockende Untersuchungen in dieser Richtung hin". [21] EINSTEIN scheint einer jener wenigen Physiker gewesen zu sein, die der OSTWALDschen Farbenlehre positiv gegenüber gestanden haben; bereits 1916 hatte er in einer Postkarte an OSTWALD „mit Entzücken" von der OSTWALDschen Farbenlehre gesprochen und gemeint, daß die Wissenschaft OSTWALD damit einen „bedeutenden Fortschritt" verdanke. [22] Auch nach dem Berliner Vortrag riß der Kontakt zwischen den beiden Gelehrten nicht ab, denn kaum zwei Wochen später, am 16. 2. 1929, bedankt sich EINSTEIN bei OSTWALD für die Übersendung eines „ungemein ansprechenden und farbenprächtigen" Blumengemäldes. Den eigentlichen Anlaß des Briefes macht wohl jene Passage des Briefes deutlich, wo EINSTEIN hofft, „daß wir es doch dahin bringen können, daß die Reichsanstalt Ihre quantitative Farbkunde in die Hand nehmen wird." [23] Da beide nach der Akademiesitzung beim üblichen Kaffee ihre Diskussion fortgesetzt hatten [24], wird die Sprache schon dort auf die Physikalisch-Technische Reichsanstalt gekommen sein.

In diesem Zusammenhang muß wohl auch ein Schreiben gestellt werden, den der Verband Deutscher Reklamefachleute am 12. Februar 1929 (!) an das Kuratorium der Anstalt gerichtet und darin den Vorschlag unterbreitet hatte, die Pflege und Entwicklung der OSTWALDschen Farbnormen unter die regelmäßigen Arbeiten der Anstalt aufzunehmen. [25] Vermutlich wurde dieser Vorstoß ebenfalls durch OSTWALD angeregt, hatte er doch erst im Dezember des Vorjahres vor Mitgliedern des Vereins einen längeren Vortrag gehalten, der auch auf allgemeine Zustimmung gestoßen war; für den im August 1929 stattfindenden Internationalen Reklamekongress in Berlin war ebenfalls ein Auftreten OSTWALDS geplant.

Allerdings sollten sich die diesbezüglichen Hoffnungen OSTWALDS nicht erfüllen, denn auf der turnusmäßigen Jahrestagung des Kuratoriums der Physikalisch-Technischen Reichsanstalt am 13./14. März wurde die Angelegenheit zwar ausführlich besprochen [26], doch konnten sich die Mitglieder des Kuratoriums nicht zu einer positiven Entscheidung durchringen. Daß man der Ostwaldschen Farbenlehre auch in diesem Gremium prinzipiell recht skeptisch gegenüber stand, geht aus dem Antwortschreiben an den Verband Deutscher Reklamefachleute hervor, in dem dort festgestellt wird, daß „die Anstalt, wenn ihr derartige Untersuchungen ermöglicht würden, diese nicht, wie Sie es wünschen, auf die Ostwaldschen Farbnormen beschränken können, sondern naturgemäß auf eine breitere wissenschaftliche Grundlage stellen müsse." [27] Einstein, der seit dem Jahre 1916 Mitglied des Kuratoriums war, fehlte auf der erwähnten Sitzung entschuldigt; um den Rummel zu seinem 50. Geburtstag am 14. März zu entgehen, weilte er in dieser Zeit bei Freunden in der Nähe Berlins. [28]

Es wäre unbillig und den bedeutenden praktischen Vorzügen und Verdiensten der Ostwaldschen Farbenlehre — auf die nicht zuletzt der schöne Beitrag Frau Brauers hingewiesen hat — wenig angemessen, meine Ausführungen an dieser Stelle schließen zu wollen. Es könnte so der Eindruck entstehen, als wenn die damalige breite Nutzung der Ostwaldschen Farbenlehre in vielen Bereichen von Industrie, Kunst und Wissenschaft von vornherein nur eine Übergangserscheinung sein mußte. Eine solche Einschätzung ist jedoch gänzlich verfehlt und ahistorisch, da sie die konkreten historischen Gegebenheiten nicht berücksichtigt. Ostwald war eben kein Physiker und ist auch an das Problem der Farbe nicht in erster Linie mit einem physikalischen Anspruch herangegangen. Was er wollte war, auch die Körperfarben objektiv meßbar machen und wie Töne ordnen zu können, um damit Malern, Druckern, Färbern, Künstlern, kurzum der Praxis mit konkreten und praktikabelen Anweisungen zu dienen. Für diese Aufgabe brachte Ostwald bemerkenswerte Voraussetzungen mit, denn er war ja nicht nur der geniale Chemiker mit einem ausgeprägten Interesse für die Malerei, sondern zudem auch ein glänzender Organisator und Propagandist der Wissenschaft. Daß Ostwald nicht alle Aspekte der Farbenlehre gleichermaßen tief durchdenken konnte, ist angesichts der außerordentlichen Vielfalt und Komplexität des Problems kaum verwunderlich und schmälert deshalb in keiner Weise Ostwalds große Verdienste bei der Entwicklung der Farbenlehre.

Gerade im Jahrzehnt nach Ostwalds Tod gab es eine Reihe von Versuchen, daß Ostwaldsche Gedankengut weiterzuentwickeln und in theoretischer Hinsicht zu vervollkommnen. Zug um Zug wurden so die Fehlstellen in Ostwalds Werk ausgemerzt, so daß die Lehre auch unter den Physikern der dreißiger und vierziger Jahre eine immer breitere Resonanz fand. Zeugnis hierüber legt nicht nur die Tatsache ab, daß sie in entsprechenden Standardwerken jener Jahre eine ungewöhnlich breite Darstellung fand [29], sondern auch die Aufnahme recht umfangreicher kolorimetrischer Untersuchungen durch die Physikalisch-Technische Reichsanstalt gegen Mitte der dreißiger Jahre [30]; in den Vereinigten Staaten fand sogar im Kriegsjahr 1944 ein großes Symposium zur Ostwaldschen Farbenlehre statt. [31]

Daß heute dennoch manches in der Farbforschung grundsätzlich anders gesehen wird als zu jenen Zeiten, hätte wohl niemanden weniger erstaunt als Wilhelm Ostwald, der noch kurz vor seinem Tode selbst geschrieben haben soll: „Alle Wahrheit ist mit einem Unsicherheitsfaktor behaftet, absolute Wahrheit gibt es nicht."

Literatur

[1] Ostwald, W. Lebenslinien; Berlin 1927; Bd. 3, S. 358; 403.

[2] Buchwald, E.: Ostwalds Farbenlehre im heutigen Blickfeld. Physikalische Blätter **10** (1954) 6, S. 263.

[3] Ostwald, W.: Lebenslinien. Berlin 1927. Bd. 3. S. 358 ff.

[4] Streng genommen war er dies nur bei der Herausarbeitung der wissenschaftlichen Grundlagen seiner Lehre. Nachdem diese grundlegenden Arbeiten kurz nach Beendigung des ersten Weltkriegs einen vorläufigen Abschluß gefunden hatten, warb Ostwald eifrig um Mitstreiter für die praktische Ausführung und Vervollkommnung seiner Lehre; in der „Vossischen Zeitung" vom 10. Oktober 1919 regte er beispielsweise in einem längeren Artikel die Errichtung eines Instituts für Farbkunde an. Kurze Zeit später wird in Dresden, im Anschluß an einen Vortrag Ostwalds, die Idee zur Gründung einer „Deutschen Werkstelle für Farbkunde" geboren, die dann auch im folgenden Jahr ihre Tätigkeit aufnimmt.

[5] Brief Ostwalds an Arrhenius vom 4. 1. 1919. Ostwald-Nachlaß des Archivs der Akademie der Wissenschaften der DDR.

[6] Ostwald, W.: Neue Forschungen zur Farbenlehre. Physikalische Zeitschrift **XVII**, 322–332; 352–364 (1916). Ostwald, W.: Neue Fortschritte der Farbenlehre II. Physikalische Zeitschrift **XVII**, 88–95; 125–128 (1921) — eingegangen am 22. 3. 1919! Ostwald, W.: Die Grundlagen der messenden Farbenlehre. Zeitschrift für technische Physik **1**, 9, 173–175 (1920).

[7] Kohlrausch, K. W. F.: Beiträge zur Farbenlehre. Physikalische Zeitschrift *XXI*, 396–403; 423–426; 473–477 (1920).

[8] Ebenda, S. 477.

[9] Meißner war am Preußischen Geodätischen Institut angestellt. Im Briefwechsel zwischen Meißner und Ostwald lassen sich keinerlei Hinweise auf die verwiesenen Arbeiten in der Physikalischen Zeitschrift finden. (Akademie-Archiv, Ostwald-Nachlaß).

[10] Meissner, O.: Kalorimetrische Untersuchungen. Physikalische Zeitschrift **XXII**, 268–271 (1921).

[11] Kohlrausch, K. W. F.: Bemerkungen zur sogenannten Ostwaldschen Farbentheorie. Physikalische Zeitschrift **XXII**, 402 (1921).

[12] Ebenda.

[13] Oryng, T.: Über die physikalischen Definitionen der bunten Körperfarben. Physikalische Zeitschrift **XXVI**, 185–187 (1925); Oryng hatte zwischen 1905 und 1907 an Ostwalds Leipziger Institut gearbeitet und war danach in seine polnische Heimat zurückgekehrt. Hier wirkte er als Übersetzer von Ostwalds Arbeiten zur Farbenlehre, sowie als deren Popularisator. Die im Ostwald-Nachlaß der AdW befindlichen Briefe geben ebenfalls keinerlei Aufschluß über entsprechende Diskussionen zu den verwiesenen Arbeiten.

[14] Schrödinger, E.: Über Farbenmessung. Physikalische Zeitschrift **XXVI**, 349—352 (125).

[15] Schäfer C.: Über den sogenannten Schwarz- und Weißgehalt von Pigmenten in der Ostwaldschen Farbensystematik. Physikalische Zeitschrift **XXVII**, 347 (1926).

[16] Kommentar von Prof. Hund über den Eindruck, den ein in Göttingen gehaltener Vortrag Ostwalds zur Farbenlehre bei ihm und einigen seiner Kollegen hinterlassen hat.

[17] Paschen an Ostwald v. 12. 10. 1928. ZSTA Potsdam. RMdI Nr. 27079, Blatt 8.

[18] Paschen an Ostwald v. 29. 10. 1928; ZSTA Potsdam RMdI Nr. 27079, Blatt 9.

[19] Akademie-Archiv, Ostwald-Nachlaß: Manuskript „Über Wilhelm Ostwalds Privatleben" 2; 1928, S. 30.

[20] Ostwald, W.: Grundsätzliches zur messenden Farbenlehre. Teil 1. Sitzungsberichte der Preußischen Akademie der Wissenschaften. Physikalisch-Mathematische Klasse. Jahrgang 1929, Seite 14—26; der zweite Teil der Abhandlung wurde in den Sitzungsberichten des Jahres 1937 abgedruckt.

[21] Manuskript „Über Wilhelm Ostwalds Privatleben 1926—1932". A. a. O. 1929, Seite 3/4.

[22] Einstein an Ostwald v. 6. 11. 1916. Ostwald-Nachlaß des Archivs der Akademie der Wissenschaften der DDR.

[23] Ebenda.

[24] Manuskript „Über Wilhelm Ostwalds Privatleben 1926—1932"; 1929, Seite 4.

[25] Brief des „Verbandes Deutscher Reklamefachleute" an das Kuratorium der Physikalisch-Technischen Reichsanstalt vom 12. 2. 1929; ZSTA Potsdam RMdI Nr. 27079/23, Bl. 2/3. Es liegt in den oben angegebenen Akten der PTR noch ein weiterer diesbezüglicher Antrag aus dieser Zeit vor — Girmes & Co. AG Oedt an das Kuratorium vom 7. 3. 1929; ZSTA Potsdam RMdI Nr. 27079/23, Bl. 5.

[26] Da sich weder im offiziellen Protokoll der Kuratoriumssitzung noch in den anderen Unterlagen des Kuratoriums ein direkter Hinweis finden ließ, stützt sich die getroffene Aussage lediglich auf entsprechne Ausführungen in einem Brief von Paschen an den Präsidenten des Kuratoriums vom 13. 3. 1929; ZSTA Protsdam RMdI Nr. 27079/23, Bl. 11.

[27] Präsident des Kuratoriums der PTR an Verband Deutscher Reklamefachleute v. 28. 3. 1929; ZSTA Potsdam RMdI Nr. 27079/23, Bl. 13.

[28] Vgl. Hoffmann, D.: Albert Einstein und die Physikalisch-Technische Reichsanstalt (im Druck).

[29] Beispielsweise in Richter, M.: Grundriß der Farbenlehre der Gegenwart. Dresden, Leipzig 1940.

[30] Man vergleiche die Arbeitspläne und Tätigkeitsberichte der Physikalisch-technischen Reichsanstalt der entsprechenden Jahre. ZSTA Potsdam, RMdI, Bestand PTR 15.01, Nr. 28, 29, 54.

[31] Der Jahrgang 34 (1944) des „Journal of the optical Society" enthält die wichtigsten dort gehaltenen Vorträge.

Es sei mir an dieser Stelle gestattet, den Mitarbeitern des Archivs der Akademie der Wissenschaften der DDR, insbesondere Herrn Dr. K. Klauss für die erwiesene Unterstützung herzlich zu danken.

G. Paetzold

Wilhelm Ostwald und die Kunstseide

Wilhelm Ostwald, der Physikochemiker, Wilhelm Ostwald der Wissenschaftsorganisator und Begründer einer weltberühmten Schule, Inspirator seiner Kollegen und Schüler, Wilhelm Ostwald, der Herausgeber und der Autor zahlreicher Lehrbücher und vielseitiger Publikationen, nicht zuletzt Wilhelm Ostwald, der Farbenforscher und viele andere Aussagenverbindungen sind uns geläufig, aber „Wilhelm Ostwald und die Kunstseide“ dürfte Erstaunen hervorrufen.

Erstaunen auch deshalb, weil diese Tatsache weder in der Biographie Ostwalds von N. I. Rodnyj und J. I. Solov'ev [1] noch in anderen, seine Persönlichkeit und seine Leistungen wertenden wissenschaftshistorischen Schriften der DDR [2, 3, 4, 5] Erwähnung findet.

Dennoch ist es eine Tatsache, daß sich Ostwald mit der Kunstseide beschäftigte. Wie aus dem „Verzeichnis der im Zentralen Archiv der AdW der DDR aufbewahrten nachgelassenen Schriften Wilhelm Ostwalds“, das als Anhang dem Band „Forschen und Nutzen. Wilhelm Ostwald zur wissenschaftlichen Arbeit“ beigegeben ist, hervorgeht, betrieb Ostwald Färbeversuche an Kunstseide. Die ausführliche Dokumentation dieser Forschungen ist von ihm selbst festgehalten; sie ist niedergelegt in den zum Ostwaldschen Nachlaß aus dem Jahre 1923 gehörenden drei Laborheften mit den Bezeichnungen „Kunstseide I“, „Kunstseide II, Einstellarbeiten“ sowie „Kunstseide IV, Einzelbeobachtungen beim Feinstimmen“ [6][1].

Danach handelt es sich um eine Dokumentation über Färbeversuche an Kunstseide, die Ostwald für eine Firma Küttner aus Sehma (Erzgebirge) vornahm, eine Arbeit, die heute als Auftragsforschung bezeichnet würde.

Mit diesen Forschungen bemühte Ostwald sich um eine Beschleunigung des technischen Fortschritts, indem er einer neuen Faser, nämlich der Kunstseide, in der Phase der Ausdehnung ihrer industriellen Produktion zu besserer und breiterer Verwendung verhelfen wollte. Gleichzeitig setzte Ostwald sich für Normen im Bereich Farben und der Farbgebung bei Textilien ein. „Gegenwärtig“, so wertete er seine Bestrebungen, „wo unsere ganze Industrie auf das eifrigste beschäftigt ist, für alle ihre mannigfaltigen Gebiete Normen aufzustellen, braucht die Bedeutung dieser Möglichkeit nicht besonders dargelegt zu werden.“ [7] Darüber hinaus strebte er vor allem auch danach, den Färbeprozeß zu objektivieren und zu rationalisieren.

Wie kam es zu den OSTWALDschen Forschungen? Was war damals daran zeitgemäß? Inwiefern spiegeln sich in den wissenschaftlichen Fragestellungen OSTWALDS herangereifte gesellschaftliche Bedürfnisse jener Zeit wider? Warum interessieren diese Forschungen noch heute?

Im Rahmen des zentralen Plans der Gesellschaftswissenschaftlichen Forschung der DDR beschäftigt sich seit 1975 eine Forschungsgruppe der Sektion Wissenschaftstheorie und -organisation der Humboldt-Universität zu Berlin, der die Autorin angehört, mit Untersuchungen zur Beschleunigung des wissenschaftlich-technischen Fortschritts im Rahmen des Zyklus Wissenschaft — Technik — Produktion. Dabei spielen Fragen des Zusammenwirkens von Wissenschaft und Produktion auch im Sinne der Überführung von Forschungsergebnissen in die Industrie eine wesentliche Rolle.

Unter den in diesem Zusammenhang analysierten Fallbeispielen befindet sich auch die Genesis der synthetischen Fasern. Neben Fragen der industriellen Ausdehnung ihrer Massenproduktion im Weltmaßstab interessieren vor allem auch die für die einzelnen Entwicklungsetappen notwendigen theoretischen Vorleistungen.

Unter den Bedingungen der wissenschaftlich-technischen Revolution umfaßt gemäß Forschungskonzeption ein vollständiger Zyklus Wissenschaft — Technik — Produktion die Herausbildung einer neuen Theorie und ihre nachfolgende stufenweise technisch-technologische sowie ökonomische Ausschöpfung — kurz den Prozeß der Revolution in der Wissenschaft und durch die Wissenschaft. [8]

Das trifft bei den synthetischen Fasern auf die Entdeckung der Makromoleküle durch HERMANN STAUDINGER, Anfang der 20er Jahre, zu, wodurch die Faser- und Kunststoffproduktion ihre theoretische Grundlage erhielt. Die wissenschaftlichen Leistungen H. STAUDINGERS wurden 1953 durch Verleihung des Nobelpreises für Chemie gewürdigt. [9]

Synthetische Fasern wurden jedoch schon vor STAUDINGERS Entdeckung industriell hergestellt, und zwar insbesondere die auf der chemischen Struktur der natürlichen Polymere basierenden Zellulosefasern, zu denen auch die von L.-M.-H. BERNIGAUD GRAF DE CHARDONNET, M. FREMERY und J. URBAN sowie CH. F. CROSS, E. J. BEVAN und C. BEADLE in den Jahren von 1887 bis 1892 entwickelten Kunstseiden gehören. [10][2]

Neben K. HESS [13] beschreibt H. STAUDINGER die wissenschaftlichen und technischen Gegebenheiten jener Zeit: „Für diese erste Periode der technischen Bearbeitung von Faserstoffen ist es nun interessant, daß man erstaunenswert große Erfolge hatte, ohne zu wissen, welche chemischen Grundlagen eigentlich hinter dem Verfahren standen. Man wußte damals nichts über die chemische Struktur der Zellulose. Nur durch mühsame Arbeit hatte Graf CHARDONNET sein Ziel, Fasern herzustellen, erreicht, durch empirische Versuche in der Industrie. Und das ist charakteristisch für die Arbeit der früheren Zeit". [14]

Seit CHARDONNET 1889 auf der Pariser Weltausstellung zum ersten Mal seine glänzende Kunstseide zeigte, die damals noch aus nichtdenitrierten Kolloniumfäden bestand, richtete sich die Aufmerksamkeit der Textilproduzenten auf diese neue synthetische Faser in der Hoffnung, einen gleichwertigen „Ersatz" für die immer weniger ausreichend zu beschaffende Naturseide zu gewinnen. [15]

1897 entstand, wie K. SCHELL berichtete, in Oberbruch eine Kunstseidenfabrik, die mit Hilfe des Kupferoxyd-Ammoniak-Verfahrens Zellulosefäden erzeugte, 1901 kam die Viskose-Kunstseide auf den Markt und 1920 gelang es, die Acetatkunstseide produktionsreif zu machen. [16]

Die Weltjahresproduktion für Zelluloseregenerat- bzw. -derivatfasern näherte sich um 1923, als OSTWALD sich mit Kunstseidenfärbung beschäftigte, wie KLARE unlängst zeigte, bereits der 1-Mio-t-Grenze. [17]

Die aufblühende Chemiefaserproduktion stand damals vor der schwierigen Aufgabe der Qualitätsverbesserung. Um sich jedoch des Anwurfs einer „Ersatzfaser" zu erwehren, mußten neue Anwendungsbereiche erschlossen und die Verbraucher zum sinnvollen Einsatz der neuen Faser angehalten werden.

Einer der wesentlichen Mängel der Kunstseide war die ungleichmäßige Anfärbbarkeit. Die Anfärbbarkeit einer neuen Faser spielt jedoch bei ihrer Verwendung für textile und modische Zwecke eine beachtliche Rolle, vor allem die Harmonie der Farbgebung. In welcher Form wurde nun OSTWALD mit diesen Problemen konfrontiert?

OSTWALD hatte sich bekanntlich seit Beginn des ersten Weltkrieges ganz der Farbenforschung verschrieben. Er stand zu jener Zeit im 62. Lebensjahr.

Allein zwischen 1917 und dem Jahre 1923, dem Ende des hier als Beleg zu erörternden Schriftwechsels OSTWALDS mit Vertretern der Kunstseidenfabrikation, gelangten von ihm zur Farbenforschung 11 Bücher sowie 38 Zeitschriftenpublikationen zur Drucklegung. [18]

Die Bücher zur Farbenforschung erschienen in dem von OSTWALD gegründeten Verlag UNESMA Leipzig bzw. Groß-Bothen. Die in ihnen enthaltenen Farbenbeispiele wurden, wie OSTWALD im Vorwort zu seiner „Farbenfibel" im Oktober 1916 schreibt [19], teils durch ihn selbst, teils unter seiner Aufsicht durch Handarbeit eingefärbt, ausgeschnitten und in die einzelnen Bücher eingeklebt. Noch heute beeindruckt die Leuchtkraft und die Schönheit der Farben sowie die Präzision der Einklebearbeiten. Anschauliche Beispiele vermitteln die Abbildungen 2 und 3.

Trotz der Kriegszeiten erlebten die OSTWALDschen Bücher zu seiner Farbenlehre in schneller Folge zahlreiche Nachauflagen, worüber eine spezielle Übersicht im Band „Forschen und Nutzen" einen eindrucksvollen Aufschluß gibt. [20]

Die OSTWALDschen Schriften zur Farbenlehre gelangten, wie sein Schriftwechsel ausweist, der im Zentralen Archiv der Akademie der Wissenschaften der DDR in Berlin aufbewahrt wird, sehr rasch auch in die Hände interessierter Textilfabrikanten.

So schreibt beispielsweise der Inhaber einer Spezial-Stoff- und Handschuh-

Abb. 1 WILHELM OSTWALD an der Farborgel. Großbothen um 1920. (entnommen aus [7])

fabrik Hans STEINBACH [21] aus Wittgensdorf bei Chemnitz am 12. 6. 1919 an OSTWALD, daß er den Fortgang der OSTWALDschen Farbenforschung anhand der Werke „Farbenfibel“, „Der Farbkörper“, „Der Farbatlas“, „Die Harmonie der Farben“ fortlaufend verfolgte und daraus viele nützliche Anregungen für seine Produktion entnommen habe.[3] Interessant ist, daß STEINBACH in diesem Schreiben an OSTWALD über eine eigene Weiterentwicklung eines Farbkörpers für den praktischen Gebrauch des Färbers in der Produktion berichtete. Dieses 700 Seiten umfassende Buch, das STEINBACH selbst handschriftlich ausgefüllt hat, gestattete es seinem Personal, die Farbe, die ihm im Farbkörper gefalle oder die für den jeweiligen Zweck passend erscheine, mittels eines Rasters samt der dazugehörigen Harmonie auf einfache Weise abzulesen.

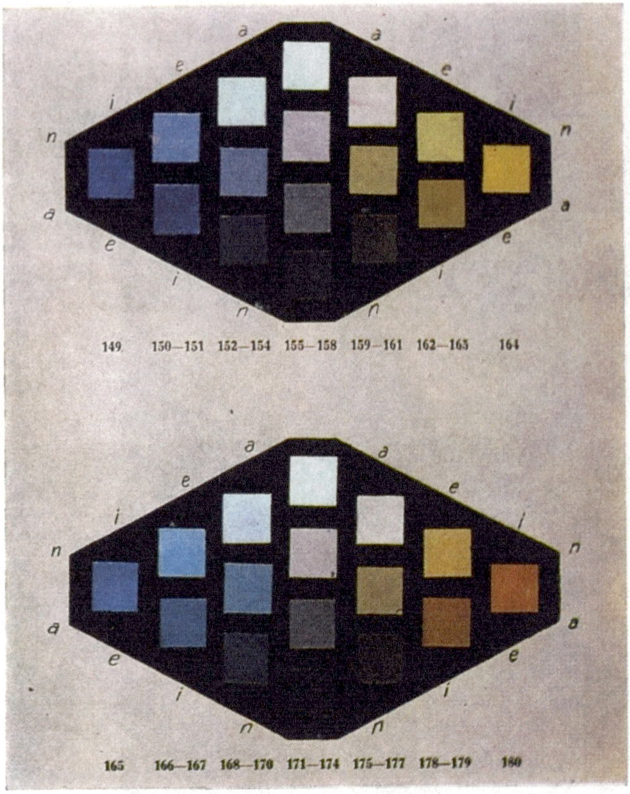

Abb. 2 Farbtongleiche geometrische Darstellungen der Ostwaldschen Farbenlehre (entnommen aus [19])

Zwei Tage später antwortet Ostwald auf Steinbachs Brief. Ostwald drückt darin seine Freude aus, daß seine Farbenlehre beginne, in der Praxis Anwendung zu finden. [25] Zugleich bittet er Steinbach um Auskunft, ob die von ihm vorgeschlagenen 680 Farbnormen für die Färbungen im Betrieb ausreichend seien und fügt hinzu: „Wenn die gleichen Normen für Stoffe eingeführt werden, so können die Damen viel leichter die richtigen Handschuhe zu ihrer Kleidung finden.“ [25]

Daß die Bestrebungen Ostwalds, mit seinen Farbnormen zur Herausbildung eines geschulten Harmonieempfindens in Deutschland beizutragen zeitgemäß waren, und als Problem auch in den Kreisen der Textilfabrikanten reflektiert wurden, beweist ein Artikel von F. A. O. Krüger, dem späteren Leiter der 1920 begründeten „Deutschen Werkstelle für Farbkunde“ Dresden in dem Jahre 1921:

„Wenn es gelingt, hier in absehbarer Zeit Farbnormen allgemein einzuführen, so kann dies für die Gesundung und raschem Aufblühen der betreffenden Industrie von größtem Nutzen werden. Vergegenwärtigt man sich, daß die große

Abb. 3 24teiliger Farbkreis der Ostwaldschen Farbenlehre. (entnommen aus [19])

Überlegenheit der französischen Geschmacksindustrie des vergangenen Jahrhunderts letzten Endes nur den Grund hat, daß die Erzeugnisse derselben erstmalig für die großen Aufgaben, die die letzten französischen Könige und das erste Kaiserreich gaben, unter Führung bedeutender Künstler und farbig geschulten Kräfte gelöst wurden, und daß sie deswegen alle farbig harmonisch waren. Wenn jemand Reproduktionen der großen französischen Stiler irgendwo in der Welt kaufte, so war er sicher, stets gut Zusammenpassendes zu erhalten. ... Deutsche Erzeugnisse des letzten Jahrzehntes dagegen, so schön sie oft im einzelnen waren, lassen diese einheitliche harmonische Farbstellung fast stets vermissen. Ich kann aus eigener langjähriger Praxis versichern, wie schwer es in Deutschland war, in neueren Mustern farbig gut zusammenpassende Stoffe, Teppiche und Tapeten zu erhalten.“ [26]

Wie aus dem Briefwechsel zwischen Steinbach und Ostwald hervorgeht, verstand Ostwald es, Vertreter der Textilindustrie für seine Farbnormen zu interessieren. [27, 28] Auch fanden seine Vorschläge für harmonischere Farbabstimmungen bei der Farbmusterung von Damenkleiderstoffen Anwendung. [29] Doch lag ihm besonders daran, seine Farbnormen bei Stickgarnen angewandt zu wissen, denn, so schreibt er: „Das fertige Gewand braucht Besatz und Knöpfe; seine Trägerin braucht Hut, Mantel, Handschuhe, Strümpfe, Schuhe und manche andere Dinge, die alle auf eine Gesamtharmonie eingestellt werden müssen, damit jeder Teil zu seiner Wirkung kommt." [29]

Im gleichen Artikel heißt es dann ein paar Zeilen weiter: „Gute Wirtschaft ergibt sich durch Organisation. In den bekannten Farbnormen, welche mit der p-Reihe nur 680 Farben umfassen, liegt eine restlose durchgeführte Organisation der gesamten Farbwelt vor." [29] Er meint dann weiter, daß beim Färben von Stickgarnen anstelle von Tausenden ungeregelten und lückenhaften Abstufungen mittels 680 Farbnormen ein Arbeitsmittel geschaffen sei, was viele Vorteile, die er detailliert beschreibt, aufweist. [29] Die Entwicklung nahm jedoch, wie bekannt, einen anderen Verlauf.

Welche Bemühungen unternahm nun OSTWALD, kunstseidene Stickgarne nach seinen Farbnormen zu färben? Darüber gibt das bereits erwähnte Laborheft „Kunstseide I" aus dem Jahre 1923 Auskunft [30]:

„Durch Vermittlung von Hans Steinbach, Wittgensdorf bei Chemnitz, hat sich die Firma Fr. Küttner, Sehma, Erzgebirge, bereit erklärt, mir das Material, gebleichte Kunstseide, zur Herstellung der Farbnormen zu liefern. Am 150. waren die Herren Direktor Franz, Färbermeister ... und H. Steinbach bei mir, um Einzelheiten zu beraten. Der Färber kam als Zweifler und fuhr als Enthusiast fort. Es wurde vereinbart, daß mir für jede Farbe 2 Bund Seide von je 10 g geliefert werden, von denen ich je einen Bund behalten, den anderen der Firma K. als Vorlage senden werde. Weitere Wertverpflichtungen finden gegenseitig nicht statt. Wird nach Herstellung der Normen etwas wirtschaftlich Erhebliches vorgenommen, wobei ich durch Beratung beteiligt bin, so finden besondere Abmachungen statt." [30]

Das Rohseidenmaterial, das OSTWALD für experimentelle Zwecke von der Firma Küttner zur Verfügung gestellt bekam, existiert noch heute. Es konnte, dank der Hilfe von Frau Ing. M. BRAUER, der Enkelin OSTWALDS, durch die Autorin in der WILHELM-OSTWALD-Gedenkstätte der AdW der DDR in Großbothen aufgefunden werden. Es entspricht genau der OSTWALDschen Beschreibung in seinem Laborheft „Kunstseide I", daß es sich um „ungebleichte Seide (etwas bräunlich, vermutlich Pl S) handle". [30]

Bei der Färberei von Gespinsten nutzte OSTWALD die Eigenschaft der Fasern im Wasser zu quellen und dadurch aufnahmefähig für die in wässriger Lösung dargebotenen Farbstoffe zu werden, aus. Die Farbstoffe für Gespinste müssen wasserlöslich bzw. leicht in wasserlösliche Form überführbar sein. [31]

OSTWALD färbte die Seide kalt durch Baden in sauren Farbstoffen. Handversuche mit ungebleichter Seide hatten gute Resultate ergeben. Dabei erwiesen sich Farbstoffe wie Wollblau und Nigrosin als ungeeignet, während andere wie Saturngelb, Tortrazin und Neptunblau sich sehr gut eigneten. Das Einstellen erwies sich wegen des Glanzes der Kunstseide als besonders schwierig.

In seinem Artikel „Farbnormen auf Kunstseide" schreibt er 1924 darüber: „Die theoretische Definition der Farbe durch die Rückwerfverhältnisse der farbigen Fläche bezieht sich notwendig und grundsätzlich auf vollkommen matte oder glanzlose Flächen; es ist also eine Entscheidung darüber nötig, wie man an glänzendem Material zu einer Farbmessung gelangen kann, die vom vorhandenen Glanz unabhängig ist. Da bei der Kunstseide der Glanz so stark entwickelt ist, daß er dem der Metalle nahe kommt, so liegt hier offenbar ein besonders schwieriger Grenzfall vor. . . .

Will man also die glänzenden Faserstoffe in einen Zustand bringen, wo man ihre Farbe unabhängig von ihrem Glanz messen kann, so muß man die geordnete Spiegelung, welche den Glanz hervorruft, aufheben und eine allseitige gleichförmige Rückwerfung bewirken." [32]

Das ist z. B. bei Wolle zu erreichen, wenn sie zu Tuch oder Filz aufbereitet wird. Da dies bei Kunstseide nicht möglich ist, kam Ostwald auf die Idee, die Kunstseide in einen watteartigen Zustand zu versetzen und die Messungen auf diese Weise vorzunehmen. Dabei bewährte sich die von ihm hierzu speziell entwickelten verschiedenen Geräte, darunter auch das Chrometer (siehe Abb. 22 in „Forschen und Nutzen" [33]).

Auf den dicht beschriebenen Seiten der Laborhefte notierte Ostwald sorgfältig Versuchsbedingungen und erreichte Ergebnisse. Die für einen Laien schwer verständlichen Farbbezeichnungen werden durch die in den Heften vorhandenen Farbflecken verdeutlicht. Da Ostwald sich bei all seinen Farbforschungen stets auch um Anschaulichkeit bemühte, gleichgültig ob er mit Pappe, Papier, Kreide oder Gespinsten experimentierte, sind uns die materiellen Formen der Vorschläge für Farbnormen bei Kunstseidengarnen in Gestalt eine Demonstrationsmodells bis auf den heutigen Tag erhalten geblieben. Es gehört zum Schatz der in der Wilhelm-Ostwald-Gedenkstätte der Akademie der Wissenschaften der DDR in Großbothen heute noch zu bewundernden Kostbarkeiten des Ostwaldschen Nachlasses. Vergleiche Abb. 4.

Die Ergebnisse der Ostwaldschen Farbenlehre, und insbesondere der Farbnormung, wurden vor allem aus Kreisen der deutschen Teerfarbstoffindustrie systematisch bekämpft.[4]

Ostwald charakterisierte diesen Sachverhalt 1927, also fünf Jahre vor seinem Tode in seinen „Lebenslinien" bezüglich der kapitalistischen Industrie wie folgt:

„Bekanntlich bestand und besteht bei uns ein sehr nahes Verhältnis zwischen Wissenschaft und Industrie, insbesondere in der Chemie. Der gewaltige Aufstieg der deutschen Teerfarbstoffindustrie beruht in erster Linie darauf, daß deren Schöpfer den Mut hatten, die auf kleine Mengen eingerichtete Technik des wissenschaftlichen Laboratoriums ins Große zu übersetzen und schwierige chemische Synthesen zentnerweise durchzuführen. Während meiner Professorenzeit erhielten die Laboratorien der Universität und Hochschulen regelmäßige Besuche seitens der großen chemischen Fabrikanten, die nachfragten und nachschauten, welche wissenschaftlichen Fortschritte eben im Gange waren, um sie gegebenenfalls umgehend für ihre Zwecke anzuwenden. Und die Professoren hatten ihrerseits der Industrie oft zu danken für unentgeltliche Hilfe, die ihnen für die Forschun-

Abb. 4 Kunstseiden-Atlas. Von WILHELM OSTWALD selbst angefertigtes Original. Im Besitz der WILHELM-OSTWALD-Gedenkstätte Großbothen der AdW der DDR (September 1978).

gen von dort geleistet wurde. So waren mir auch auf meine Bitte Farbstoffe geliefert worden, soviel ich für meine Farbforschungen gebraucht hatte.

Als aber die neue Farbenlehre als ein abgerundetes Stück Wissenschaft an die Öffentlichkeit trat, wendete sich das Blatt. Die neuen Ergebnisse fanden nicht nur keine Teilnahme seitens der Industrie, sondern wurden systematisch bekämpft. Mir sind in jener Zeit (um 1922) Rundschreiben von unseren größten Fabriken vorgelegt worden, in denen die Fabrikleitungen ihre Vertreter in den verschiedenen Städten beauftragten, den Kunden die neue Lehre als unrichtig, unwichtig oder sonst bedenklich hinzustellen und hervorzuheben, daß die Teerfarbstoffindustrie jedenfalls nichts mit ihr zu tun habe und haben wolle.

Später ist der unmittelbare Kampf durch einen mehr mittelbaren abgelöst worden; von einer Bereitwilligkeit, diesen größten Fortschritt, den die Farbenlehre seit NEWTON und LAMBERT gemacht hat, als solchen anzuerkennen und ihnen offenkundig zu benutzen, ist noch jetzt (1927) nicht die Rede. Stillschweigend hat er allerdings schon an manchen Stellen seinen Einzug gehalten.

Ich sehe mich außerstande, die Ursache dieses sonderbaren Verhaltens anzugeben, das in so auffallendem Widerspruch steht, zu der Bereitwilligkeit, ja Eile, mit der sich sonst gerade diese Industrie die wissenschaftlichen Fortschritte zu Gute macht. Ein Mißtrauen in den wissenschaftlichen Wert der Sache kann schwerlich die Ursache sein, da sie von demselben Forscher herrührt, welcher der Industrie die Katalyse und die Bindung des Stickstoffs geschenkt hat. ... Aus meinen Studien zur chemischen Kinetik weiß ich, daß ein energetisch notwendiger Vorgang keinesfalls verhindert, sondern nur beschleunigt oder verzögert werden kann. Darum kann ich mit Ruhe die notwendige Durchdringung der zugehörigen Wissenschaften und Industrien mit dem neuen Gedanken vor sich gehen lassen. Denn die Frage, wie bald dies geschieht, ist für jene wichtiger als für mich.“ [35]

OSTWALDS Betätigungen auf dem Gebiet der Kunstseidenfärbung stellen einen, möglicherweise bisher nicht bekannten, Teil der Geschichte der Entwicklung und Anwendung der Kunstseide dar.

OSTWALDS Haltung bei diesen Forschungen entsprach auch hier der für ihn so charakteristischen komplexen Denkweise. Sollten doch seine intensiven Bemühungen auf dem Gebiet des Färbens von Kunstseiden zur Objektivierung und Rationalisierung des Färbeprozesses beitragen, den Gedanken der Anwendung von Farbnormen in der Textilindustrie vorbereiten helfen, die allgemeine Geschmacksbildung fördern, kurz, seine gesamten Anstrengungen praktischen Bedürfnissen dienen.

OSTWALD gab mit seinen experimentellen Arbeiten auf dem Gebiet der Kunstseide, die er als Teil seiner Farbforschungen in — wie er selbst schrieb [24] — kurzer, aber harter, den ganzen Menschen ergreifender Arbeit, bei einem fast vollständigen Mangel an fruchtbringender Mitarbeiterschaft gänzlich auf sich allein gestellt leistete, wie auch auf vielen anderen Gebieten seines wissenschaftlichen Wirkens, ein Beispiel echten Forschertums, das, trotz der Grenzen und Schwächen seiner Farbenlehre, die Zeiten überdauern wird und das unsere uneingeschränkte Hochachtung verdient.

Die Autorin dankt Herrn Dr. GÜNTHER LOTZ (Berlin) für seinen Hinweis auf die Existenz der OSTWALDschen Laborhefte, seine Anregung für diesen Vortrag und seine kollegiale Unterstützung. Gedankt sei ferner Frau Ing. M. BRAUER (Großbothen) für ihre Hilfe beim Suchen und Erschließen von Materialien.

Anmerkungen

1 Laborheft III, dessen Existenz aus der Nummernfolge und der in den Heften von OSTWALD ausgewiesenen Tageszählung geschlußfolgert werden darf (es fehlen die Unterlagen für Ostwalds Arbeiten an den von ihm gezählten Tagen 260 bis 271), konnte trotz Bemühungen des Zentralen Archivs der AdW der DDR bisher nicht aufgefunden werden.

2 W. MEYER-LARSEN [11] und O. BIERCHER [12] geben Einzelheiten über die Patentierung der hier angeführten Erfindungen von Kunstseiden an. Bei CHARDONNET handelt es sich um das 1884 unter dem Titel „Sur une matière textile artificielle ressemblant à la soie“ bei der Akadémie des Sciences in Paris deponierte Verfahren zur Herstellung von Nitrat-Kunstseidegarn, franz. Patent Nr. 165 349, deutsches Patent D.R.P. Nr. 38 368; bei CROSS/BEVAN/BEADLE um das 1892 registrierte Verfahren zur Herstellung eines in Wasser löslichen Derivats der Zellulose, genannt ‚Viskoid‘, D.R.P. Nr. 70 999 sowie britisches Patent Nr. 8700/1892; bei FREMERY, URBAN, BRONNERT um das 1900 geschützte Verfahren, nach welchem das Fällen von Kupferoxydammoniak-Zelluloselösungen mit hauptsächlich sauren Mitteln stattfindet, D.R.P. Nr. 125 310.

Für die vorgenannten Belegstellen sowie für zahlreiche weitere wertvolle Informationen zum Gegenstand sei dem Präsidenten der Akademie der Wissenschaften der DDR, Herrn Prof. Dr. phil. Dr. h. c. HERMANN KLARE, herzlich gedankt.

3 Bei den von STEINBACH hier genannten Arbeiten OSTWALDS handelt es sich sowohl um Publikationen als auch — wie aus dem Schriftenverzeichnis [18] zu entnehmen ist, um „Lehrmittel". Im einzelnen bezieht sich STEINBACH hier auf: Die Farbenfibel [19]; die Lehrmittel „Der Farbkörper" [22] und „Der Farbatlas" [23] sowie die Schrift „Die Harmonie der Farben" [24].

4 Aufschlußreich für die Beurteilung der wirtschaftlichen Stellung der deutschen Teerfarbstoffindustrie jener Zeit ist eine Aussage in dem Beitrag „Zur Geschichte der Farbenfabriken Bayer AG und ihrer Textilfarbstoffe":

„Am 18. August 1916 wird die ‚Interessengemeinschaft der deutschen Teerfarbenfabriken' gegründet. Es ist ein Zusammenschluß des ‚Dreibundes' Agfa — BASF — Bayer mit dem ‚Dreiverband' Cassella — Hoechst — Kalle unter Beitritt der Chemischen Fabriken vorm. Weiler-ter Meer, Uerdingen, und der Chemischen Fabrik Griesheim-Elektron.

Die so zusammengeschlossenen Firmen fusionieren 1925 zur IG Farbenindustrie Aktiengesellschaft — dem deutschen Chemie-Empire." [34]

Nachbemerkungen

Nach Redaktionsschluß konnten zwei wichtige Quellen aufgefunden werden, die die im Beitrag getroffenen Aussagen untersetzen. Es handelt sich erstens um fünf durch den Leiter der Nachlaßabteilung des Zentralen Archivs der AdW der DDR, Herrn Dr. K. KLAUSS, aufgefundene Schreiben der Firma Küttner, Kunstseide-Spinnerei, Sehma Erzgeb. an W. OSTWALD vom 24. 5. 1923, 1. 6. 1923, 14. 7. 1923, 21. 7. 1923 und 17. 9. 1923, OSTWALD-Nachlaß 2358/1 2358/5, Zentrales Archiv der AdW der DDR, Berlin. Danach stellte die Fa. Küttner OSTWALD gebleichtes und ungebleichtes Viskose-Kunstseidematerial für Färbeversuche zur Verfügung, verlangte über die OSTWALDschen Vorschläge hinausgehend zusätzliche Färbeversuche mit Modefarben und stimmte Einschränkungen der Farbkreise zu, die wegen auftretender Ausfärbeschwierigkeiten erforderlich wurden.

Zweitens konnte durch Bemühungen von Frau Ing. M. BRAUER, Großbothen, das verschollen geglaubte Laborheft III mit der Aufschrift „Kunstseide III, 1923, 259—283, Färbevorschriften" aufgefunden werden. Es enthält Angaben über die von OSTWALD verwendeten Rezepturen, Temperaturen sowie Farbdauer der Farbstofflösungen für je 10 g Viskosekunstseidegarn. Für den in Abbildung 4 dargestellten Kunstseiden-Atlas gibt OSTWALD im Laborheft III die genauen Normbezeichnungen für die einzelnen Farbnuancen an. Schließlich geht aus dem Laborheft III noch hervor, daß OSTWALD seine Farben von den Firmen Agfa, Bayer und Hoechst bezogen hat, jenen Firmen also, die später als Interessengemeinschaften der deutschen Teerfarbenfabrikanten seine Farblehre organisiert bekämpft haben.

Literatur

[1] Rodnyi, N. I. und Ju. I. Solov'ev: Wilhelm Ostwald. Übers. a. d. Russ. Leipzig, Teubner 1977. (Biogr. hervorrag. Naturwissenschaftler, Techniker und Mediziner. Bd. 30).

[2] Herneck, F.: Wilhelm Ostwald. In: Von Liebig zu Laue. Ethos und Weltbild großer deutscher Naturforscher und Ärzte. Hrsg. von O. Finger und F. Herneck. Berlin, Deutscher Verl. d Wissenschaften 1963, S. 260—290.

[3] Herneck, F.: Wilhelm Ostwald. 1853—1932. In: Herneck, F.: Abenteuer der Erkenntnis. Fünf Naturforscher aus drei Epochen. Berlin, Buchverl. Der Morgen 1973, S. 147—214.

[4] Fuchs, G.: Wilhelm Friedrich Ostwald. In: Biographien bedeutender Chemiker. Eine Sammlung von Biographien. Von einem Autorenkollektiv, hrsg. von K. Heinig. 4. Aufl. Berlin, Verl. Volk und Wissen 1977, S. 198—204.

[5] Körber, H.-G.: Einleitung zu: Aus dem wissenschaftlichen Briefwechsel Wilhelm Ostwalds. Hrsg. von H.-G. Körber. Berlin, Akad.-Verl. Bd. 1, 191, S. XI—XXI; Bd. 2, 1969, S. XVII—XXI.

[6] Forschen und Nutzen. Wilhelm Ostwald zur wissenschaftlichen Arbeit. Aus seinen Schriften ausgew., bearb. u. zusammengest. anläßl. seines 125. Geburtstages v. G. Lotz, L. Dunsch, U. Kring. Mit e. Geleitw. v. P. A. Thießen u. e. Einf. v. G. Lotz u. L. Dunsch. Berlin, Akad.-Verl. 1978. (Beiträge zur Forschungstechnologie. Sonderbd. 1.)

[7] Ostwald, W.: Die Anwendung der Farbenlehre. Schluß. In: Textilberichte über Wissenschaft und Handel. **1** (1920) 2, S. 27.

[8] Albrecht, E.: Der Zyklus Wissenschaft — Technik — Produktion und Strategien der Wissenschaftsentwicklung. In: Wissenschaftswissenschaft in Lehre und Forschung. Berlin 1978 (Wissenschaftliche Schriftenreihe der Humboldt-Universität zu Berlin), S. 84—96.

[9] Staudinger, H.: Arbeitserinnerungen. Heidelberg, Hüthig 1961.

[10] Philipp, B., Schmiedeknecht, H. H.: Neuere Entwicklungen auf dem Gebiet cellulosischer Chemiefaserstoffe. In: wissenschaft und fortschritt. Berlin **19** (1969) 12, S. 559.

[11] Meyer-Larsen, W.: Chemiefasern. Reinbek bei Hamburg, Rowohlt, 1972, S. 156.

[12] Biercher, O.: Handbuch für den Kunstseidegarnverarbeiter. Berlin, Mittler u. Sohn 1938, S. 14—15.

[13] Hess, K.: Neuere Ergebnisse der Faserforschung. In: Melliand-Textilberichte **15** (1934) 1, S. 29.

[14] Staudinger, H.: Die makromolekulare Chemie und die Chemiefasern. In: Melliand-Textilberichte **35** (1954) 7, S. 719.

[15] Hausen, J.: Wir bauen eine neue Welt. Das Buch der Kunststoffe und Chemiefasern. Berlin, Safari-Verlag, 1957, S. 61.

[16] Schell, K.: Die Chemiefasern in der Textilwirtschaft von Morgen. In: Chemische Industrie **6** (1954) 10, S. 565.

[17] Klare, H.: 50 Jahre Chemiefaserstoffe. Eine historische und kritische Betrachtung über die Entwicklung der Produktion sowie über die Verwendung und Eigenschaften von Chemiefaserstoffen. Sitzungsberichte der AdW der DDR, 9 N, 1978, S. 3.

[18] Schriftenverzeichnis zur Farblehre. Mit einem Vorwort von G. Ostwald. Wilhelm-Ostwald-Archiv Großbothen. Leipzig, Martin, 1936.
[19] Ostwald, W.: Die Farbenfibel. Mit 10 Zeichnungen und 252 Farben. Leipzig, UNESMA, 1917.
[20] Forschen und Nutzen. Wilhelm Ostwald zur wissenschaftlichen Arbeit. A. a. O.
[21] Schreiben von Hans Steinbach an Wilhelm Ostwald vom 12. 6. 1919. Ostwald-Nachlaß Nr. 3833/1. Zentrales Archiv der AdW der DDR, Berlin.
[22] Ostwald, W.: Der Farbkörper. 12 Tafeln mit je 64 durchgefärbten Farbblättchen. Texthefte mit 9 Figuren. 1. Auflage 1919. Leipzig-Großbothen, Verlag Unesma, u. Berlin, W. Ostwald Farben.
[23] Ostwald, W.: Der Farbatlas. 2500 Farben auf über 100 Tafeln. Leipzig-Großbothen Unesma, u. Berlin, Wilhelm Ostwald Farben. 1. Aufl. 1917.
[24] Ostwald, W.: Die Harmonie der Farben. Leipzig und Großbothen, Unesma, 1. Aufl. 1918.
[25] Schreiben von Wilhelm Ostwald an H. Steinbach vom 14. 6. 1919. Ostwald-Nachlaß 3833/11. Zentrales Archiv der AdW der DDR, Berlin.
[26] Krüger, F. A. O.: Farbnormen in der Praxis. In: Die Farbe. Sammelschrift für alle Zweige der Farbkunde. Hrsg. W. Ostwald, Nr. 2 1921/75, Abt. VII, S. 6.
[27] Schreiben von Hans Steinbach an W. Ostwald vom 15. 1. 1920. Ostwald-Nachlaß 3833/3. Zentrales Archiv der AdW der DDR, Berlin.
[28] Schreiben von Wilhelm Ostwald an H. Steinbach vom 31. 7. 1920. Ostwald-Nachlaß 3833/13. Zentrales Archiv der AdW der DDR, Berlin.
[29] Ostwald, W.: Stickgarne in genormten Farben. In: Textilberichte über Wissenschaft, Industrie und Handel. **2** (1921) 9, S. 193.
[30] Laborheft „Kunstseide I 1923, 150—220". Ostwald-Nachlaß 4845. Zentrales Archiv der AdW der DDR, Berlin.
[31] Ostwald, W.: Die Farbenlehre. 3. Buch. Chemische Farbenlehre. 2. verm. u. verb. Aufl. Von Wilhelm Ostwald und Eugen Ristenpart. Berlin, Camburg/S., Blau-Verl. 1951, S. 249.
[32] Ostwald, W.: Farbnormen auf Kunstseide. In: Leipziger Monatsschrift für Textil-Industrie. **42** (1924) 5, S. 211.
[33] Forschen und Nutzen. Wilhelm Ostwald zur wissenschaftlichen Arbeit. A. a. O.
[34] Zur Geschichte der Farbenfabriken Bayer AG und ihrer Textilfarbstoffe. In: Bayer Farben Revue. Hrsg. von Verkauf Farben der Farbenfabriken Bayer AG Leverkusen. 1963, Nr. 5, S. 15.
[35] Ostwald, W.: Lebenslinien. Eine Selbstbiographie. Bd. 3. Groß-Bothen und die Welt. 1905—1927. Berlin, Klasing 1927, S. 339—340.

Autorenverzeichnis

Binkau, Horst, Dipl.-phil. Ingenieurhochschule Köthen

Bonitz, Manfred, Dr. sc., Zentralinstitut für Kernforschung der AdW der DDR, Dresden-Rossendorf

Brauer, Margarete, Ing., VVB Lacke und Farben, Institut für Farbforschung Magdeburg, Institutsteil Großbothen

Browarzik, Dieter, Technische Hochschule Merseburg

Domschke, Jan-Peter, Ingenieurhochschule Mittweida, Abt. Marxismus-Leninismus

Dunsch, Lothar, Dr., Institut für Technologie der Fasern der AdW der DDR

Girnus, Wolfgang, Institut für Theorie, Geschichte und Organisation der Wissenschaften der AdW der DDR

Goetz, Dorothea, Prof. Dr., Pädagogische Hochschule Potsdam

Grau, Conrad, Dr. sc., Forschungsstelle für die Geschichte der Akademie, AdW der DDR

Herneck, Friedrich, Prof. Dr. em., Humboldt-Universität Berlin

Hoberg, Günther, Technische Hochschule Leuna-Merseburg

Hoffmann, Dieter, Dr., Institut für Theorie, Geschichte und Organisation der Wissenschaft der AdW der DDR

Keil, Gerhard, Ordentliches Mitglied der AdW der DDR

Klare, Hermann, Präsident der Akademie der Wissenschaften der DDR

Körber, Hans-Günther, Dr., Meteorologischer Dienst der DDR, Potsdam

Kröber, Günter, Korrespondierendes Mitglied der AdW der DDR

Kuznecov, V. I., Prof. Dr., Institut für Geschichte der Naturwissenschaft und Technik der Akademie der Wissenschaften der UdSSR, Moskau

Laitko, Hubert, Dr., Institut für Theorie, Geschichte und Organisation der Wissenschaften der AdW der DDR

Lewandrowski, Peter, Dr.

Lotz, Günther, Dr., Ständige Expertenkommission Forschungstechnologie beim Vizepräsidenten Forschung und Planung der AdW der DDR

Millik, Brigitte, Dr., Universitätsbibliothek der Humboldt-Universität Berlin

Niedersen, Uwe, Dr., Sektion marxistisch-leninistische Philosophie der Humboldt-Universität Berlin

Paetzold, Gisela, Dr., Sektion Wissenschaftstheorie und -organisation der Humboldt-Universität Berlin

Rätzsch, Margit T., Korrespondierendes Mitglied der AdW der DDR

Solov'ev, Ju. I., Prof. Dr., Institut für Geschichte der Naturwissenschaft und Technik der Akademie der Wissenschaften der UdSSR, Moskau

Schirmer, Wolfgang, Ordentliches Mitglied der AdW der DDR

Schwabe, Kurt, Vizepräsident der AdW der DDR

Spicin, V. I., Auswärtiges Mitglied der AdW der DDR

Striebing, Lothar, Prof. Dr., Sektion Philosophie/Kulturwissenschaften der Technischen Universität Dresden

Zott, Regine, Dr., Institut für Theorie, Geschichte und Organisation der Wissenschaft der AdW der DDR

Fotonachweis

G. Lotz; Fotos: Heinz Kaluscha (Leipzig)
B. Millik; Fotos: Heinz Kaluscha (Leipzig)
M. Brauer; Fotos: Heinz Kaluscha (Leipzig)
Gerhard Weber (Colditz)
G. Petzold; Fotos: Gerhard Weber (Colditz)

FSC
www.fsc.org
MIX
Papier | Fördert gute Waldnutzung
FSC® C083411